烟花爆竹
燃爆原理及应用

Fireworks Explosion Principles
and Applications

韩志跃　编著

北京理工大学出版社
BEIJING INSTITUTE OF TECHNOLOGY PRESS

图书在版编目（CIP）数据

烟花爆竹燃爆原理及应用 / 韩志跃编著. -- 北京：
北京理工大学出版社，2025. 4.
ISBN 978 - 7 - 5763 - 5335 - 8

Ⅰ. TQ567. 9

中国国家版本馆 CIP 数据核字第 2025QG5348 号

责任编辑：国　珊　　　　**文案编辑：**国　珊
责任校对：周瑞红　　　　**责任印制：**李志强

出版发行 / 北京理工大学出版社有限责任公司
社　　址 / 北京市丰台区四合庄路 6 号
邮　　编 / 100070
电　　话 / (010) 68944439（学术售后服务热线）
网　　址 / http://www.bitpress.com.cn

版印次 / 2025 年 4 月第 1 版第 1 次印刷
印　　刷 / 廊坊市印艺阁数字科技有限公司
开　　本 / 710 mm×1000 mm　1/16
印　　张 / 16. 75
彩　　插 / 1
字　　数 / 286 千字
定　　价 / 68. 00 元

本书编委会

（排名不分前后）

韩志跃　张信睿　李泽睿　李增义
杜志明　陈记合　丁建旭　杨　堃
牟　煜　陈星百

前　言

　　烟花爆竹,作为人类文明史中璀璨的文化符号,承载着千百年来的民俗记忆与科技智慧。从远古驱邪纳福的爆竹声,到今日绚丽夺目的艺术焰火,这一传统技艺在传承与创新中不断焕发新生。本书《烟花爆竹燃爆原理及应用》立足于科学视角,系统梳理烟花爆竹的理论基础、生产工艺与现代应用,旨在为从业者、研究者及爱好者提供一部兼具学术深度与实践价值的参考著作。

　　本书共分为4章,层层递进,全面解析烟花爆竹的多维面貌。第1章"概论"从历史脉络切入,回顾了中西方烟花爆竹的发展历程,剖析其种类演变、安全事故与环境污染问题,并深入探讨安全生产法规在行业中的具体应用,为读者构建起基础认知框架。第2章"烟花爆竹的相关原理"聚焦科学本质,详细阐释焰色反应的化学机理、烟火药的组成与反应特性,以及数值模拟技术的前沿进展,力图揭示烟花爆竹背后的物理化学规律。第3章"烟花爆竹的制备方法"则转向实践层面,从原材料选择、黑火药配方、功能性部件制造到特殊工艺与自动化生产,完整呈现从传统手工到现代工业的技术跃迁。第4章"大型焰火燃放技术与编排"结合艺术与科技,探讨燃放装置的设计、音乐焰火的创意编排及技术设备要求,展现烟花从"制造"到"绽放"的全链条创新。

　　在编写过程中,我们始终强调理论与实践的结合、安全与环保的平衡。烟花爆竹行业既需传承匠人精神,亦需拥抱科学化管理与技术创新。书中不仅梳理了经典配方与工艺,还引入新型烟火药开发、自动化生产线优化等现代议题,同时贯穿安全生产法规与环保理念,力求为行业的可持续发展提供科学指引。

　　本书适用于烟花爆竹生产企业技术人员、安全监管人员、科研院校师生,以及对传统文化与烟火艺术感兴趣的读者。希望本书能成为一座桥梁，既助力从业者夯实专业基础、提升技术能力，亦激发公众对烟花爆竹文化的深层理解与热爱。

最后，谨向所有为本书提供支持与建议的专家同仁致以诚挚谢意。感谢北京理工大学爆炸科学与安全防护全国重点实验室、中国安全生产科学研究院、广州特种设备检测研究院对本书编写过程的大力支持。因编者水平有限，书中难免存在疏漏，恳请读者不吝指正。愿本书的出版能为烟花爆竹行业的科学化、规范化发展略尽绵薄之力，亦为这一古老技艺的现代传承增添一抹亮色。

韩志跃
2025 年春

目　录

第 1 章

概 论

|1.1　烟花爆竹发展简史|

　　烟花爆竹在中国的历史源远流长，一直可以追溯到春秋时期。燃放爆竹的风俗最早起源于古人驱鬼除邪，祈求一年吉祥平安的需要。南朝梁宗懔《荆楚岁时记》里记载："正月一日是三元之日也。《春秋》谓之端月。鸡鸣而起，先于庭前爆竹，以辟山臊恶鬼。"原来，古时传说有一种称为"山臊"（即"山魈"）的恶鬼平时藏在深山里，每到过年的时候就要出来祸害人畜，但是这些无恶不作的鬼怪害怕爆炸的声音和亮光，于是每到岁末年首，人们就燃放爆竹，用来驱赶"山臊恶鬼"。随着历史的发展，燃放烟花爆竹逐渐失去了原先驱邪的含义，演变成为一种具有中华民族特色的、表达欢乐心情的娱乐活动。

　　烟花五彩缤纷，洋溢喜庆；爆竹震天动地，清脆刺激。中国人用燃放烟花爆竹来辞旧迎新、祈福求祥，欢度喜庆的节日。特别是每逢除夕，爆竹声声脆响，碎红满地；烟花朵朵盛开，灿若云锦；孩童欢呼跳跃，大人欢声笑语，到处洋溢着欢快、祥和的喜庆气氛。烟花爆竹把除夕的热闹气氛推向高潮，让劳作了一年的人们尽情享受节日的快乐。对此，历代文人留下了很多美丽的诗篇。宋代诗人王安石在《元日》中写道：

爆竹声中一岁除，

春风送暖入屠苏。

千门万户曈曈日，

总把新桃换旧符。

宋代词人辛弃疾的《青玉案·元夕》描绘了元宵佳节时烟花绽放的绚丽景象而被广为流传：

东风夜放花千树，

更吹落，星如雨。

宝马雕车香满路。

凤箫声动，玉壶光转，一夜鱼龙舞。

蛾儿雪柳黄金缕，

笑语盈盈暗香去。

众里寻他千百度。

蓦然回首，那人却在，灯火阑珊处。

这些华章，无不生动表达了人们在春节期间燃放烟花爆竹的喜悦心情与祥和气氛，为中华民族燃放烟花爆竹的民俗，赋予了浓厚的文化底蕴，使之成为中华民俗的重要组成部分。

1.1.1　我国烟花爆竹的发展过程

我国烟花爆竹的发展经过了烧竹期、硝磺期和烟火期三个主要阶段。

1. 烧竹期

所谓烧竹期，就是用火烧竹节，发出爆炸响声的时期。

清代学者翟灏在《通俗编·俳优》中写道："古时爆竹，皆以真竹着火爆之，故唐人诗亦称爆竿。"我国古代劳动人民在用竹子作燃料煮食物、烤火时，发现完整的竹节烧着后，会发出强烈的爆响声，听起来既热闹，又惊人。于是在除夕、岁旦等重大节日或其他喜庆的日子里，用燃烧竹节的爆响声来惊吓和驱逐"恶鬼"，祈求平安。

春秋末年越国政治家范蠡在《陶朱公书》中有"除夜，烧盆爆竹，与照田蚕看火色，同是夜取安静为吉"的记载，可见在中国以竹烧爆的爆竹已有 2 000 多年历史了。

2. 硝磺期

随着我国古代四大发明之一——黑火药的问世，烟花爆竹的历史进入硝磺期。

黑火药是中国古代炼丹术士在炼丹过程中发明的。炼丹术士在用密闭丹鼎炼丹制药的过程中，发现硫黄、硝石、木炭三种材料混合在一起，一不小心就会引起燃烧，甚至发生爆炸。这种事故的频发引起了炼丹术士的注意，于是就有人专门进行研究，通过不断改进配方，发明了黑火药。由于硫黄和硝石都是能治病的药，并且它们和木炭混合在一起会起火，因此人们就把这三种东西的混合物称为火药，又由于这种混合物颜色接近黑色，所以又称黑火药。

黑火药一经问世，立即得到了广泛应用。隋唐时期，有人将黑火药装进竹筒，利用引火线点燃使之爆炸发出声响，成为名副其实的早期爆竹。随着造纸工业的发展，竹筒改为纸筒。据宋代文学家周密在《武林旧事·卷三·岁除》中的记载，宋代就开始有人用纸筒代替竹筒内装黑火药，制成爆竹，这也就是现在俗话所说的炮仗了。后来人们又把许多小的炮仗连接起来，成为"一发连百，余响不绝"的鞭炮。讲究的鞭炮炮纸用红颜色的纸制作，鞭炮爆炸后，红屑满地，称为满地红，表示吉利。随着生产技术的发展，鞭炮的品种和色彩也更丰富，有小鞭炮、电光雷、母子雷、射天炮、百头鞭、千头鞭，甚至还有多达几万头的长鞭炮。

3. 烟火期

烟火又称焰火、烟花或礼花，是烟火药燃烧时所发出的烟与火的总称。烟火一般都是纸质的包扎品，内装烟火药，点燃后或升空，或在地面上喷射五彩缤纷的火花，形成各种造型。

相传烟花始于隋、唐，盛于宋。最早的烟花产品是喷花。古人在燃放爆竹时，发现爆竹顶部有喷火现象，在这种现象的启发下，制作出了早期的喷花。烟花被点燃时声响没有爆竹清脆，但却有变幻无穷、色彩丰富的图案。大约在隋朝，已经有了象征瓜果、动物形象的"火药什戏"。北宋时，烟花制作更是达到了相当高的水平，已具有烟、火、光、声和造型等不同的效果，甚至有了会显现戏曲人物形象的"药发傀儡"。南宋时，节日燃放烟花的盛况从周密《武林旧事》中可窥一斑。南宋孝宗年间（1163—1189 年），宫廷常以燃放烟花为乐。宋理宗初年（1225 年）上元日，理宗和太后在庭中观赏烟花，地老鼠喷火窜至太后座下，太后惊惶而走。南宋首都临安（今杭州）宫廷中燃放烟花盛况："午后，修内司排办晚筵于庆瑞殿，用烟火，进市食，赏灯，并如元夕""宫漏既深，始宣放烟花百余架，于是乐声四起……"。明朝年间（1368—1644 年），娱乐烟火发展到了相当高的水平。小说《金瓶梅》中描绘了一二丈①高的"木架烟火"，内部用药线连接，可连续燃放几小时，能出现各色灯火、流星、炮仗等，还有重重帷幕下降，出现亭台楼阁等布景。清朝末

---

① 1 丈 ≈ 3.33 m。

年，慈禧太后嗜好娱乐烟火尤甚，新春正月，内苑御用爆竹烟花，以数十万金计；李鸿章进献大型烟花一盒，价值六万金。

古代的许多烟花爆竹制作技术一直沿用到现在。特别值得指出的是，唐代的起花火箭，用厚纸板或金属板做箭筒，在箭筒尾部安装喷管制成。当起花火箭被点燃后，黑火药燃烧产生的大量气体，由喷管向外迅速喷出，产生的反作用力推动起花火箭升空。当黑火药燃烧到起花火箭头部时，烟火药被点燃，放射出美丽的火花。这几乎同现代的"火箭"类烟花产品一样。随着烟火技术的进一步发展，后来出现了礼花。礼花是烟火和造型艺术的巧妙结合，利用烟火药燃烧时产生的烟、光、颜色、声响和运动等效果，给人们以美的享受。在节日的夜晚，礼花以其声色俱备、瞬息万变、千姿百态、五彩缤纷的空间造型，把夜空打扮得绚丽多彩。

由此可见，中华民族的爆竹情结由来已久，深入民心。节日燃放烟花爆竹的习俗，承载着中华民族特有的民俗文化与情感寄托。

1.1.2　西方烟花爆竹的发展过程

12—13 世纪，我国的烟花爆竹制作技术传入阿拉伯国家，后来又由阿拉伯国家传到欧洲大陆。1543 年又由海上传到了日本。

在众多欧洲国家中，意大利是第一个制造观赏烟火和最早举行烟火晚会的国家。在 1500 年以前的宗教节日及公众庆祝会上，烟火已得到广泛应用。烟火晚会已成为一种经常性的民间娱乐，佛罗伦萨是当时烟火生产的中心。在这个时期以前，烟火已用在戏剧舞台上。古罗马时期的大剧院里，燃烧的火炬或类似的物品已经被当作一种艺术装饰品。

相比之下，英国的烟花爆竹技术则起步较晚。16 世纪末之前，英国的烟火会还很少，在莎士比亚的剧本中有几个涉及烟火的场面，此时的其他文学作品中也常常叙述"绿衣人"的故事。"绿衣人"在举着火把的队伍前头，燃放火花开道。1572 年，为了迎接女王伊丽莎白一世访问，沃里克城堡举行了一个大型的烟火会，这是英国本土最早的烟火会。女王赞许了这次烟火会，说看到了无限美妙的情景，而这促进了更多烟火会的举办。1575 年，为了接待女王，英国在凯尼尔沃思城堡及沃里克郡两地分别举办了烟火会。1613 年，为了庆祝国王詹姆斯一世的女儿伊丽莎白的婚礼，泰晤士河上举办了一个烟火会，所使用的场地至今仍然保存完整。英国早期的烟火会主要是由法国和意大利的烟火商经办，特别是意大利的烟火商，他们一直经办到 17 世纪末。英国的烟火制造者很晚才开始担当地面指挥，军队负责烟火会的组织及烟火展品的准备工作，烟火大师则指挥工兵装药。

1786 年，法国化学家贝托莱发现了氯酸钾，烟火发展进入一个崭新的阶段。19 世纪后期，电力行业开发出用电解法制造金属镁（Mg）、铝（Al），此后锶（Sr）、钡（Ba）、铜（Cu）等金属及其化合物出现，使烟火迈入了一个五彩缤纷的新时代。

日本早期所制造的烟花爆竹主要以黑火药为基础，直至 1880 年左右，日本从欧洲引入氯酸钾后，开始掌握了彩色烟火的配方。日本烟火历史上的一个里程碑，是青木仪作于 1926 年创造出了双花瓣的菊花图案。两年以后，在为庆祝天皇就位举办的烟火会上，青木燃放了三层花瓣菊花图案的烟花，花心是红色的，内层花瓣是蓝色的，边缘花瓣是琥珀色的。此后，这种多瓣的菊花烟花得到了广泛发展应用，成为日本最具代表性的烟花。直至今日，日本烟火制造商依旧以他们所生产的特大型礼花弹而闻名。

烟花的特定品种和烟火会的形式，常常带有每个国家各自的特征。例如，典型的英国烟火会是递进式进行的，随着烟火会进程的深入，逐渐展出更具吸引力的展品，还有相当庞大数量的架子烟火。莱茵河和法国举办的烟火会，往往采用典型的欧洲大陆方式，这种烟火会具有短小壮观的特点，会在短时间内同时燃放精彩的架子烟火。为了更好地控制，欧洲大陆各国及美国已广泛采用电点火的方式，但英国主要还是采用手工点火的方式，电点火的方式较晚才开始采用。各个国家的烟火会都拥有其独具特色的烟火品种，日本的特色品种是齐放的菊花弹，法国和德国的特色品种是一种长长的光环转轮，而西班牙烟火会的特色品种是火箭。

不同的国家或同一国家不同制造商生产的烟火产品之间，都存在着许多细小的差别。有经验的老工人能客观地比较星体彩色的质量、火箭的效力及球体爆炸的范围。他们会注意到，火箭或球体是在到达顶点之前还是之后爆炸，星体是否能够达到足够的高度，以及落到地面上是否持续燃烧。烟花爆竹制造是一项具有危险性的工作，需要具备很强的专业性，因此从事该行业的专家数量较少，这使得早期专家相互之间的沟通交流受到较大的限制。而随着现代交通的发展，专家之间交换意见及情报的效率借由国际烟火会议及烟火竞赛得到了极大的提升，如戛纳、摩纳哥、圣塞瓦斯蒂安和的里雅斯特召开的国际烟火会议及烟火竞赛。

总体来看，烟花爆竹行业的进步，主要是通过创造新的燃放效果来体现的：一种新的配方能产生一种崭新彩色的星体；一种新金属的利用能产生一种新的色彩效果，如金属钛的应用；一种新方式的应用能将彩色组合起来创造一种新颖的图案等。

1.1.3 烟花爆竹发展现状

中华人民共和国成立以来，我国烟花爆竹生产发展迅速，产品的数量、品种和质量都达到较高的水平。1986 年全国烟花爆竹年产值就已达到 10 多亿元，2022 年全国烟花爆竹年产值已达到 800 亿元左右。

目前，中国是全球最大的烟花爆竹生产国、出口国和消费国，烟花爆竹产量占全球总产量的 90%，约占世界贸易量的 80%。我国有 48.5 万家烟花爆竹相关企业，其中 90% 以上的企业为个体工商户。生产企业主要分布在湖南省浏阳市和醴陵市、江西省宜春市万载县、江西省萍乡市上栗县和广西省北海市。江苏省盐城市建湖县、浙江省杭州市桐庐县、河北省衡水市安平县等地也有少量生产。据不完全统计，我国现有出口烟花爆竹生产企业 700余家，主要分布于湖南省、江西省、江苏省、广西壮族自治区等，其中，以湖南省、江西省两省产量最高，合计超过 2 000 万箱，占我国年产量的 80% 以上。烟花爆竹辅料、半成品及其配套产品的生产也多集中于此。

中国海关公布的相关数据显示：截至 2021 年 12 月，中国烟花爆竹出口数量为 2.83 万 t，同比增长 128.5%，出口金额为 0.73 亿美元，同比增长 173.7%；2021 年，我国烟花爆竹出口数量为 32.29 万 t，出口金额为 8.406 亿美元。图 1.1 为 2017—2021 年我国烟花爆竹出口贸易额变化。

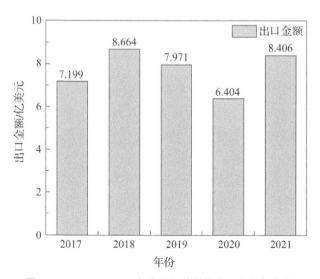

图 1.1 2017—2021 年我国烟花爆竹出口贸易额变化

烟花爆竹产业的发展在满足民俗需要、繁荣市场经济、出口创汇、解决就业问题等方面都起到了一定的作用。但是，象征吉祥如意的烟花爆竹在给人们带来视觉和听觉享受的同时，由于其固有的危险性，在生产、运输、储存、销售和燃放等过程发生的燃烧和爆炸事故，也造成了严重的人员伤亡和财产损失。所以烟花爆竹生产历来是一个具有高度危险性的行业。

随着新《中华人民共和国安全生产法》（简称《安全生产法》）的逐步实施，未来对烟花爆竹行业的监管只会越来越严，执法的弹性成分会越来越少。另外，按照安全主体责任制的要求，今后安全法律责任主要由企业自己承担，监管部门只会严格遵循法规条文和监管计划执行监管，企业在安全建设方面没有多大的回旋余地。

近两年，为了保护环境，中国各地纷纷掀起禁止燃放烟花爆竹的风潮，截至 2018 年 1 月底，全国共有 803 个城市禁止燃放烟花爆竹，同时还有 923 个城市出台了限制燃放烟花爆竹的政策。因此，随着人民生活水平的提高和文化生活的需要，烟花爆竹行业必将以无烟、无毒、无污染、低噪声、造型新颖、外壳不燃、伴有香味和音乐等更为安全的产品来替代现有产品。从发展趋势看，烟花爆竹的生产方法必将向规模化、专业化、机械化、现代化的方向发展。

|1.2 烟花爆竹的种类 |

自从 20 世纪 80 年代我国实行改革开放政策以来，特别是加入世界贸易组织（简称世贸组织）后，我国生产的烟花爆竹品种日益增多，目前约有 1 000 多种。按照原标准《烟花爆竹安全与质量》（GB 10631—1989），以燃放效果为依据，烟花爆竹被划分为 9 类烟花和 4 类爆竹。所谓爆竹，即能产生爆音、闪光等，以听觉效果为主的产品；所谓烟花，即以燃放时能形成色彩、图案，产生音响等，以视觉效果为主的产品。

GB 10631—1989 标准已经难以概括目前烟花发展的现状，依照 2013 年修订的标准《烟花爆竹　安全与质量》（GB 10631—2013），烟花爆竹产品的分类方法有 3 种，分别是结构与组成、燃放运动轨迹及燃放效果。按照这种方法烟花爆竹产品分为以下 9 大类和若干小类，产品类别及定义见表 1.1。

表1.1 产品类别及定义

序号	产品大类	产品大类定义	产品小类	产品小类定义
1	爆竹类	燃放时主体爆炸（主体筒体破碎或者爆裂）但不升空，产生爆炸声音、闪光等效果，以听觉效果为主的产品	黑药炮	以黑火药为爆响药的爆竹
			白药炮	以高氯酸盐或其他氧化剂并含有金属粉成分为爆响药的爆竹
2	喷花类	燃放时以直向喷射火苗、火花、响声（响珠）为主的产品	地面（水上）喷花	固定放置在地面（或者水面）上燃放的喷花类产品
			手持（插入）喷花	手持或插入某种装置上燃放的喷花类产品
3	旋转类	燃放时主体自身旋转但不升空的产品	有固定轴旋转烟花	产品设置有固定轴旋转的部件，燃放时以此部件为中心旋转，产生旋转效果的旋转类产品
			无固定轴旋转烟花	产品无固定轴，燃放时无固定轴而旋转的旋转类产品
4	升空类	燃放时主体定向或旋转升空的产品	火箭	产品安装有定向装置，起到稳定方向作用的升空类产品
			双响	圆柱型筒体内分别装填发射药和爆响药，点燃发射竖直升空（产生第一声爆响），在空中产生第二声爆响（可伴有其他效果）的升空类产品
			旋转升空烟花	燃放时自身旋转升空的产品
5	吐珠类	燃放时从同一筒体内有规律地发射出（药粒或药柱）彩珠、彩花、声响等效果的产品		

序号	产品大类	产品大类定义	产品小类	产品小类定义
6	玩具类	形式多样、运动范围相对较小的低空产品，燃放时产生火花、烟雾、爆响等效果，有玩具造型、线香型、摩擦型、烟雾型产品等	玩具造型	产品外壳制成各种形状，燃放时或燃放后能模仿所造形象或动作；或产品外表无造型，但燃放时或燃放后能产生某种形象的产品
			线香型	将烟火药涂敷在金属丝、木棍、竹竿、纸条上，或将烟火药包裹在能形成线状可燃的载体内，燃烧时产生声、光、色、形效果的产品
			烟雾型	燃放时以产生烟雾效果为主的产品
			摩擦型	用撞击、摩擦等方式直接引燃引爆主体的产品
7	礼花类	燃放时弹体、效果件从发射筒（单筒，含专用发射筒）发射到高空或水域后能爆发出各种光色、花型图案或其他效果的产品	小礼花	发射筒内径 < 76 mm，筒体内发射出单个或多个效果部件，在空中或水域产生各种花型图案等效果。可分为裸药型、非裸药型；可发射单发、多发
			礼花弹	弹体或效果件从专用发射筒（发射筒内径≥76 mm）发射到空中或水域产生各种花型图案等效果。可分为药粒型（花束）、圆柱型、球型
8	架子烟花类	以悬挂形式固定在架子装置上燃放的产品，燃放时可以喷射火苗、火花，形成字幕、图案、瀑布、人物、山水等画面。分为瀑布、字幕、图案等		

序号	产品大类	产品大类定义	产品小类	产品小类定义
9	组合烟花类	由两个或两个以上小礼花、喷花、吐珠同类或不同类烟花组合而成的产品	同类组合烟花	限由小礼花、喷花、吐珠同类组合，小礼花组合包括药粒（花束）型、药柱型、圆柱型、球型以及助推型
			不同类组合烟花	仅限由喷花、吐珠、小礼花中两种组合
注：烟雾型、摩擦型产品仅限出口。				

除按照产品类别分类外，依照《烟花爆竹　安全与质量》（GB 10631—2013），烟花爆竹产品还可以按照药量及所能构成的危险性大小，分为 A、B、C、D 四级。

A 级：由专业燃放人员在特定的室外空旷地点燃放、危险性很大的产品。

B 级：由专业燃放人员在特定的室外空旷地点燃放、危险性较大的产品。

C 级：适于室外开放空间燃放、危险性较小的产品。

D 级：适于近距离燃放、危险性很小的产品。

按照对燃放人员要求的不同，烟花爆竹产品分为个人燃放类和专业燃放类。个人燃放类指不需加工安装，普通消费者可以燃放的 C 级、D 级产品，见表 1.2。专业燃放类指应由取得燃放专业资质人员燃放的 A 级、B 级产品和需加工安装的 C 级、D 级产品，见表 1.3。除表 1.2 与表 1.3 外，表 1.4 中还记录了烟花爆竹分类与美国标准、欧盟标准的对照情况。

表 1.2　个人燃放类产品最大允许药量

序号	产品大类	产品小类	最大允许药量	
			C 级	D 级
1	爆竹类	黑药炮	1 g/个	—
		白药炮	0.2 g/个	
2	喷花类	地面（水上）喷花	200 g	10 g
		手持（插入）喷花	75 g	10 g

序号	产品大类	产品小类	最大允许药量	
			C 级	D 级
3	旋转类	有固定轴旋转烟花	30 g	—
		无固定轴旋转烟花	15 g	1 g
4	升空类	火箭	10 g	—
		双响	9 g	
		旋转升空烟花	5 g/发	
5	吐珠类	药粒型吐珠	20 g（2 g/珠）	
6	玩具类	玩具造型	15 g	3 g
		线香型	25 g	5 g
7	组合烟花类	同类组合和不同类组合，其中： 小礼花单筒内径≤30 mm； 圆柱型喷花内径≤52 mm； 圆锥型喷花内径≤86 mm； 吐珠单筒内径≤20 mm	小礼花：25 g/筒； 喷花：200 g/筒； 吐珠：20 g/筒； 总药量：1 200 g （开包药：黑火药10 g， 硝酸盐加金属粉 4 g， 高氯酸盐加金属粉 2 g）	50 g （仅限喷花组合）

注：表中"—"代表无此级别产品。

表1.3　专业燃放类产品最大允许药量

序号	产品大类	产品小类	最大允许药量			
			A 级	B 级	C 级	D 级
1	喷花类	地面（水上）喷花	1 000 g	500 g	—	—
2	旋转类	有固定轴旋转烟花	150 g/发	60 g/发		
		无固定轴旋转烟花	—	30 g		
3	升空类	火箭	180 g	30 g		
		旋转升空烟花	30 g/发	20 g/发		
4	吐珠类	吐珠	400 g（20 g/珠）	80 g（4 g/珠）	—	—

序号	产品大类	产品小类		最大允许药量			
				A 级	B 级	C 级	D 级
5	礼花类	小礼花		—	70 g/发	—	—
		礼花弹	药粒型（花束）（外径≤125 mm）	250 g	—	—	—
			圆柱型和球型（外径≤305 mm 其中雷弹外径≤76 mm）	爆炸药 50 g 总药量 8 000 g			
6	架子烟花类	架子烟花		—	瀑布 100 g/发 字幕和图案 30 g/发	瀑布 50 g/发 字幕和图案 20 g/发	—
7	组合烟花类	同类组合和不同类组合	药柱型、圆柱型内径≤76 mm 100 g/筒	总药量 8 000 g	内径≤51 mm 50 g/筒，总药量 3 000 g	—	—
			球型内径≤102 mm 320 g/筒				

注：1. 表中"—"代表无此级别产品。

　　2. 舞台上用各类产品均为专业燃放类产品。

　　3. 含烟雾效果件产品均为专业燃放类产品。

表 1.4　烟花爆竹分类与美国标准、欧盟标准对照表

序号	我国烟花爆竹大类	我国烟花爆竹典型产品	对应的美国标准类别	对应的欧盟标准类别
1	爆竹类	黑药炮	爆竹类	爆竹类
		白药炮		

续表

序号	我国烟花爆竹大类	我国烟花爆竹典型产品	对应的美国标准类别	对应的欧盟标准类别
2	喷花类	地面（水上）喷花	地面花筒	花筒
		手持（插入）喷花	手持式花筒	
			插座式花筒	
3	旋转类	有固定轴旋转烟花	地面旋转类	转轮、地面旋转和地面移动类
		无固定轴旋转烟花		
4	升空类	火箭	火箭、飞弹	火箭、小火箭、空中转轮
		双响	—	双响炮
		旋转升空烟花	直升飞机	旋转升空类
5	吐珠类	吐珠	吐珠筒	罗马烛光
6	玩具类	玩具造型	聚会、玩具和烟类	蛇、桌面烟花、玩具火柴
		线香型	手持电光花	手持电光花
		烟雾型	聚会、玩具和烟类	孟加拉火焰、孟加拉烟花棒
		摩擦型	聚会、玩具和烟类之砂炮	摔炮
			聚会、玩具和烟类之拉炮	拉炮
				火帽
			聚会、玩具和烟类之快乐烟花	快乐烟花、圣诞烟花
7	礼花类	小礼花	彗尾、地面花束和礼花弹类	单筒地面礼花
		礼花弹		礼花弹
8	架子烟花	—	—	—
9	组合烟花类	同类组合烟花	组合类	同类组合
		不同类组合烟花		不同类组合

|1.3　烟花爆竹的安全事故与环境污染|

烟花爆竹产品种类繁多，国内外市场就拥有 1 000 多个品种。虽然不同种类的烟花爆竹在外观形式、规格、花样上各不相同，但就其结构组成来看，都是由氧化剂和可燃剂为主要核心成分制成的烟火药，因此它们都具备易燃易爆的特点。这也就导致了烟花爆竹在生产、运输、储存及使用的各个过程中都具有燃爆危险性，且在生产过程中体现得最为明显，如若不慎就可能发生安全事故，轻则财产受到损失，重则发生厂毁人亡。与此同时，烟花在燃放的过程中，由于发生氧化还原反应，会释放一些有毒有害物质，给环境带来一定的污染，因此，安全防护和环境污染是烟花爆竹领域亟待解决的两大主要问题。

1.3.1　烟花爆竹相关安全事故

1. 发生安全事故的原因

当前，烟花爆竹领域安全事故频发的原因主要有非法生产现象猖獗、生产企业安全生产条件不足、生产设备落后且工艺不合理、安全管理制度不健全、从业人员素质低和缺乏质量安全保障能力几个方面。

（1）非法生产现象猖獗

烟花爆竹在我国采用手工作坊生产的模式由来已久，加上原材料比较容易得到，传统的生产工艺比较简单，又由于受历史传统的影响，经济落后和法治观念淡薄的制约，在市场经济的条件下，一些经营者为了追求眼前的经济利益，而置国家有关法律法规于不顾，未经批准非法生产烟花爆竹。另外，由于管理工作跟不上，加上一些非法生产者只顾赚钱，违反国家有关危险物品管理规定，致使生产安全事故不断发生。

（2）生产企业安全生产条件不足

相当多烟花爆竹生产企业的工厂选址、厂房布局不符合安全要求，生产场所拥挤，原料储存库和生产车间设在一起，办公场所和包装车间设在一起，缺乏（甚至没有）必要的消防设施，生产设备极为简陋。生产场所滞留药量严重超标，作业人员数量严重超限，有的甚至在居住区生产烟火药。这些不具备基本安全生产条件的烟花爆竹生产企业，一旦发生事故必然会造成群死群伤的恶果。

（3）生产设备落后且工艺不合理

很多中小烟花爆竹生产企业都以手工加工为主，绝大部分生产企业的生产过程仍处于小手工业和小作坊的状况。

（4）安全管理制度不健全

一些烟花爆竹生产企业的经营者本身就缺乏必要的安全生产知识，对国家有关安全生产的法律法规和标准不甚了解，以致企业安全管理制度不健全，或有章不循，甚至无章可循，生产安全管理工作处于混乱状态。

（5）从业人员素质低

烟花爆竹生产行业是一种传统产业，从业人员文化程度较低，仅凭经验进行生产，缺乏起码的安全意识和安全知识。相当多的烟花爆竹生产企业没有合格的技术人员，没有合格的安全生产管理人员，有的还随意招收未经安全教育和技术培训的工人上岗作业，甚至雇用童工。生产操作中违反安全操作规程现象严重。

（6）缺乏质量安全保障能力

《烟花爆竹作业安全技术规程》（GB 11652—2012）规定，烟火药的原材料进厂后应经化验和工艺鉴定合格后方可使用，中间产品和产品的安全质量也需要有一定的检测手段来保证。实际上，现有的大多数烟花爆竹生产厂家是民营企业甚至是挂靠在其他单位的私营企业或个体企业，还存在一些家庭作坊式的非法生产情况。这些企业缺乏必要的检测资质，更谈不上有严格的安全质量保证体系，缺乏科学的配料和检测方法。配料各成分比例不当，原材料质量和产品的安全质量不合格，必然会导致生产、运输、储存、经营和燃放过程中燃烧爆炸事故的频繁发生。

2. 烟花爆竹事故案例

烟花爆竹所引发的安全事故均与燃爆事故相关。2015 年 7 月 12 日上午 9 时左右，河北省宁晋县东汪镇东汪一村因非法生产烟花爆竹发生重大爆炸事故，造成 22 人死亡、23 人受伤。事故造成现场 3 辆用于非法生产的车辆被烧（炸）毁，周边 25 家企业、25 户门店、59 家住户不同程度受损，直接造成经济损失 885 万元。在事故直接原因上，认定为非法生产作业过程中因摩擦、撞击导致爆炸。在事故性质上，认定为因非法生产烟花爆竹引发的重大爆炸责任事故。

2016 年 5 月 17 日，湖南省长沙市浏阳市荷花出口烟花厂发生一起爆炸事故，造成 5 人死亡、1 人受伤。事故发生后，事故企业主要负责人指使其亲属转移 3 名遇难人员尸体，瞒报事故死亡人数。据初步调查，事发时事故企业违规在办公区、生活区试放烟花样品，引起违规放置在生活楼二层的黑火药（约 100 kg）爆炸。这起事故暴露出企业安全管理制度不落实，黑火药和产品试放管理混乱，存在诸多严重漏洞，企业负责人安全生产意识和法律意识淡薄，特别是事故发生后，蓄意隐瞒死亡人数，性质恶劣。当地政府在事故救援处置过程中，未认真调查核实伤亡人数，对企业瞒报问题负有失察责任。

2019 年 12 月 4 日上午 7 时 50 分左右，湖南省浏阳市碧溪烟花制造有限公司石下工区发生一起爆炸事故，周边部分村民房屋窗户受损。事故造成 13 人死亡、13 人受伤，直接经济损失 1 944.6 万元。湖南省相关部门调查认定，这是一起由违法违规生产引发，且存在谎报、瞒报，以及失职、渎职行为和违纪违法行为的重大安全生产责任事故。导致事故的主要原因系湖南省浏阳市碧溪烟花制造有限公司超许可范围、超定员、超药量、改变工房用途违法组织生产，属地安全监管部门责任落实不到位，未及时发现制止事发企业的违法违规生产行为。事故发生后，事发企业股东、法人代表及相关管理人员转移藏匿遇难人员遗体，伙同事发地湖南省浏阳市澄潭江镇有关公职人员谎报、瞒报事故信息，造成恶劣影响。

总之，根据上述事故案例教训，从事烟花爆竹行业人员，不仅要预防生产过程中的安全事故，还要防止在储存、保管、运输、押运、装卸和燃放等各个环节发生意外燃烧、爆炸事故。这是关系到人民生命和财产安全的头等大事，不管是烟花爆竹生产企业、经营企业，还是燃放人员，都要把安全工作放在一切工作的首位，都要按照《安全生产法》的规定，定期参加相关的安全生产教育和培训，使从业人员具备必要的安全生产知识，熟悉有关的安全生产规章制度和安全操作规程，经考试合格，方可持证上岗。只有从业人员不断提高生产中安全意识和安全素质，烟花爆竹行业的安全生产才有保障。

1.3.2 烟花爆竹相关环境污染

烟花爆竹在具备燃爆危险性的同时，具有一定的环境污染性，这也是当下绿色生产所关心的主要问题。传统的烟花爆竹主要成分是黑火药，其中包含硝酸钾、硫黄和木炭，有的还含有氯酸钾和高氯酸钾。制作电光炮、彩光炮、彩色焰火时，还要加入镁粉、铁粉、铝粉、锑粉及无机盐等，如加入锶盐火焰呈红色，加入钡盐火焰呈绿色，加入钠盐火焰呈黄色。在烟花爆竹点燃时，木炭粉、硫黄粉、金属粉末等在氧化剂的作用下，发生化学反应，迅速燃烧，产生二氧化碳（CO_2）、一氧化碳（CO）、一氧化氮（NO）、二氧化硫（SO_2）、二氧化氮（NO_2）等气体及含金属氧化物的粉尘，瞬时产生的大量气体伴随着大量的光和热，冲破炮纸的包裹，引起鞭炮的爆炸。针对烟花爆竹的环境污染问题，自20世纪开始，很多烟花爆竹及环境领域的国内外专家学者们在烟花爆竹产生的污染方面开展了一系列的研究。这些研究大体分为三个方面：首先是对CO、SO_2、NO_x、O_3等大气污染物以及PM_{10}、$PM_{2.5}$等颗粒物污染进行的物质研究；其次是基于当地的大气环境变化，研究其对环境产生的影响；最后是烟花爆竹燃放时产生的噪声污染。

1. 国内对烟花爆竹环境污染的研究进展

国内基于烟花爆竹燃放产生的PM颗粒物，以及CO、SO_2、NO_x、O_3等大气污染、噪声污染等方面研究较为深入，见表1.5。

表1.5　国内对烟花爆竹环境污染的研究进展

监测时间	监测地点	污染物种类	监测办法
1987年春节	北京市	SO_2、NO_x、CO、噪声	分光光度计和气相色谱、普通声级计
1995年春节	大连市	SO_2、NO_x、TSP[①]、噪声	参照国家空气、废气监测分析方法
2003年春节	北京市	$PM_{2.5}$、PM_{10}和SO_2、NO_x、CO、金属元素（Se、Al、Ti、Fe、K）、易溶解离子组分	颗粒检测仪、X射线能谱、离子色谱仪等
2006年元宵节	北京市	SO_2、NO_2、$PM_{2.5}$、PM_{10}和颗粒中的化学成分和有机碳含量	颗粒过滤器、离子色谱法、电感耦合等离子体原子发射光谱法
2008年春节	西安市	$PM_{2.5}$、PM_{10}、SO_2和NO_x	气象观测、空气质量指数、污染物质量浓度
2009年春节	扬州市	酸雨	测量pH值
2009年春节	上海市	颗粒物和金属离子	电称低压冲击仪
2010年春节	沈阳市	PM颗粒物、SO_2、CO、NO_2	大气监测
2010年春节	上海市	10 nm～10 mm的粒子	大量程粒子光谱仪
2016年春节	柳州市	$PM_{2.5}$、NO_x、SO_2	离子在线分析仪
2018年春节	京津冀	$PM_{2.5}$	激光雷达组网、WRF[②]气象系统、颗粒物输送通量、HYSPLIT气团轨迹

监测时间	监测地点	污染物种类	监测办法
2017—2018 年春节	福州市	$PM_{2.5}$	$PM_{2.5}$ 监测仪、在线离子色谱分析仪、黑炭仪
2020 年春节	广州市	$PM_{2.5}$、PM_{10} 和 SO_2	空气质量监测站气象、单颗粒气溶胶质谱仪

①TSP 总悬浮颗粒物。
②WRF 天气研究和预报模型。

1987 年，高斌等在国内最先研究了烟花爆竹燃放对大气的作用规律，测算出北京两个小区在除夕夜的 SO_2 污染达平时的 6.9 倍，NO_x 污染为平时的 2.7 倍，CO 污染为平时的 5.5 倍。同时，噪声监测中两个小区在除夕夜的等效声级均在 100 dB（A）左右，比平时等效声级高 60 dB（A）左右。除了有毒有害气体和噪声污染，烟花爆竹燃烧还会产生 PM 颗粒物。PM_{10} 是指空气动力学直径小于或等于 10.0 μm 的颗粒物，$PM_{2.5}$ 是指空气动力学直径小于或等于 2.5 μm 的颗粒物，PM 颗粒物对空气质量和能见度等有重要影响。从 2003 年开始，国内开始关注烟花爆竹燃放产生的颗粒物以及金属元素污染。2016 年之后重点关注烟花爆竹产生的 $PM_{2.5}$ 污染。徐敬等和 Ying Wang 等均利用不同尺寸过滤器检测不同粒径颗粒物 $PM_{2.5}$、PM_{10} 浓度，并通过离子色谱仪和 X 射线能谱等检测污染物中的金属元素 Se、Al、Ti、Fe、K 等。可见，烟花爆竹燃放不仅带来了空气污染和噪声污染，还会产生大量携带金属元素的颗粒物，造成城市雾霾。而金属元素通常来自烟花爆竹配方中产生颜色的金属盐。2020 年裴成磊等建立了基于气溶胶质谱仪（single particle aerosol mass spectrometer，SPAMS），以 Al^+ 为示踪物及最快 5 min 时间分辨率的烟花爆竹快速溯源方法。他们发现烟花爆竹产生的主要颗粒类型是左旋葡聚糖、富钾和矿物质类颗粒，并且含有丰富的硝酸盐，但不利于铵盐的形成。

2. 国外对烟花爆竹环境污染的研究进展

随着科技的不断进步，经过多次改进的烟花爆竹在国外也有相当广泛应用，如美国的新年元旦、圣诞节、独立日等；各国政府举行的全球参与度很高的大型体育赛事的开闭幕式，如世界杯、欧洲杯、奥运会赛事等大型比赛；国外的传统宗教庆典活动，如马耳他的 Festa 节、西班牙的法雅节和印度的 Diwali 节等。特别是随着经济的高速发展，全球化程度迅速加深，节日的全球化趋势也在加速，烟花爆竹在世界各地的应用范围越来越大，这就难免会对当地的环境产生污染。各国研究者们开展了多方面的研究，国外对烟花爆竹环境污染的研究进展见表1.6。

表1.6 国外对烟花爆竹环境污染的研究进展

监测时间	监测地点	污染物种类	监测办法
2000 年国庆	美国	颗粒物中 Mg、Na、Al、Ca 金属离子	激光诱导击穿光谱
2003 年 Diwali 节	印度	SO_2、NO_2、PM_{10}、TSP	呼吸性粉尘采样器、旋风筒、分光光度计
2005 年新年	德国	亚微米级气溶胶	冷凝粒子计数器、空气动力学飞行时间气溶胶质谱仪、质子转移反应质谱仪
2005 年法雅节	西班牙	Sr、Ba、Cu、Ka、Pb、Sb、PM	激光光谱仪、元素分析仪等
2008 年	意大利	Sr、Mg、Ba、K、Cu	元素标记追踪
2008 年	瑞典	PM_{10} 中 K 元素	PIXE 级联冲击器、抛光石英载体、反轨迹分析
2010 年烟花表演	美国	颗粒物、金属、无机离子、醛和多环芳烃（PAHs）等	电感耦合等离子体质谱、X 射线荧光光谱等
2010 年国际烟花大赛	加拿大	$PM_{2.5}$	激光雷达云高计
2010 年 Holi 节、2011 年 Diwali 节	印度	气溶胶	能量色散型 X 射线装置、扫描电子显微镜
2012 年 Vishu 节	印度	O_3、PM_{10}、NO_2	气体分析仪、纤维滤纸、气相色谱–质谱仪
2014 年	匈牙利	沉积粉尘元素浓度	电感耦合等离子体发射光谱法
2016 年	英国	$PM_{2.5}$、As、Ba、Cr、Cu、Pb、Mn、Ni、Sb、Sr、V、Zn	多金属自动监测仪、气象学仪
2018 年	冰岛	Cu、Sr、Ba、$PM_{2.5}$、PM_{10}	监测站空气质量监测仪
2021 年	美国	$PM_{2.5}$	空气质量传感器

1997 年 P. Dyke 等首次提出燃放烟花可能产生致癌的多氯二苯并对二噁英（PCDD）和多氯代二苯并呋喃（PCDF）。2001 年，J. E. Carranza 等首次利用激光诱导击穿光谱技术检测美国佛罗里达大学 2000 年国庆节期间空气中气溶胶颗粒的质量浓度和成分构成，研究表明颗粒物中大概包括 Mg、Na、Al、Ca 四种金属离子，粒径在 100 nm ~ 2 μm，质量浓度在 1.7 ppt① ~ 1.7 ppb②，另外探索到独立日烟花爆竹的燃放与大气中 Mg、Al 质量浓度的增加存在必然影响。2003 年各国开始关注 PM 颗粒物对空气质量的影响。2007 年，Alexandre Joly 等研究了加拿大蒙特利尔国际烟花大赛时空气中 $PM_{2.5}$ 的浓度峰值，达到了约 10 000 μg/m³，约为日常浓度的 1 000 倍。Aubha Agrawal 等凭借能量色散型 X 射线装置和扫描电子显微镜，探索了烟花爆竹燃放形成的气溶胶沉降时间与速度之间的关系，其中 Diwali 节形成的气溶胶最大沉降时间大概是 36.5 h。

Amirhosein Mousavi 等利用低成本空气质量传感器实时监测 $PM_{2.5}$，研究了 $PM_{2.5}$ 测量值与社会经济状况（SES）之间的相关性。在社会经济地位较低、少数民族人口较多和哮喘发病率较高的社区中，$PM_{2.5}$ 浓度峰值较日常浓度高出 2 倍以上。$PM_{2.5}$ 的最高值发生在贫富差距最大的弱势社区，在 COVID – 19 封锁期，政策更宽松的地区，空气污染也更严重。研究结果强调了政策和执法在减少烟花爆竹相关的空气污染和保护公众健康方面可以发挥重要作用。

3. 烟花爆竹污染对人类的危害

烟花爆竹燃放时会释放出大量的有毒有害气体，如 SO_2、NO_2、CO 等。SO_2 进入大气层后，被氧化为硫酸，在云中形成酸雨，能强烈腐蚀建筑物和工业设备。酸雨可导致树木、森林死亡，湖泊中鱼虾绝迹，土壤中营养遭到破坏，使农作物减产甚至死亡。NO_2 会形成城市烟雾，影响可见度，同时 NO_2 会形成硝酸小液滴，也可以产生酸雨。这些有毒有害气体也是无形的"杀手"，会刺激人体呼吸道黏膜，伤害肺部组织，引起或诱发支气管炎、气管炎、肺炎、肺气肿等疾病，它们与人体内血红蛋白结合，造成人体缺氧，易引发心脑血管疾病，发生中毒症状。人们长期处于有毒气体含量过高的环境中就可能引发各种疾病，甚至导致死亡。

研究表明，粒径小于 2.5 μm 的 PM 颗粒物在大气中能停留较长时间，不易沉降到地面，并可以远距离传输。不同成分的 PM 颗粒物会影响云的形成和

① ppt = 10^{-12}。
② ppb = 10^{-9}。

改变局部水循环，从而造成恶劣的局部天气。同时，PM 颗粒物进入人体，会引起人体疾病。$PM_{2.5\sim10}$ 粗颗粒物主要沉积在上呼吸系统，$PM_{1\sim2.5}$ 细颗粒物可以进入下呼吸系统，$PM_{0.1\sim1}$ 更细颗粒物能够进入肺部，$PM_{0.1}$ 超细颗粒物能够穿透肺泡进入血液循环系统。PM 颗粒物携带着有毒重金属、硫酸盐、有机物和包括病毒、细菌等污染物进入人体，影响肺部、呼吸道及其他器官健康。可见，PM 颗粒物污染也是烟花爆竹行业亟待解决的重要问题。

在燃放烟花爆竹的过程中未燃尽的火药以及剩下的灰尘都存在污染。燃放烟花爆竹所发出的噪声对人类的生理和心理也有很大的影响，不仅会损害听力，还会损害人的心血管系统；不仅会影响人的神经系统，使人急躁、易怒，还会影响睡眠，使人疲倦等。

|1.4 安全生产法规及其在烟花爆竹领域的应用|

烟花爆竹作为易燃易爆的民用产品，在生产过程中一旦发生燃爆安全事故，极易造成群死群伤，因此，国家为保障烟花爆竹的安全生产以及人民群众的生命财产安全，在安全生产领域出台了多项法律法规和标准。本节会对我国当下的安全生产法律法规进行系统介绍，并着重列举与烟花爆竹有关的内容。

1.4.1 安全生产法律法规体系构成

安全生产是一个系统工程，需要建立在各种支持的基础之上，而安全生产法律法规体系尤为重要。按照"安全第一、预防为主、综合治理"的安全生产方针，我国制定了一系列安全生产法律法规。这是一个以《中华人民共和国宪法》为依据，由法律、行政法规、地方性法规和有关行政规章、技术标准以及我国政府已批准加入的国际公约所组成的综合体系。由于制定和颁布这些法律法规的国家机关不同，因此其形式和效力也不同。这是一个包含多种法律形式和法律层次的综合系统。根据我国立法体系的特点，以及安全生产法律法规调整的不同范围，安全生产法律法规体系由若干层次构成，如图 1.2 所示。

1. 我国根本法——《中华人民共和国宪法》

《中华人民共和国宪法》（简称《宪法》）是我国的根本大法，它由最高国家权力机关——全国人民代表大会（简称人大）制定、通过和修改。《宪法》规定了当代中国最根本的政治、经济和社会制度，规定了我国的根本任务，公

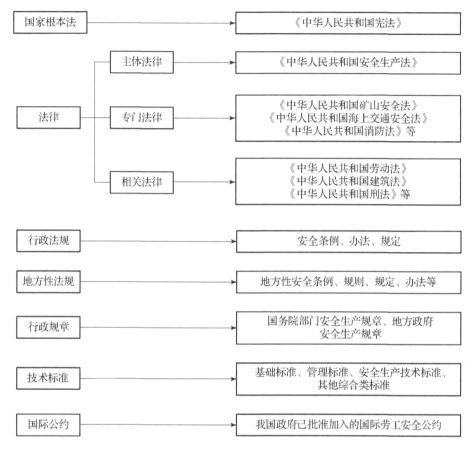

图 1.2 安全生产法律法规体系

民的基本权利和义务，国家机关的组织结构和活动原则等国家和社会生活中最基本、最重要的问题。《宪法》是其他各种法律法规的"母法"，其他法律法规的规定，是《宪法》这一根本法的具体化。按照我国《宪法》的规定，《宪法》具有最高的法律效力，其他各种法律法规的制定，均须以《宪法》为依据，服从《宪法》，凡与《宪法》相抵触、相冲突的法律法规，以及活动和行为，均不具有法律效力。

在安全生产法律法规体系中，《宪法》居于最高层级，其中第四十二条"加强劳动保护，改善劳动条件"的规定也成为有关安全生产方面具有最高法律效力的规定。

2. 安全生产方面的法律

法律有广义、狭义两种解释。广义上讲，法律泛指一切规范性文件；狭义上讲，仅指全国人大及其常务委员会（简称常委会）制定的规范性文件。这里仅用狭义，特指由全国人大及其常委会依法制定、修改的，规定和调整国家、社会和公民生活中某一方面，带根本性的社会关系或基本问题的一种法律。法律的地位和效力低于《宪法》而高于其他法，是法的形式体系中的二级大法。

我国有关安全生产的法律包括《中华人民共和国安全生产法》，以及与其平行的专门法律和相关法律。

（1）主体法律

《中华人民共和国安全生产法》是全面规范安全生产和劳动者健康的法律制度，适用于所有生产经营单位。

（2）专门法律

专门的安全生产法律是规范某一专业领域安全生产的法律制度。我国在安全生产专业领域的法律有《中华人民共和国矿山安全法》《中华人民共和国海上交通安全法》《中华人民共和国消防法》《中华人民共和国道路交通安全法》等。

（3）相关法律

与安全生产相关的法律是指安全生产主体法律和专门法律以外的其他法律中涵盖有安全生产内容的法律，如《中华人民共和国劳动法》《中华人民共和国建筑法》《中华人民共和国煤炭法》《中华人民共和国铁路法》《中华人民共和国民用航空法》《中华人民共和国工会法》《中华人民共和国全民所有制工业企业法》《中华人民共和国乡镇企业法》《中华人民共和国矿产资源法》等。还有一些与安全生产监督执法工作有关的法律，如《中华人民共和国刑法》《中华人民共和国刑事诉讼法》《中华人民共和国行政处罚法》《中华人民共和国行政复议法》《中华人民共和国国家赔偿法》和《中华人民共和国标准化法》等。

3. 安全生产行政法规

行政法规是由最高国家行政机关——国务院依法制定、修改的，有关行政管理和管理行政事项的规范性文件总称。行政法规在法律体系中具有承上启下的桥梁作用。它处于低于《宪法》、法律而高于地方性法规的地位。行政法规须根据《宪法》、法律而定，且不得与它们相抵触，否则无效。行政法规的立法目的是保证《宪法》和法律的实施。有了行政法规，便有助于《宪法》和法律的原则和精神得以具体化。行政法规又是联结地方性法规与《宪法》、法律的重要纽带，行政法规调整的社会关系和规定的事项，远比法律调整的社会关系和规定的事项广泛、具体。政治、教育、科学、文化、体育，以及其他方面的社会关系和事项，只要不带根本性或一定要由《宪法》、法律调整的，行政法规都可调整。

安全生产行政法规是由国务院组织制定并批准公布的，是为实施安全生产法律或规范安全生产监督管理制度而制定并颁布的一系列具体规定，是实施安全生产监督管理和监察工作的重要依据。我国已颁布了多部安全生产行政法规，如《煤矿安全监察条例》和《安全生产许可证条例》等。

4. 安全生产地方性法规

地方性法规是地方国家权力机关根据本行政区域内的具体情况和实际需要，依法制定的、在本行政区域内具有法律效力的规范性文件。它是低于《宪法》、法律、行政法规但又具有不可或缺作用的，基础性法的形式。现阶段，省、自治区、直辖市、省级政府所在地的市、经国务院批准的市级人大及其常委会，根据本地的具体情况和实际需要，在不与《宪法》、法律、行政法规相抵触的前提下，可制定和颁布地方性法规，报全国人大常委会和国务院备案。地方性法规在本行政区域的全部范围或部分区域有效。

安全生产地方性法规是指由有立法权的地方权力机关——人民代表大会及其常务委员会制定的安全生产规范文件，是由法律授权制定的，对国家安全生产法律、法规的补充和完善，以解决本地区某一特定的安全生产问题为目标，具有较强的针对性和可操作性。例如，北京市第十五届人民代表大会常务委员会第三十九次会议于2022年5月25日通过了最新的《北京市安全生产条例》，并自2022年8月1日起施行。

5. 国务院部门安全生产规章、地方政府安全生产规章

行政规章是有关行政机关依法制定的有关行政管理的规范性文件总称，分为部门规章和政府规章两种。部门规章是国务院所属部委根据法律和国务院行政法规、决定、命令，在本部门的权限内所发布的、各种行政性的规范性法律文件，亦称部委规章。其地位低于《宪法》、法律、行政法规，并且不得与它们相抵触。

国务院部门安全生产规章系各主管部门为加强安全生产工作所制定的规范性文件体系，作为安全生产法律法规的重要补充，在我国安全生产监督管理工作中起着十分重要的作用。

政府规章是有权制定地方性法规的地方人民政府根据法律、行政法规制定的规范性法律文件，又称地方政府规章。地方政府安全生产规章一方面从属于法律和行政法规，另一方面又从属于地方性法规，并且不能与它们相抵触。

根据《中华人民共和国立法法》的有关规定，部门规章之间、部门规章与地方政府规章之间具有同等效力，并且在各自的权限范围内施行。

6. 安全生产技术标准

安全生产技术标准是安全生产法律法规体系中的一个重要组成部分，也是安全生产管理的基础和监督执法工作的重要技术依据。安全生产技术标准包括安全生产方面的国家标准（GB）和行业标准（AQ）。

7. 我国政府已批准加入的国际劳工安全公约

国际劳工组织自 1919 年创立以来，通过了为数较多的国际公约和建议书，这些国际公约和建议书统称国际劳工标准，其中 70% 的国际公约和建议书涉及职业安全卫生问题。我国政府为保证安全生产工作已签订了国际性公约，当我国安全生产法律与国际公约有不同时，应优先采用国际公约的规定（除保留条件的条款外）。目前我国政府已批准加入的国际公约有 28 个，其中 4 个是与职业安全卫生相关的。当前，国际上将贸易与劳工标准挂钩是发展趋势，随着我国加入世贸组织，参与世界贸易必须遵守国际通行的规则。我国的安全生产立法和监督管理工作也需要逐步与国际接轨。

1.4.2 《安全生产法》

《安全生产法》作为安全生产领域的综合性大法具有极为丰富的内涵，对于烟花爆竹的安全生产工作具有规范与指导效能。《安全生产法》自 2002 年 6 月 29 日首次通过，至今已经过三次修正。2021 年 6 月 10 日第十三届全国人民代表大会常务委员会第二十九次会议审议通过的《安全生产法》是当前适用的最新版本。它全面系统地规定了安全生产工作中各方面的关系及其职责。《安全生产法》共 7 章 119 条，具有丰富的内涵，其核心内容简略归纳如下。

1. 三大目标

《安全生产法》的第一条，开宗明义地提出通过加强安全生产工作，防止和减少生产安全事故，需要实现的基本目标：保障人民生命和财产安全，促进经济社会持续健康发展。由此确定了安全生产所具有的保护人民生命安全的意义、保障财产安全的价值和促进经济社会持续健康发展的生产力功能。

2. 五方运行机制

在《安全生产法》的总则中，规定了保障安全生产的国家总体运行机制，包括 5 个方面：政府监管与指导（通过立法、执法、监管等手段）；生产经营单位实施与保障（落实预防、应急救援和事后处理等措施）；员工权益与自律（8 项权益和 3 项义务）；社会监督与参与（公民、工会、舆论和社区监督）；

中介支持与服务（依靠技术支持和咨询服务等方式）。

3．两结合监管体制

《安全生产法》明确了我国现阶段实行的国家安全生产监管体制。这种体制是国家安全生产综合监管与各级政府有关职能部门（公安消防、公安交通、煤矿监督、建筑、交通运输、质量技术监督、工商行政管理）专项监管相结合的体制。有关部门合理分工、相互协调，表明了我国《安全生产法》的执法主体是国家安全生产综合管理部门和相应的专门监管部门。

4．七项基本法律制度

《安全生产法》确定了我国安全生产的基本法律制度，分别为安全生产监督管理制度、生产经营单位安全保障制度、从业人员安全生产权利义务制度、生产经营单位负责人安全责任制度、安全中介服务制度、安全生产者责任追究制度、事故应急救援和处理制度。

5．四个责任对象

《安全生产法》明确了对我国安全生产具有责任的各方，包括以下四个方面：政府责任方（各级政府和对安全生产负有监管职责的有关部门）、生产经营单位责任方、从业人员责任方、中介机构责任方。

6．三套对策体系

《安全生产法》指明了实现我国安全生产的三大对策体系。①事前预防对策体系，即要求生产经营单位建立安全生产责任制，坚持"三同时"，保证安全机构及专业人员落实安全投入，进行安全培训，实行危险源管理，进行项目安全评价，推行安全设备管理，落实现场安全管理，严格交叉作业管理，实施高危作业安全管理，保证承包租赁安全管理，落实工伤保险等。同时，加强政府监管，发动社会监督，推行中介技术支持等都是预防对策。②事故应急救援体系，即要求政府建立行政区域的重大安全事故救援体系，制定社区事故应急救援预案，要求生产经营单位进行危险源的预控，制定事故应急救援预案等。③事后处理对策系统，包括推行严密的事故处理及严格的事故报告制度，实施事故后的行政责任追究制度，强化事故经济处罚，明确事故刑事责任追究等。

7．生产经营单位主要负责人的六项责任

《安全生产法》特别对生产经营单位主要负责人的安全生产责任作了专门的规定，规定如下：建立、健全安全生产责任制度；组织制定安全生产规章制度和操作规程；保证安全生产投入的有效落实；督促检查安全生产工作，及时

消除生产安全事故隐患；组织制定并实施生产安全事故应急救援预案；及时、如实报告生产安全事故。

8. 从业人员六大权利

《安全生产法》明确了从业人员的六项权利：知情权，即有权了解其作业场所和工作岗位存在的危险因素、防范措施和事故应急措施；建议权，即有权对本单位的安全生产工作提出建议；批评、检举、控告权，即有权对本单位安全生产管理工作中存在的问题提出批评、检举、控告；拒绝权，即有权拒绝违章指挥和强令冒险作业；紧急避险权，即发现直接危及人身安全的紧急情况时，有权停止作业或者在采取可能的应急措施后撤离作业场所；求偿权，即工伤职工除享有工伤保险待遇外，根据民事法律尚有获得赔偿的权利的，有权向生产经营单位提出赔偿的要求。

9. 从业人员的三项义务

《安全生产法》明确了从业人员的三项义务：自律遵规的义务，即从业人员在作业过程中，应当遵守安全生产规章制度和操作规程，服从管理，正确佩戴和使用劳动防护用品；自觉接受安全生产教育和培训义务，即掌握本职工作所需的安全生产知识，提高安全生产技能，增强事故预防和应急处理能力；危险报告义务，即发现事故隐患或者其他不安全因素时，应当立即向现场安全生产管理人员或者本单位负责人报告。

10. 四种监督方式

《安全生产法》以法律的方式，明确规定了我国安全生产的四种监督方式：工会民主监督，即工会依法组织职工参加本单位安全生产工作的民主管理和民主监督，维护职工在安全生产方面的合法权益；社会舆论监督，即新闻、出版、广播、电影、电视等单位有对违反安全生产法律法规的行为进行舆论监督的权利；公众举报监督，即任何单位或者个人对事故隐患或安全生产违法行为，均有权向负有安全生产监督管理职责的部门报告或者举报；社区报告监督，即居民委员会、村民委员会发现其所在区域内的生产经营单位存在事故隐患或者安全生产违法行为时，有权向当地人民政府或者有关部门报告。

11. 三十八种违法行为

《安全生产法》明确了生产经营单位及负责人、政府监督部门及人员、中介机构和从业人员可能产生的三十八种违法行为。其中生产经营单位及负责人三十三种、政府监督部门及人员三种、中介机构一种、从业人员一种。

12. 十三种处罚方式

《安全生产法》明确了相应违法行为的处罚方式：对政府监督管理人员有

降级、撤职的行政处罚；对政府监督管理部门有责令改正、责令退还违法收取费用的处罚；对中介机构有罚款、第三方损失连带赔偿、撤销机构资格的处罚；对生产经营单位有责令限期改正、停产停业整顿、经济罚款、责令停止建设、关闭、吊销其有关证照、连带赔偿等处罚；对生产经营单位负责人有行政处分、个人经济罚款、限期不得担任生产经营单位的主要负责人、降职、撤职、处十五日以下拘留等处罚；对从业人员有批评教育、依照有关规章制度给予处分的处罚。无论任何人，造成严重后果，构成犯罪的，依照刑法有关规定追究刑事责任。

1.4.3 烟花爆竹相关法律法规及技术标准

1. 国家标准及法律法规

（1）《烟花爆竹安全管理条例》

《烟花爆竹安全管理条例》于 2006 年 1 月 11 日经国务院第 121 次常务会议通过，自 2006 年 1 月 21 日公布施行，于 2016 年 2 月 6 日修订。该条例旨在加强烟花爆竹安全管理，预防事故发生，保障公共安全和人身、财产安全，适用于烟花爆竹的生产、经营、运输和燃放，共 7 章 46 条，对于烟花爆竹的生产安全、经营安全、运输安全、燃放安全以及法律责任进行了详细的规定。

（2）《安全生产许可证条例》

为了严格规范安全生产条件，进一步加强安全生产监督管理，防止和减少安全生产事故，2004 年 1 月 7 日经国务院第 34 次常务会议通过了《安全生产许可证条例》（国务院令第 397 号），自 2004 年 1 月 13 日起施行，于 2013 年 7 月 18 日第一次修订，于 2014 年 7 月 29 日第二次修订。国家对矿山企业、建筑施工企业和危险化学品、烟花爆竹、民用爆破器材生产企业实行安全生产许可制度。上述企业未取得安全生产许可证的不得从事生产活动。根据该条例，国家安全生产监督管理总局（现中华人民共和国应急管理部）颁布了《烟花爆竹生产企业安全生产许可证实施办法》和《烟花爆竹经营许可实施办法》。

（3）《工伤保险条例》

《工伤保险条例》于 2003 年 4 月 16 日经国务院第 5 次常务会议讨论通过，自 2004 年 1 月 1 日起施行，于 2010 年 12 月 20 日修订。该条例分为总则、工伤保险基金、工伤认定、劳动能力鉴定、工伤保险待遇、监督管理、法律责任和附则，共 8 章 67 条。实施《工伤保险条例》的目的是保障因工作遭受事故伤害或者患职业病的职工获得医疗救治和经济补偿，促进工伤预防和职业康复，分散用人单位的工伤风险。

（4）《烟花爆竹工程设计安全审查规范》（AQ 4126—2018）

该标准规定了烟花爆竹新建、改建和扩建工程建设项目设计安全审查的申请、形式、内容、方法及有关要求。该标准适用于烟花爆竹新建、改建和扩建工程建设项目安全设施的设计安全审查，也适用于烟花爆竹新建、改建和扩建工程建设项目整体的设计安全审查。

（5）《烟花爆竹　抽样检查规则》（GB/T 10632—2014）

该标准规定了烟花爆竹的安全与质量抽样检查规则，适用于烟花爆竹产品安全、质量的检查与验收。其中有一些特殊规定：对致命缺陷的特殊规定、不合格品的处理、不合格批的处理和样本大于或等于批量的规定。

（6）《烟花爆竹工程设计安全规范》（GB 50161—2022）

为规范烟花爆竹工程的设计，防范重大安全风险，预防生产安全事故，保障人民群众生命和财产安全，促进烟花爆竹行业安全、持续、健康发展，制定该规范。该规范适用于烟花爆竹生产项目和经营批发仓库的新建、改建和扩建工程设计，不适用于经营零售烟花爆竹的储存，以及军用烟火的制造、运输和储存。有关外部安全距离的规定也适用于在烟花爆竹生产企业和经营批发企业仓库周边进行居民点、企业、城镇、重要设施的规划建设。烟花爆竹生产项目和经营批发仓库的工程设计除应符合该规范规定外，尚应符合国家现行有关标准的规定。

（7）《烟花爆竹作业安全技术规程》（GB 11652—2012）

该标准规定了烟花爆竹生产和经营企业在烟花爆竹生产、研制、储存、装卸、企业内运输、燃放试验及危险性废弃物处置过程中的作业安全技术要求，适用于烟花爆竹生产和经营企业，介绍了不同种类烟花爆竹的生产工艺流程。

（8）《烟花爆竹　安全与质量》（GB 10631—2013）

《烟花爆竹　安全与质量》（GB 10631—2013）的全部技术内容为强制性，是对原《烟花爆竹　安全与质量》（GB 10631—2004）的修订。该标准根据烟花爆竹行业的现状和发展需求，参照国际上通用的一些做法，对原标准的产品分类、技术要求和试验方法等条款做了较大幅度的修订。该标准规定了烟花爆竹术语和定义、分类与分级、通用安全质量要求、检验方法、检验规则、运输和储存等内容，适用于烟花爆竹产品，不包括黑火药、烟火药和引火线，并列举出了我国烟花爆竹分类与美国、欧盟标准的对照。

（9）《烟花爆竹　礼花弹》（GB 19594—2015）

该标准规定了礼花弹的术语和定义、产品分类、技术要求、检验方法、检验规则、运输与储存要求，适用于礼花弹的制造和验收，并对礼花弹效果类型、礼花弹解剖检测程序、缺陷类别细分进行了详细表述。

（10）《烟花爆竹　组合烟花》（GB 19593—2015）

该标准规定了组合烟花的术语和定义、分级分类、安全与质量要求、检验方法、检验规则、运输和储存，适用于组合烟花的制造与验收，列举了缺陷类别细分、警示语与燃放说明（个人燃放类）示例、燃放安全示意图。

（11）《烟花爆竹　标志》（GB 24426—2015）

该标准规定了烟花爆竹产品销售包装标志和运输包装标志的要求，适用于国内销售烟花爆竹产品销售包装标志和运输包装标志的标注与检验。标志内容应清晰、醒目、持久，应使消费者购买时易于辨认和识读。

（12）《烟花爆竹　包装》（GB 31368—2015）

该标准规定了烟花爆竹包装的术语和定义、基本要求、检验方法、检验规则，适用于烟花爆竹产品的包装，不适用于黑火药、烟火药、引火线的包装。包装物的要求包括一般要求和性能要求。

（13）《烟花爆竹　双响（升空类产品）》（GB 21555—2008）

该标准规定了双响（升空类产品）的术语和定义、分类、技术要求、试验方法、检验规则及标志、包装、运输与储存的要求，适用于双响（升空类产品）。

2. 行业安全标准

（1）《烟花爆竹生产过程名词术语》（AQ/T 4130—2019）

该标准规定了烟花爆竹生产过程的名词术语和定义，适用于烟花爆竹行业。该标准对烟花爆竹行业术语做出了统一的规定，有很大的积极作用。

（2）《烟花爆竹　化工原料使用安全规范》（AQ 4129—2019）

该标准规定了生产制造烟花爆竹用化工原材料的使用安全规则及储存安全要求，适用于烟花爆竹（含黑火药、引火线）生产企业，并列举了常用化工原材料目录，包含氧化剂、还原剂（可燃物）、着色剂、黏合剂、特殊添加剂、溶剂等。

（3）《烟花爆竹零售店（点）安全技术规范》（AQ 4128—2019）

该标准规定了烟花爆竹零售店、零售点的选址及外部距离、面积和存放限量、平面布置、建筑结构、消防和电气、经营行为及安全管理要求，适用于烟花爆竹零售店、零售点的设置和安全管理。

（4）《烟花爆竹工程竣工验收规范》（AQ/T 4127—2018）

该标准规定了烟花爆竹新建、改建和扩建工程建设项目竣工验收的基本要求、形式、内容、方法及有关要求，适用于烟花爆竹新建、改建和扩建工程建设项目安全设施的竣工验收，也适用于烟花爆竹新建、改建和扩建工程建设项目整体安全的竣工验收。

（5）《烟花爆竹 烟火药危险性分类定级方法》（AQ/T 4124—2014）

该标准规定了烟火药危险性的分类定级方法和烟火药危险性分类定级所用到的各种能量输入、输出参数测试方法，适用于烟花爆竹用烟火药的危险性分类定级。该标准还介绍了部分烟火药的摩擦感度及危险性、部分烟火药的燃烧速度及危险性和试验报告。

（6）《烟花爆竹 烟火药火焰感度测定方法》（AQ/T 4123—2014）

该标准规定了烟火药火焰感度测定的材料和仪器、试验准备、试验步骤、发火与瞎火的判别、试验结果处理和火焰感度仪标定方法，适用于烟花爆竹用烟火药火焰感度的测定。含烟火药效果件火焰感度可参照该标准执行。

（7）《烟花爆竹 烟火药吸湿率测定方法》（AQ/T 4122—2014）

该标准规定了烟火药吸湿率测定的试剂、材料和仪器，试验准备，试验步骤，以及试验结果处理的要求，适用于烟花爆竹用烟火药吸湿率的测定。烟火药吸湿率指烟火药在一定温度和湿度环境中，一定时间内从周围空气中吸收的水分量与其本身质量的比率。

（8）《烟花爆竹 烟火药静电火花感度测定方法》（AQ/T 4120—2011）

该标准规定了烟花爆竹用烟火药静电火花感度测定的设备和材料、试样制备、测定步骤及数据处理等事项，适用于在规定条件下测定烟花爆竹用烟火药的静电火花感度。测定原理如下。烟火药受静电火花能量作用而发火，其发火的难易程度称为静电火花感度。在规定的测试仪器及条件下，采用升降法进行试验，以发火率为 0.01% 的能量 $E_{0.01}$ 表示烟花爆竹烟火药的静电火花感度。$E_{0.01}$ 值越低表示越容易发火，静电火花感度越高；$E_{0.01}$ 值越高表示越不容易发火，静电火花感度越低。

（9）《烟花爆竹 烟火药爆发点测定方法》（AQ/T 4119—2011）

该标准规定了烟花爆竹用烟火药爆发点测定的设备和材料、试样制备、测定步骤及数据处理等事项，适用于烟花爆竹用烟火药 5 s 延滞期爆发点的测定。测定原理如下。烟火药在恒定的介质温度环境下间接受热，从烟火药开始受热到发火的时间称为烟火药爆发延滞期。此介质温度为烟火药在此延滞期下的爆发点。

（10）《烟花爆竹 烟火药猛度测定方法》（AQ/T 4118—2011）

该标准规定了烟花爆竹用烟火药猛度测定的仪器和材料、测定准备、爆炸压缩铅柱、测量压缩后铅柱高度和烟火药猛度的计算，适用于烟花爆竹用烟火药猛度的测定。测定原理如下。在规定参量（质量、密度和几何尺寸）的条件下，烟火药爆炸时对铅柱进行压缩，以压缩值来衡量烟火药的猛度。烟火药在不具备爆炸条件时的猛度值为 0。

（11）《烟花爆竹　烟火药作功能力测定方法》（AQ/T 4117—2011）

该标准规定了烟花爆竹用烟火药作功能力测定原理、仪器和材料、测定准备、爆炸扩张铅壔中心孔试验、测量扩张后铅壔中心孔容积和烟火药作功能力的计算，适用于烟花爆竹用烟火药作功能力的测定。测定原理如下。在规定参量（质量、密度和几何尺寸）的条件下，烟火药爆炸时对铅壔中心孔进行扩张，以铅壔中心孔扩张的容积来衡量烟火药的作功能力。烟火药不具备爆炸条件时的作功能力为 0 mL。

第 2 章

烟花爆竹的相关原理

|2.1 焰色反应的一般原理|

　　烟花爆竹燃放效果的提升，往往会在造型、声响、颜色、发烟等方面进行改进，其中有色火焰是燃放效果中不可或缺的重要一环。传统的有色火焰包括黄色、红色、绿色等，随着烟花爆竹技术的发展，近年来也出现了难度更高的蓝色、紫色等火焰形式。例如，2022 年北京冬奥会上的蓝紫色焰火给全世界的观众留下了难忘的视觉体验，如图 2.1 所示。

图 2.1　2022 年北京冬奥会焰火燃放图

　　有色火焰产生的核心机理为焰色反应。焰色反应主要是根据某些金属或者它们的挥发性化合物在无色火焰中灼烧时会呈现出不同颜色的火焰这一原理，而对这些金属离子进行检验，从而判断物质中是否含有这些金属或金属化合物的一种化学实验方法。

当碱金属及其盐在火焰上灼烧时，原子中的电子吸收了能量，从能量较低的轨道跃迁到能量较高的轨道，但处于能量较高轨道上的电子是不稳定的，很快又跃迁回能量较低的轨道，这时就将多余的能量以光的形式放出。而放出的光的波长在可见光范围内（波长为 400～760 nm）时，能使人眼看到火焰呈现相应的颜色。在焰色反应实验中，不同金属或它们的化合物在灼烧时会放出多种不同的光，在肉眼能感知的可见光范围内，因不同光的波长不同，呈现的颜色也就存在差异。但由于碱金属的原子结构不同，电子跃迁时能量的变化也不相同，从而发出不同波长的光，因此，从焰色反应的实验里所看到的特殊焰色就是光谱谱线的颜色。每种元素的光谱都有一些特征谱线，发出特征的颜色而使火焰着色，根据焰色可以判断某种元素的存在。如焰色洋红色含有锶（Sr）元素，焰色蓝绿色含有铜（Cu）元素，焰色黄色含有钠（Na）元素，焰色紫色含有钾（K）元素，焰色砖红色则含有钙（Ca）元素等，焰色反应效果图如图 2.2 所示。

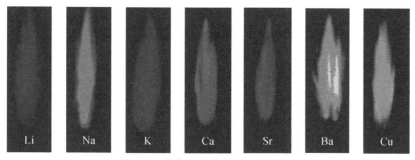

图 2.2　焰色反应效果图（附彩插）

产生有色火焰的药剂由氧化剂、可燃剂、火焰着色物质（或火焰增色物质）和黏结剂等组成。有色火焰的产生是由药剂燃烧生成物在高温状态发生的原子辐射、分子辐射、高温辐射以及不同的颜色加成形成的。原子辐射为线状光谱，分子辐射为带状光谱，高温辐射为连续光谱。以下是烟花爆竹中常出现的有色火焰形式。

①黄色火焰：黄色火焰的产生是由于烟火药燃烧放出的能量将钠原子由低能级激发到高能级并产生粒子反转，钠原子辐射而产生波长为 589～590 nm 谱线，从而使火焰着色。它的特点是单色性强、颜色纯度高，相对色纯度可达 95% 以上。

②红色火焰：红色火焰的产生是因为药剂燃烧产物中有 $SrCl_2$ 分子，由于

电子方位、振动和旋转的变化引起能量的变化而产生辐射使火焰着色，其色纯度可以达到 85%。

③绿色火焰：与红色火焰产生的原理相同，绿色火焰的产生是因为药剂燃烧产物中的 $BaCl_2$ 分子产生辐射，其色纯度可以达到 80%。

④蓝色火焰：与红色火焰产生的原理相同，蓝色火焰的产生是因为药剂燃烧产物中的 $CuCl_2$ 分子产生辐射，其色纯度可以达到 75%。

⑤紫色火焰：与红色火焰产生的原理相同，只不过紫色火焰的产生是因为药剂燃烧产物中同时含 $SrCl_2$ 分子和 $CuCl_2$ 分子，两种分子都产生辐射，红色与蓝色两种色光相加成而使火焰显紫色。通过改变药剂配方可以改变燃烧产物中两种分子的含量比例，从而得到不同的紫色。

⑥白色火焰：白色火焰的产生是原子辐射、分子辐射和高温辐射共同作用的结果。能形成白色火焰的烟火药燃烧温度可达到 1 700 ℃ 以上，高温致使部分产物解离而发生原子辐射，未解离的分子产物可发生分子辐射，同时产物中存在的高温灼热粒子还可发生高温辐射，三种辐射同时作用而使火焰显白色。

|2.2 烟火药的化学反应机理|

烟火药是指燃烧时产生光、声、烟、色、热和气体等烟火效应的混合物，又称烟火剂。烟火药多属于爆炸能力很低的炸药，在实际使用时是利用其燃烧效应。烟火药种类繁多，是烟花爆竹的核心成分。

烟火药的最基本组成是氧化剂和可燃剂。氧化剂提供燃烧反应时所需的氧气，可燃剂提供燃烧反应所需的热量。但仅有单一的氧化剂和可燃剂组成的二元混合物很难在工程应用上获得理想的烟火效应。因此，实际应用的烟火药除氧化剂和可燃剂外，还包括使制品具有一定强度的黏结剂，以及产生特种烟火效应的功能添加剂，如使火焰着色的物质、增加烟雾浓度的发烟物质、增加火焰亮度的其他可燃物质、燃烧速度缓慢的惰性添加物质等。本节将对烟火药的组成成分与其相关性质进行详细的介绍。

2.2.1 烟火药的组成

1. 氧化剂

氧化剂和可燃剂是组成烟火药的最基本成分，烟火药燃烧过程中还可借助空气中的氧气作为助燃剂，但常常燃烧速度过慢，达不到预期的烟火效应。因此，烟火药配方中一般都含有氧化剂。氧化剂可以是含氧氧化剂，也可以是无氧氧化剂。一般电负性大的元素都可以作为氧化剂，如 CCl_4 就是无氧氧化剂：

$$CCl_4 + 2Zn \longrightarrow C + 2ZnCl_2$$

烟火药中所用氧化剂通常要求其是富氧的离子型固体，在中等温度下即可分解放出氧气。富氧的离子型固体氧化剂的阴离子应含有高能键，如 Cl—O 或 N—O 等，通常是指硝酸根离子 NO_3^-、氯酸根离子 ClO_3^-、高氯酸根离子 ClO_4^-、铬酸根离子 CrO_4^{2-}、氧离子 O^{2-} 和重铬酸根离子 $Cr_2O_7^{2-}$。

需要指出的是，与上述阴离子构成离子型固体氧化剂的阳离子，必须对所产生的烟火效应起积极作用而不产生消极影响。例如，Na^+ 阳离子与 NO_3^- 阴离子构成的 $NaNO_3$ 氧化剂，其中 Na^+ 阳离子是黄光发射体，在黄光剂中起积极作用，但 $NaNO_3$ 氧化剂不宜用于制造红光剂、绿光剂、蓝光剂，因为 Na^+ 阳离子在红光剂、绿光剂、蓝光剂中起消极作用，它的存在会干扰红色、绿色和蓝色火焰的比色纯度（色饱和度）。Li^+、Na^+、K^+ 碱金属阳离子和 Ca^{2+}、Sr^{2+}、Ba^{2+} 碱土金属阳离子都是不良的电子受体，它们也不与 Mg、Al 等活性金属可燃剂在常温储存下发生反应，因此由它们与阴离子结合的盐类氧化剂在烟火药中应用相对广泛。由 Pb^{2+}、Cu^{2+} 这类阳离子与阴离子结合的盐类氧化剂，如 $Cu(NO_3)_2$ 易氧化 Mg 等活性金属可燃剂，可以发生如下反应：

$$Cu(NO_3)_2 + Mg \longrightarrow Cu + Mg(NO_3)_2$$

因此，由 Pb^{2+}、Cu^{2+} 这类阳离子与阴离子结合的盐类氧化剂很少用于烟火制造。

除富氧的离子型固体被选作氧化剂外，含有卤素原子（如 F 和 Cl）的共价键分子也可以用作烟火药的氧化剂，如六氯乙烷（C_2Cl_6）和聚四氟乙烯，它们分别与 Zn 和 Mg 的烟火反应为：

$$3Zn + C_2Cl_6 \longrightarrow 3ZnCl_2 + 2C$$
$$(C_2F_4)_n + 2nMg \longrightarrow 2nC + 2nMgF_2$$

综上所述，烟火药中氧化剂应满足下列技术要求：

①纯度应在 98%～99%；

②水分含量应极小，通常不大于 0.5%；

③容易吸湿的盐和重金属盐的含量应极小；

④不含有增强药剂机械敏感度或降低药剂化学安定性（稳定性）和影响烟火效应的杂质；

⑤氧化剂的水溶液应为中性；

⑥氧化剂粉末应具有适当的颗粒度。

但是，在烟火药氧化剂选择中最不希望的是含有氯化物一类的杂质，因为它们可使氧化剂变得易吸湿。例如，在氯酸钾氧化剂中加入 0.05% 和 0.1% 的氯化钾后，氯酸钾的吸湿性明显增加，见表 2.1。氯化物的吸湿点（20 ℃ 下饱和溶液的相对湿度）较高，几种氯化物杂质的吸湿点见表 2.2。

表 2.1　氯化物对氧化剂吸湿性的影响

氧化剂	$KClO_3$	$KClO_3$	$KClO_3$
纯度	化学纯	+ 0.05% KCl	+ 0.1% KCl
室温 24 h 后增重/%	0.1	0.3	0.9

表 2.2　几种氯化物杂质的吸湿点

氯化物	KCl	NaCl	NH_4Cl	$MgCl_2 \cdot 6H_2O$
20 ℃ 下饱和溶液的相对湿度/%	86	77	80	33

烟火药中常用氧化剂的物理化学性质见表 2.3。

表 2.3　烟火药中常用氧化剂的物理化学性质

氧化剂	相对分子质量	百分氧量/%	密度/$(g \cdot cm^{-3})$	熔点/℃	生成热/$(kJ \cdot mol^{-1})$（298 K）	燃烧时的分解反应式
高氯酸铵 NH_4ClO_4	117.50	54.47	（固）1.95	150	-290.45	$4NH_4ClO_4 \longrightarrow$ $2Cl_2 + 3O_2 + 8H_2O + 2N_2O$
高氯酸钾 $KClO_4$	138.55	46.19	（固）2.52	610 ± 10	-433.462	$KClO_4 \longrightarrow KCl + 2O_2$
氯酸钾 $KClO_3$	122.55	39.17	（固）2.32	368.4	-391.204	$2KClO_3 \longrightarrow 2KCl + 3O_2$
硝酸钡 $Ba(NO_3)_2$	261.34	36.73	（固）3.24（23 ℃）	594.85	-991.859	$2Ba(NO_3)_2 \longrightarrow$ $2BaO + 5O_2 + 2N_2$
硝酸钾 KNO_3	101.10	47.48	（固）2.109（350 ~ 565 ℃）	338	-492.708	$4KNO_3 \longrightarrow$ $2K_2O + 5O_2 + 2N_2$
硝酸锶 $Sr(NO_3)_2$	211.63	45.36	（固）2.986	645	-975.918	$2Sr(NO_3)_2 \longrightarrow$ $2SrO + 5O_2 + 2N_2$

烟火药的理化性质主要包括以下几个方面。

①氧化剂的熔点。氧化剂的熔点和它的分解温度密切相关，在大多数情况下，氧化剂只能在其熔点或稍高于其熔点的温度下才进行剧烈的分解。通常只要知道其熔点的高低，即可大致判定该类烟火药点燃的难易程度及燃烧反应速度的快慢。在选用氧化剂时，其熔点或其分解温度必须适应烟火药的燃烧温度。例如，有些发烟剂一般是在不高的燃烧温度下借助有机染料的升华而产生有色烟云，所以这类烟火药不能选用熔点太高的氧化剂。

②氧化剂的分解反应。氧化剂受热时的分解反应式不同于烟火药燃烧时其中的氧化剂分解反应式。这两种反应式必须严格区分开来。当烟火药燃烧时，氧化剂最可能发生的分解反应见表 2.3 中燃烧时的分解反应式。

氯酸盐和高氯酸盐在烟火药燃烧过程中分解为氯化物和氧气。

硝酸盐随可燃剂性质不同，其分解反应生成物也各异。当可燃物为 C、S、P 或其他有机物时，硝酸盐可彻底分解成金属氧化物。

$$2Ba(NO_3)_2 \longrightarrow 2BaO + 2N_2 + 5O_2$$

当可燃剂为乳糖，燃烧温度不高的情况下，生成物中将含有大量的亚硝酸盐。当可燃剂为强还原剂，如 Mg 或 Al 时，硝酸盐能较完全分解。

$$Ba(NO_3)_2 + 6Mg \longrightarrow Ba + 6MgO + N_2$$

硫酸盐类与 Mg、Al 燃烧，如不与空气接触，则生成硫化物，且放热量很大。

$$BaSO_4 + 4Mg \longrightarrow BaS + 4MgO + 1\ 442\ kJ/mol$$

氧化物和过氧化物在烟火药燃烧时，发生还原反应，生成游离金属。

$$3MnO_2 + 4Al \longrightarrow 3Mn + 2Al_2O_3$$

在烟火药燃烧时，氧化剂究竟生成何种化合物，可按化学反应最大放热法则或最小自由能法则来判断，即相比于放热量小的反应，更倾向于发生放热量大的反应。

$$BaSO_4 + Mg \longrightarrow BaO + MgO + SO_2 + 33.44\ kJ/mol$$

$$BaSO_4 + 4Mg \longrightarrow BaS + 4MgO + 1\ 442\ kJ/mol$$

依据最大放热原则，判断 $BaSO_4$ 和 Mg 的反应生成产物是 BaS，而不是 BaO。

③氧化剂的氧量。在选择氧化剂时，要考虑氧化剂中直接用于氧化的含氧量，通常称为有效氧量。如 $K_2Cr_2O_7$ 的总含氧量为 38%，但它的有效氧量只有 16%。有效氧量以氧化剂所分解出的氧量占总质量的质量分数表示，它是评定氧化剂氧化能力的重要因素之一。显然，配制烟火药时应选取含有效氧量多的氧化剂。

④氧化剂的分解热。在合理选择氧化剂时，还必须考虑氧化剂的分解热。

氧化剂放出氧的难易程度和它在分解时放热或吸热多少有关。氧化剂分解时所需热量越少，则释放氧越容易。氧化剂中除氯酸盐分解是放热过程外，其他氧化剂分解基本都是吸热过程。在烟火药燃烧过程中，一般氯酸盐放出氧较高氯酸盐和硝酸盐容易，而硝酸盐又较硫酸盐和氧化物容易，具体见表2.3中的数据。选用分解热小的氧化剂，有利于烟火药的快速燃烧并放出最大的热量。但其机械感度也相应提高，例如，用$KClO_3$配制的烟火药极易发生爆炸，原因是其分解时会放出大量的热。$KClO_3$的分解反应如下：

$$2KClO_3 =\!=\!= 2KCl + 3O_2 + 83.6\ kJ$$

⑤氧化剂分解产物的熔点和沸点。烟火药的燃烧产物、燃烧状态都对其烟火效应有影响。根据氧化剂分解生成物的熔点和沸点的数据，可以预先估计有无气体生成，有无液、固相生成物，以及在燃烧过程中发烟的程度等。

⑥氧化剂的吸湿性。氧化剂的吸湿性将直接影响烟火药的物理、化学安定性。选用比金属可燃剂电动势高的、吸湿性小的盐类作烟火药的氧化剂较为有利。有许多盐类具有较大的吸湿性，如果影响到烟火药的安定性，则不能选用。

盐类吸湿的程度取决于空气的湿度和温度、盐本身的性质及盐和潮湿空气接触面的大小。盐类的吸湿过程由水蒸气的吸附作用开始，即当溶于水的盐类吸附了若干水分后，在晶体表面形成一层饱和溶液，若在某一温度下，大气中的水蒸气压超过饱和溶液上的水蒸气压时，该盐类吸收水分；反之，则由于释放出水分而变干燥。

盐类既不吸湿又不干燥的相对湿度称为"吸湿点"，表示如下：

$$h = \frac{p_a}{p} \times 100\%$$

或用相对湿度来表示：

$$A = \frac{p_a}{p} \times 100\%$$

式中：p_a——盐类饱和溶液上的水蒸气压，Pa；

p——在同温度下使空气饱和的水蒸气压，Pa。

根据吸湿点的大小，氧化剂可分为三类：

①A类，$Ba(NO_3)_2$、$KClO_4$、$KMnO_4$、$KClO_3$；

②B类，$Ba(ClO_3)_2$、$Pb(NO_3)_2$、KNO_3；

③C类，$Mn(NO_3)_2$、$Ca(NO_3)_2$、$Mg(NO_3)_2$、$Sr(ClO_3)_2$、$Ba(ClO_3)_2$、$Al(NO_3)_3$、$NaNO_3$。

军品中都将采取一定的措施在将其做成制品并烘干后很快密封，但在烟花爆竹领域，工艺要求相对不是很高。

2．可燃剂

烟火药的可燃剂可分为金属可燃剂、非金属可燃剂和有机化合物可燃剂三类。主要的可燃剂及其氧化物的理化性质见表 2.4，一些单质可燃剂的燃烧热见表 2.5。在烟花爆竹行业中最常使用的可燃剂是碳粉、镁粉和铝粉。

表 2.4　主要的可燃剂及其氧化物的理化性质

可燃剂名称	相对密度	粉末在空气中的发火点/℃	熔点/℃	沸点/℃	与1 g氧燃烧所需的可燃剂量/g	燃烧生成的氧化物及其性能		
						分子式	熔点/℃	沸点/℃
铝	2.7	>800	660	约2 400	1.12	Al_2O_3	2 050	2 980
镁	1.7	550	651	1 100	1.52	MgO	2 800	约3 100
硅	2.3	>900	1 490	约2 400	0.88	SiO_2	1 710	2 230
红磷	2.2	260	590	—	0.78	P_2O_5	563	
碳（石墨）	2.2	700~850	>3 000	0.38		CO_2	气体	
碳（石墨）	2.2	700~850	>3 000	0.75		CO	气体	
硫	2.1	230	118	441	1.00	SO_2	气体	
铁	7.9	>500	1 535	约2 740	2.33	Fe_2O_3	1 565	—
锑	0.7	>600	630	1 640	5.07	Sb_2O_3	635	1 570
氢	—	—	—	—	0.12	H_2O	0	100
锌	7.1	约500	419	906	4.09	ZnO	—	1 973
结晶硼	2.3	>900	2 300	2 550	0.45	B_2O_3	在800~1 000 ℃时软化	—

表 2.5　一些单质可燃剂的燃烧热

单质可燃剂		可燃剂的氧化物		燃烧热			
元素符号	元素的相对原子质量 A	分子式	物质的相对分子质量 m	1 mol 氧化物的燃烧热 Q/(kJ·mol^{-1})	$Q_1=\dfrac{Q}{mA}$/(kJ·mol^{-1})	$Q_2=\dfrac{Q}{m}$/(kJ·g^{-1}·mol^{-1})	$Q_3=\dfrac{Q}{N}$/(kJ·mol^{-1})
Be	9.0	BeO	25	578	64.0	23.0	289
Al	27.0	Al_2O_3	102	1 645	30.5	16.3	331

单质可燃剂		可燃剂的氧化物		燃烧热			
元素符号	元素的相对原子质量 A	分子式	物质的相对分子质量 m	1 mol 氧化物的燃烧热 $Q/(kJ \cdot mol^{-1})$	$Q_1 = \dfrac{Q}{mA}/$ $(kJ \cdot mol^{-1})$	$Q_2 = \dfrac{Q}{m}/$ $(kJ \cdot g^{-1} \cdot mol^{-1})$	$Q_3 = \dfrac{Q}{N}/$ $(kJ \cdot mol^{-1})$
B	10.8	B_2O_3	70	1 264	58.6	18.0	251
Li	6.9	Li_2O	30	594	43.1	19.7	197
H	1.0	H_2O	18	285	143.2	15.9	96
Mg	24.3	MgO	40	611	25.1	15.1	305
Ca	40.1	CaO	56	636	15.9	11.3	318
Si	28.1	SiO_2	60	871	31.0	14.7	289
Ti	47.9	TiO_2	80	913	19.3	11.3	306
P	31.0	P_2O_5	142	1 507	24.3	10.5	213
C	12	CO_2	44	393	32.7	8.8	130
Na	23.0	Na_2O	62	414	9.2	6.7	138
K	39.1	K_2O	94	356	4.6	3.8	121
Zn	65.4	ZnO	81	347	5.4	4.2	172
C	12.0	CO	28	109	9.2	3.8	54
S	32.1	SO_2	64	297	9.2	4.6	100
Mn	54.9	MnO	71	389	7.1	5.4	193
Fe	55.8	Fe_2O_3	160	816	7.1	5.0	163

Mg 是很活泼的金属可燃剂。Mg 受潮时易生成 $Mg(OH)_2$，并且容易与所有的酸起反应，包括醋酸（5% 浓度）和硼酸之类的弱酸：

$$Mg + 2H_2O \longrightarrow Mg(OH)_2 + H_2$$

$$Mg + 2HX \longrightarrow MgX_2 + H_2$$

式中：X——Cl^-、NO_3^-，N 为可燃剂的物质的量，即摩尔数。

由于 Mg 的沸点低（1 107 ℃），易于蒸发汽化，且燃烧热为 24.7 kJ/g。当药剂中有过量的 Mg 时，蒸发汽化的 Mg 能借空气中的氧发生二次燃烧反应，从而获得额外的热而提高了烟火效应。

在含 Mg 的烟火药中不能使用含 Cu^{2+}、Pb^{2+} 和其他还原金属离子的盐类，因为其一旦受潮，则发生电子传递反应：

$$Cu^{2+} + Mg \longrightarrow Cu + Mg^{2+}$$

在烟花爆竹生产工业上，Al 比 Mg 应用更为广泛。Al 的熔点是 660 ℃，沸点约 2 500 ℃，燃烧热为 30.9 kJ/g。它的热效应高，是 Mg 的 1.25 倍，价格低廉，质量小，储存稳定。Al 的表面容易被空气中的氧气氧化，生成致密的 Al_2O_3 氧化膜，从而防止内部进一步氧化。含 Al 烟火药同时含有硝酸盐氧化剂时，必须进行防潮处理，否则会发生反应：

$$3KNO_3 + 8Al + 12H_2O \longrightarrow 3KAlO_2 + 5Al(OH)_3 + 3NH_3$$

它放出的热和氨气有可能导致药剂自发火燃烧。

铝镁合金金属可燃剂比单一的 Mg 和 Al 应用更为广泛。它是 Mg、Al 二者的金属互化物，为 Al_3Mg_2，在 Al_3Mg_2 中的固溶体熔点为 460 ℃。它与硝酸盐混合物的稳定性比 Al 与硝酸盐混合物的稳定性高。它与弱酸反应又比 Mg 与弱酸反应要缓慢得多。

3. 黏结剂

黏结剂可以提高烟火药中可燃剂粒子与氧化剂粒子间的结合力，使烟火药更好地黏结，从而改善烟火药的力学性能。同时，黏结剂还可作为金属型和非金属型燃料的涂层，用于保护金属粒子和非金属粒子，否则这些燃料粒子会与空气中的水分和氧气发生反应。黏结剂还可以调节烟火药的燃烧速度及其性能，同时还可降低烟火药的撞击感度和摩擦感度。

使用黏结剂的目的在于使烟火药制品具有足够的机械强度，减缓药剂的燃烧速度，降低药剂的机械感度，并起到改善烟火药物理化学安定性的作用。

但是，在烟火药中过多地使用黏结剂是不适宜的。一方面，当药剂中的黏结剂含量超过 20% 时，制品强度不再增强；另一方面，过多的黏结剂会破坏烟火药氧平衡，使烟火效应受到显著影响。实际使用时，黏结剂的用量一般以 3%～10% 为宜。选择应用于烟火药中的黏结剂，应遵循下列原则：

①黏结能力强，抗腐蚀性能好；

②含氧量高，具有较高的燃烧热；

③燃烧时不影响烟火制品的特种效应；

④吸湿性小，能溶于酒精、汽油等通用溶剂；

⑤相容性好，制成的烟火制品具有较好的长储安定性。

一些天然物质和合成树脂均可作为黏结剂应用于烟火药配方中，常用的黏结剂可以分为天然黏结剂和人工合成黏结剂。

天然黏结剂包括：虫胶、松香、固体石蜡、蜂蜡、巴西棕榈蜡、熟亚麻籽油、阿拉伯树胶、石印清漆。

人工合成黏结剂包括：酚醛树脂、环氧树脂、聚酯树脂、氯化橡胶、聚氯乙烯、聚硫橡胶、乙酸乙烯乙醇树脂、特氟龙、氟橡胶（Viton A）和 KEL-F800 等。在烟花爆竹制品中最常使用的黏结剂是酚醛树脂。在烟火药制品中，常用黏结剂的物理化学性质见表 2.6。

表 2.6 常用黏结剂的物理化学性质

名称及分子式	密度/ $(g \cdot cm^{-3})$	相对分子质量	软化点/℃	溶剂	与 1 g 氧燃烧的质量/g	
					生成 CO 和 H_2O	生成 CO_2 和 H_2O
酚醛树脂 $C_{48}H_{42}O_7$	1.3	730	80~110	酒精	0.74	0.42
虫胶 $C_{30}H_{50}O_{11}$	1.1	260	70~120	酒精	0.80	0.47
淀粉 $(C_6H_{10}O_5)_n$	1.6	162	—	水	1.69	0.85
松脂酸钙 $(C_{40}H_{58}O_4)Ca$	1.2	643	120~150	汽油、酒精	0.61	0.38
松香 $C_{20}H_{30}O_2$	1.1	302	>65	汽油、酒精、苯	0.57	0.36
干性油 $C_{16}H_{26}O_2$	0.93	250	—	—	0.58	0.36
蓖麻油 $C_{57}H_{101}O_9$	0.96	933	10~18	酒精	0.58	0.37
聚氯乙烯 $(H_2C=CHCl)_n$	1.4	62.5	80	环己酮、二氯甲烷	1.3	0.78
萘 $C_{10}H_8$	1.14	128.2		甘油	0.57	0.33
明胶 $(CH_2-NH-CO)_n$	—	57	—	醋酸	—	—

加入黏结剂的制品强度取决于烟火药其他成分的性能、黏结剂的性能、用量、工艺过程和压药压力等许多因素。

4. 功能添加剂

烟火药组分中的功能添加剂主要包括使火焰着色的染焰剂、加快或减缓燃烧速度的调速剂、增强物理化学安定性的安定剂、降低机械感度的钝感剂及增强各种烟火效应的添加物质等。例如，为了降低燃烧速度，有时在烟火药中添加 $CaCO_3$、$MgCO_3$ 和 $NaHCO_3$，发生的化学反应为：

$$CaCO_3(s) \longrightarrow CaO(s) + CO_2(g)$$
$$2NaHCO_3(s) \longrightarrow Na_2O(s) + H_2O(g) + 2CO_2(g)$$

因为它们在高温下可吸热分解，从而降低了反应温度，使燃烧缓慢。除此之外，烟火药中还会加入溶剂、润滑剂等添加剂。烟火药生产过程中常用的添加剂有以下几种。

①抑制剂。草酸盐（如 $Na_2C_2O_4$）可降低烟火药的燃烧速度，是烟火药中最常用的燃烧延迟剂。具有同样性能的有机物还有甲酸盐和柠檬酸盐。另外，碳酸钙也有降低烟火药的作用。

②生色剂。有些物质可以增强烟火药燃烧时生成烟雾的颜色。如聚氯乙烯、六氯苯（HCB）及其他有机氯化合物，在与钡盐或者铜盐共用时可以产生绿色烟雾，与锶盐共用时可以产生红色烟雾。

③冷却剂。冷却剂在各种烟火药配方中用来降低烟火药在燃烧过程中的燃烧温度。常用的冷却剂有碱式碳酸镁、碳酸钠及其他碳酸盐。

④调节剂。调节剂是调节烟火药火焰的颜色或者提高烟火药燃烧效率和确保其平稳燃烧的添加剂。用于调节火焰颜色的调节剂主要有以下几种：黄色火焰用硝酸钠或乙酸钠，绿色火焰用硝酸钡、氯酸钡，红色火焰用硝酸锶、乙酸锶或碳酸锶，蓝色火焰用铜的氯氧化物或碱式碳酸盐。

烟火药的主要成分是氧化剂、可燃剂和黏结剂，为了增加烟火制品的各种性能，还需要加入合适的功能添加剂。烟火药中各组分的作用见表 2.7。

表 2.7　烟火药中各组分的作用

组分名称	作用
氧化剂	提供燃烧时所需的氧气
可燃剂	燃烧时产生所需的热量
黏结剂	使烟火制品具有足够的机械强度
染焰剂	火焰着色物质
成烟物质	产生烟雾颗粒

组分名称	作用
增强特种效应物质	提高发光强度、火焰颜色等
钝感剂	降低感度
安定剂	增强物理、化学安定性
调速剂	加快或延缓燃烧速度

5. 烟火药组分的性能参数

设计烟火药配方组分，主要应考虑以下性能参数：密度、吸湿性、熔点和分解温度、氧化剂的氧含量、烟火药组分的毒性等。

（1）密度

烟火药配方密度取决于氧化剂、可燃剂和其他添加剂组分的密度，它是在特定容积内装填的烟火药质量。密度与在规定空间内的燃烧时间、燃烧延期时间、发光强度等同样重要。随着药剂密度的提高，燃烧产生的高温气体不易渗透到药剂内部，使其只能在药剂表面进行传火，从而使得内层药剂的受热减慢。因此，在压力不变的情况下，随着药剂的密度增加，其燃烧速度降低。

（2）吸湿性

各组分的吸湿性是烟火药的重要指标，设计烟火药配方时，必须考虑各组分吸湿性对烟火药性能的影响。氧化剂（如 KNO_3 等）非常容易吸收水分，而水分易与金属反应，在金属表面形成一层金属氧化物薄膜或金属氢氧化物薄膜，这类薄膜没有反应活性，但会改变烟火药的点火性能和火焰传播性能，从而导致出现点火故障。因此，在选用烟火药配方组分时，必须了解各组分的吸湿性。

（3）熔点和分解温度

烟火药的点火难易程度和燃烧速度是其燃烧的重要指标，而熔点和分解温度是决定点火难易和燃烧速度的重要因素。据文献报道，烟火药中可燃剂的熔点越低，其引燃温度也将越低。硫黄和低熔点的有机化合物可以降低引燃温度并促进燃烧，而高熔点的可燃剂则提高了烟火药的引燃温度。不过可燃剂熔点并不是决定烟火药引燃温度的唯一因素，氧化剂分解反应是放热还是吸热也是至关重要的因素。如 $KClO_3 + S$ 的引燃和 $KNO_3 + S$ 的引燃，由于 $KClO_3$ 的分解反应放热，$KClO_3 + S$ 的引燃温度为 150 ℃；而 KNO_3 的分解反应吸热，$KNO_3 + S$ 的引燃温度则为 340 ℃。因此，氧化剂 $KClO_3$ 与硫黄、乳糖、镁等可燃剂制成的烟火药引燃温度低；如果用 KNO_3 取代 $KClO_3$，与硫黄、乳糖、镁等可燃剂制成的烟火药引燃温度高。部分烟火药组分的熔点和引燃温度见表 2.8。

表 2.8　部分烟火药组分的熔点和引燃温度

烟火药	熔点/℃	引燃温度/℃	烟火药	熔点/℃	引燃温度/℃
$KClO_3$ 硫黄	356 119	150	KNO_3 硫黄	334 119	340
$KClO_3$ 乳糖	356 202	195	KNO_3 乳糖	334 202	390
$KClO_3$ 镁	356 649	540	KNO_3 镁	334 649	565

（4）氧化剂的氧含量

氧量高的氧化剂更易释放氧气，是烟火药用氧化剂的首选。1 g KNO_3 可放出 0.4~0.5 g 氧气，相比而言，氧化物类氧化剂放出的氧气量则较少。因此，KNO_3 比氧化物类氧化剂更能提高烟火药的燃烧速度和火焰温度。

（5）烟火药组分的毒性

烟火药各组分的毒性是一个极其重要的指标，因为它与操作工人的健康、生产环境等息息相关。从事烟火药原材料准备、加工、运输和储存的工作人员，需要了解烟火药组分的毒性并采取必要的个体防护措施。因为这些化学物质在各种操作过程中有可能通过皮肤、呼吸系统和口腔进入人体。目前，取代烟火药中有毒物质（如 $BaCrO_4$、鲜艳的颜料和六氯乙烷等）的研究已取得了进展。但由于有些无毒物质达不到所期望的烟火效果，有些有毒物质目前还不能被无毒物质全部取代，因此，在操作处理这些有毒物质的过程中，必须对其采取必要的防范措施。

2.2.2　烟火药的理化性质

烟火药的性质主要包括物理性质、化学性质及其发生燃烧或爆炸时的性质。为了表征不同烟火药的感度特性、做功能力及长期储存时的安定性，需要对其进行相关的性能测试，根据试验结果判定研制的烟火药是否符合设计要求，生产和使用过程中的安全性是否可以满足相关标准要求。

1. 烟火药的物理性质

烟火药的物理性质主要包括外观、压药密度、制品的机械强度、吸湿性等，它们关系到药剂本身及其制品的质量。

（1）烟火药的外观

烟火药大多是多组分的混合物，其外观随原材料组成不同而呈现出不同的色泽。例如，含有镁粉或铝粉的照明剂制品呈现灰色，含有酚醛树脂的点火药呈暗红色，含有氯酸钾、草酸钠和虫胶的信号剂呈黄色，有色发烟剂随其成分中所使用的燃料颜色不同而呈现红、黄、蓝等颜色。有经验的烟火药工作者根据药剂的外观颜色就能判断出该药剂是由何种材料混制而成的。

在烟火药生产制造中，外观被列为检验项目之一。通过外观检验，可以观察出烟火药各成分的粗细程度及其混合的均匀程度。对于储存中的烟火药或制品，其外观是否变色、成分有无析出、装药制品是否发生形变等，是直观判断药剂的理化安定性好坏的方法之一。

（2）烟火药制品的密度

烟火药制品的密度由组成药剂的各成分的密度、压制压力和原材料的粉碎程度决定。烟火药各成分的密度大，则制品密度大；压药压力大，则制品密度大；原材料粉碎越细，则制品密度越大。部分烟火药制品密度见表2.9。

表2.9　部分烟火药制品密度

制品名称	烟火药的成分	密度/$(g \cdot cm^{-3})$	
		计算值	测量值
照明剂	$Ba(NO_3)_2 + Al + Mg +$ 酚醛树脂	2.52	2.48
红色闪光剂	$KClO_3 + SrC_2O_4 +$ 酚醛树脂	2.14	2.09
绿色闪光剂	$Ba(ClO_3)_2 + Mg +$ 虫胶 + 乳糖	2.31	2.26

烟火药制品密度直接影响其吸湿性和燃烧速度等，通常情况下，制品密度越大，吸湿性越低，燃烧速度越慢。但是，炽热的自传播固–固相的固态反应除外，其制品将随密度增大而燃烧速度加快。

（3）烟火药制品的机械强度

当烟火药作为特种弹药装药时，在实际使用过程中将遭受储存运输过程的撞击振动力、发射过程中的冲击力及高压燃气压力、弹道飞行中的惯性力及离心力等各种外力作用。制品没有足够的机械强度，将会变形、碎裂，不仅达不到预定的烟火效应，还将危及人民生命财产的安全。目前烟火药制品的强度试验采用抗压法，即测定已压制好的烟火药试样药柱（直径和高度均为20 mm）匀速受压破裂所需的力。

试验是在专用材料试验机上进行的。试样的抗压强度极限 δ 计算如下：

$$\delta = \frac{P_{max}}{S}$$

式中：P_{max}——试样药柱完全破坏所需的力，N；

$\quad\quad S$——受压试样药柱面积，cm^2。

影响烟火药制品机械强度的因素主要有以下几个方面：

①主要混合物氧化剂和可燃剂的性能；

②黏结剂的性能和其在药剂中的含量；

③成分颗粒度大小及制备工艺，如各成分混合次序、混合时间、混药机的类型等；

④药剂中加入黏结剂的方法、浓度等；

⑤压药压力大小及保压时间的长短；

⑥药柱的长径比，如采用单向压药，药柱高度应不超过直径的75%～100%。

压制成型的制品强度随压药时压力的增加而提高，但抗压强度极限 δ 一般不超过单位压力的20%～25%。

在压药压力一定的情况下，药柱的高度越大而直径越小（即长径比越大）时，在离冲头端面越远的药柱横截面上的压力越小，因而制品的密度和抗压强度也相应变小。离冲头 h 处的药剂所受压力 P_k 为

$$P_k = Pe^{-Ah}$$

式中：P——压药压力，MPa；

$\quad\quad A$——与压制品直径成近似反比的系数；

$\quad\quad h$——冲头端面到制品某一断面的距离，m。

（4）烟火药的吸湿性

烟火药的吸湿性大小与其组成成分的吸湿性、药剂的密度及接触潮湿空气的药面情况有关。如含硝酸钡的烟火药较含硝酸钠的烟火药吸湿性小，压制后的药剂吸湿性比散药的更小。在其他条件相同的条件下，成分的粉碎程度越高，吸湿性越大。烟火药吸湿后将结块，某些成分会出现局部溶解，压制品会出现成分析出、变色、龟裂、密度减小等。过高的湿度还会使药剂产生分解反应。例如，镁粉和硝酸盐的混合物受潮后，金属粉氧化，同时硝酸盐被还原，并分解出氨：

$$Ba(NO_3)_2 + 8Mg + 12H_2O == Ba(OH)_2 + 2NH_3\uparrow + 8Mg(OH)_2$$

$$Mg + 2H_2O \longrightarrow Mg(OH)_2 + H_2\uparrow$$

$$Ba(NO_3)_2 + 8H_2 \longrightarrow Ba(OH)_2 + 2NH_3\uparrow + 4H_2O$$

烟火药及其制品在储存过程中由于吸湿或含水率过高，可能产生结块，机械强度发生改变，部分成分析出、挥发或渗出。烟火药吸湿会导致对热冲量感度降低、传火中断、点火能力不足、燃烧速度下降、烟火效果变差、机械强度减低或药剂破碎，其化学安定性会大幅降低，在严重情况下甚至不能使用或使用时发生危险。因此，烟花爆竹用药标准具有明确规定。根据《烟花爆竹安全与质量》（GB 10631—2013）标准要求：烟火药的水分应小于等于1.5%；烟火药的吸湿率应小于等于2%，笛音药、粉状黑火药、含单基火药的烟火药应小于等于4%；烟火药的pH值应为5~9。

对于烟花爆竹药剂，《烟花爆竹　烟火药吸湿率测定方法》（AQ/T 4122—2014）中规定了以无机盐为主要原材料的烟花爆竹烟火药吸湿率的测定方法。其基本原理是将干燥的试样放在底部盛有硝酸钾饱和溶液的恒湿器内，24 h后测定其水分增加的质量分数。具体测试方法如下。

①试验准备。

a. 将恒温室或恒温箱温度控制在（20±2）℃，稳定4 h后备用。

b. 恒湿器的准备：将干燥器清洗干净，磨口部分用凡士林密封。称取硝酸钾400 g，在搅拌下将55 ℃以上的蒸馏水定容到500 mL，待溶液冷却至约55 ℃时，迅速倾入干燥器内。冷却后，擦干器壁，放好有孔隔板，隔板上放一张带孔滤纸，加盖，将此恒湿器置于（20±2）℃的恒温室或恒温箱中备用。盛装硝酸钾溶液的恒湿器记为干燥器2号；与此同时，准备用硅胶作为干燥剂的普通干燥器，记为干燥器1号。

c. 将已选好的称量瓶洗净、烘干、编号后放入恒湿器中，恒湿保存不少于24 h。

d. 测试样品除发射药外均应研磨后通过425 μm筛，如有不能通过的铝渣、钛粉等硬质颗粒，将硬质颗粒一同放入筛过的烟火药中混合均匀。

e. 在上述准备工作完成后，应检查电源在72 h内有无中断的可能。如用恒温箱做试验，天平室温度不得低于18 ℃，如用恒温室，则天平应置于恒温室内。称量用干燥器应放在恒温室或天平室中。

②试验步骤。

a. 将称量瓶在（55±2）℃的温度下烘干4 h，放入干燥器1号中，冷却30 min，记录称量瓶的质量为$M_{空1}$。

b. 将试验步骤a中称量瓶放入干燥器2号中，在（20±2）℃的环境下保持24 h，记录称量瓶的质量为$M_{空2}$。

c. 按照下列公式即可计算出空称量瓶的吸湿量$M_{空}$。

$$M_{空} = M_{空2} - M_{空1}$$

式中：$M_空$——空称量瓶吸湿量，g；

　　　$M_{空1}$——干燥空称量瓶质量，g；

　　　$M_{空2}$——吸湿后称量瓶质量，g。

d. 取两个烘干的空称量瓶，称取其质量为 $M_{药0}$，称取样品（5.00 ± 0.01）g，并将样品在两个称量瓶中平铺放置。

e. 将两个装有样品的称量瓶均在（55 ± 2）℃的温度下烘干 4 h，放入干燥器 1 号中，冷却 30 min，记录称量瓶的质量为 $M_{药1}$。

f. 将试验步骤 e 中两个装有样品的称量瓶放入干燥器 2 号中，在（20 ± 2）℃的环境下保持 24 h，记录称量瓶的质量为 $M_{药2}$。

在恒温过程中，若无温度自动记录仪，则需每 0.5 h 记录一次恒温室或恒温箱温度，自动记录仪或观察点的数据其中任意一点不得低于 18 ℃，或高于 22 ℃，否则本次试验作废，需要重做（试样不得重用）。硝酸钾饱和溶液若被药剂污染或使用期超过 3 个月，应重新配制，带孔滤纸若被烟火药污染或渗入硝酸钾饱和溶液，应更换新纸。所有称量瓶的称量精度均应该精确到 0.000 1 g。

③试验结果的计算。

烟花爆竹烟火药吸湿率用质量分数表示，计算如下：

$$P = \frac{M_{药2} - M_{药1} - M_空}{M_{药1} - M_{药0}} \times 100\%$$

式中：P——烟火药吸湿率；

　　　$M_空$——空称量瓶吸湿量，g；

　　　$M_{药0}$——干燥空称量瓶质量，g；

　　　$M_{药1}$——干燥试样和称量瓶质量，g；

　　　$M_{药2}$——吸湿后试样和称量瓶质量，g。

2. 烟火药的化学性质

（1）烟火药的化学安定性

烟火药的化学安定性是烟火药在储存过程中，不改变其物理化学性质而保持原有的燃放效果的能力。而实际上烟火药及烟花爆竹产品在储存过程中都将会发生一定的物理化学变化，使特种效应降低，甚至完全失去燃放性能。

①吸湿引起的烟火药化学性质变化。烟火药的化学安定性虽然与很多因素有关，但主要是受潮吸湿引起烟火药的化学性质的变化。

烟火药的化学安定性在很大程度上取决于烟火药的吸湿性。大多数烟火药以铝粉、镁粉作为可燃物，它们受潮后将发生下列化学反应：

$$Mg + 2H_2O \Longrightarrow Mg(OH)_2 + H_2 \uparrow$$

$$Al + 3H_2O \xrightarrow{\hspace{1cm}} Al(OH)_3 + 1.5H_2\uparrow$$

含有 Mg、Al 的烟火药由于放热和释放 H_2，易引发自燃乃至爆炸。如果 Mg、Al 中含有 Cu^{2+}、Pb^{2+}、Fe^{2+} 等杂质，反应还将加速。如 Mg 遇到 Cu^{2+}，将发生以下电子传递反应：

$$Mg + Cu^{2+} \xrightarrow{\hspace{1cm}} Mg^{2+} + Cu$$

Cu^{2+}/Mg 的标准电动势是 $+2.72\ V > 0$，显然它是一个能产生自发反应的过程。因此，在含有 Mg 的烟火药中不能有 Cu^{2+}、Pb^{2+}、Fe^{2+} 等杂质。

镁、铝等金属粉和氧化剂（硝酸盐、氯酸盐、高氯酸盐等）混合后与水的反应速度会变快。如 $Ba(NO_3)_2 + Mg + Al +$ 黏结剂，吸湿后的反应为：

$$Mg + 2H_2O \xrightarrow{\hspace{1cm}} Mg(OH)_2 + H_2\uparrow$$

$$Ba(NO_3)_2 + 8H_2 \xrightarrow{\hspace{1cm}} Ba(OH)_2 + 2NH_3\uparrow + 4H_2O$$

$$Ba(OH)_2 + 2Al + 2H_2O \xrightarrow{\hspace{1cm}} Ba(AlO_2)_2 + 3H_2\uparrow$$

$Ba(AlO_2)_2$ 能溶于 H_2O，所以反应进行很快，且释放出的 H_2 又使 $Ba(NO_3)_2$ 还原成 $Ba(OH)_2$，因而又促使 Al 和 $Ba(OH)_2$ 反应，不断地生成 H_2。与此同时，$Ba(NO_3)_2$ 和 H_2 作用生成的 NH_3，溶于水形成 NH_4OH，其中部分会与 $Ba(NO_3)_2$ 发生如下反应：

$$2NH_4OH + Ba(NO_3)_2 \xrightarrow{\hspace{1cm}} Ba(OH)_2 + 2NH_4NO_3$$

由于 $Ba(OH)_2$ 与 Al 可以进一步发生反应生成 $Ba(AlO_2)_2$，所以该反应所生成的 $Ba(OH)_2$ 的浓度会在反应过程中不断降低，化学平衡不断向右移动，促使 $Ba(NO_3)_2$ 反应生成 $Ba(OH)_2$ 的速率加快。

②硫、磷和铵盐对烟火药化学安定性的影响。如果在含镁的药剂中加入硫黄，化学安定性则降低。这是因为 $S + Mg \xrightarrow{\hspace{1cm}} MgS$。而含 Al 药剂中，因为 $S + Al$ 要在 $500 \sim 600\ ℃$ 时才能发生化学反应生成 Al_2S_3，所以 S 的加入对安定性影响不大，进而使得含有铝的烟火药的安定性比含镁的药剂的高出很多。

含氯酸盐烟火药中，不得加入 S 或 P，因这类混合物非常敏感，在极轻微的外界作用下即能爆炸或自行着火。

在含氯酸盐的烟火药中，也不得加铵盐，因为它们反应后会生成 NH_4ClO_3，其在 $30 \sim 60\ ℃$ 就能自行分解，导致自发火乃至爆炸。如药剂含有氯酸钾，同时又含铵盐，受潮后会发生如下互换反应：

$$NH_4X + KClO_3 + H_2O \xrightarrow{\hspace{1cm}} NH_4ClO_3 + KX$$

式中：X——Cl^-、NO_3^-、ClO_4^-。

③不含金属粉的烟火药受潮后，不会引起显著的化学变化，但若在某药剂中

含有两种可发生复分解反应的盐，则会引起很大的化学变化，以致整个药剂失效。

例如，黄光焰火反应 $Ba(NO_3)_2 + Na_2CO_3 \rightleftharpoons BaCO_3 + 2NaNO_3$ 中，$BaCO_3$ 产生沉淀，Na_2CO_3 本身吸湿性很强，使得药剂进一步吸湿，直至反应完全失效。

④不含金属粉，也不含吸湿性盐的发光信号剂，如 $KClO_3 + SrCO_3 +$ 虫胶红光剂，在存放中不会产生重大的化学性质变化，比较安定。

（2）影响烟火药化学安定性的因素

①原材料的影响。烟火药所用原材料大部分具有吸湿性，只是有大小之分。氧化剂中吸湿性小的有高氯酸钾、硝酸钡、高锰酸钾等；其次为氯酸钾、高氯酸铵、氯酸钡、硝酸钾等；其余原料吸湿性均较强，尤其是着色的硝酸锶、氯化钠等，更是造成烟火药吸湿性增大的重要因素。此外，原料中的氯化物、硫酸盐、铵盐、钙盐、钠盐等，都具有极大的吸湿性。也就是说，烟火药中含吸湿性大的原料越多，其吸湿率则越大；含吸湿性杂质越多，其混合药剂的吸湿率则越高。反之，吸湿率则越小。由此可以看出，使用原料质量的优劣是造成烟火药吸湿率大小变化的根本原因之一。

②接触面积。烟火药和潮湿空气的接触面积越大，吸湿的可能性也越大。

③天气变化。烟火药的吸湿性与天气变化有关。在高温高湿季节，空气湿度增高，物质受潮的可能性也增大；反之，湿度减小，物质受潮的可能性也减小。空气相对湿度增高，是造成药剂易吸湿的客观条件。

④药物的升华、蒸发和氧化。烟火药中的某些成分在外界因素（主要是温度升高）的影响下，会发生升华和蒸发，而改变了烟火药的组成配比和密度，从而降低了烟火药的特种效应。用酒精、松油等做溶剂的烟火药，剩余的酒精、松油等会因温度的升高而被蒸发散去，从而影响烟火药的结构，改变设计的燃放效果。另外，组成烟火药的某些药物相互之间，在存放中会产生一些反应，也影响烟火药的化学稳定性。

⑤霉变。烟火药中易霉变的有机物质（如淀粉、纸张、竹子等）吸湿后会发霉变质。发霉是因为霉菌在潮湿的环境中快速繁殖，导致有机物质生霉，局部生霉，很快就会蔓延到整个烟火药，导致产品生霉变质。

（3）防止烟火药吸湿，增大安定性的措施

为防止烟火药吸湿，保证烟火药产品具有一定的化学稳定性，确定配方时应不用或尽量少用吸湿性大的药物；不使用在一般条件下能相互起化学反应的药物配方；除采取一些辅助的防潮措施（如密封、在纸筒内包油蜡纸、用石蜡封口等）外，还可对药剂或其原材料进行包覆、包结或采用其他防潮技术措施。

①包覆。将憎水性物质，如石蜡、硬脂酸等，通过适当工艺加到干燥的药剂或组分中，使吸湿的物质表面包覆一层防潮膜。

②包结。将一种吸湿性的物质的单个或多个分子包藏于另一种不吸湿的物质分子的空穴或晶格中，使吸湿性物质不再吸湿，这种方法称为包结。这是一种较为理想的防止物质吸湿的方法。用该方法形成的包结化合物，要求不吸湿包结物质的晶格或分子必须具有空穴，同时吸湿性物质体积应与空穴大小相适宜。包结化合物有三类：晶格包结化合物、分子包结化合物、由高分子物质生成的包结化合物。

③其他防潮措施。在药剂内掺入研磨很细且有很强覆盖能力的憎水物质，例如，石墨可以使药剂微粒上敷上一层粉末物质，形成不被水润湿的毛细管，可以提高药剂及其制品的防潮能力。烟花爆竹生产过程中，为避免人为因素或管理原因等造成的原料、半成品、成品吸湿性增大，还需根据实际生产情况，采取下列有效的控制措施。

a. 严格按《烟花爆竹作业安全技术规程》（GB 11652—2012）有关规定，尽量选用吸湿性小的原料作烟花爆竹烟火药的配方成分。

b. 在储存烟花爆竹药剂时，必须严格控制储存场地的温湿度，保证通风，原料和混合药剂保持干燥，不同性质的药剂要分别存放，特别是在高温、高湿季节，更要加强储存管理。

c. 在使用混合药剂时，应严格执行药量控制，做到小量、多次、勤运走和轻拿、轻放。雷雨天气和高温、高湿天气，要暂停生产操作。

d. 积极开发、研制吸湿性小的新材料、新工艺、新配方，以适应生产需要，加速改变当前烟火药吸湿率高的现状。烟花爆竹烟火药吸湿率高的问题，是当前生产中酿成事故的重要原因。

（4）烟火药化学安定性和相容性的测定

综上所述，烟火药的化学安定性是烟火药抵抗缓慢分解的能力的一个量度，安定性指标反映了烟火药在存储中分解的难易程度。在一般的外界条件下（在没有达到引起燃烧、爆炸的必备条件以前），已有缓慢的分解和相互反应，在一般温度、压力和湿度条件下，暂时不能观察到这些分解反应的原因，是因为分解反应速度很慢，试验方法灵敏度不够，检测不到微量反应的，但在较长时间的储存中，这种分解反应的效果将会积累起来，影响点火的安全性和可靠性。如果不能正常点火，烟火效应（如色彩、燃烧热、遮蔽效应等）将会受到影响，还会产生自燃自爆现象等，从而引发燃爆事故，对人民的生命财产安全造成巨大威胁。

相容性是用来评价烟火药长期储存安全性与使用可靠性的一项极为重要的性能指标。烟火药的组分在储存中不与它周围的物质相互反应即称为相容。烟火药的组分之间发生的化学和物理过程，使烟火药的体系出现不符设计要求称为烟火药体系不相容。所谓相容性，又称反应性，是指两种或两种以上的物质相互接触（如混合、黏结、吸附、分层装药、填装壳体等）组成混合体系后，体系的反应能力与单一物质相比发生变化的程度。与单独物质相比，若反应能力明显增加，则说明这个体系的各组分是不相容；若反应能力没改变或改变很少，则说明这个体系的组分是相容的。相容性有两重含义：内相容性和外相容性。内相容性是指烟火药混合体系内部表现出的相容性，又称组分相容性；外相容性是指烟火药作为整体与相接触物质的相容性，又称接触相容性。前者的重点在于研究各个组分间的互相影响，而后者主要研究烟火药和材料接触表面间的反应性质。

烟火药所采用的安定性与相容性试验方法的实质是检验药剂的耐热分解性，从而预示烟火药在受热时药剂中有无不安定的杂质存在，以确定药剂在储存过程中的安定性，或测定药剂同接触物的反应性，预示在体系中由于环境或者由药剂与材料相接触的影响而发生的化学或物理过程（即不相容），以及当药剂与另一种材料接触或气相连通时保持其通常性能的能力（即相容）。目前常用的安定性、相容性测试方法主要有压力传感器法、差热分析和差示扫描量热法、微热量热法，其测试原理和评价方法如下。

①测定真空安定性、相容性试验的压力传感器法。

试样在定容、恒温和一定真空条件下受热，用压力传感器测量其在一定时间内放出气体的压力，再换算成标准状况下的气体的体积，以此评价试样的安定性和相容性。

根据多年的实践经验，我国已经制定了烟火药真空安定性试验、相容性试验的相关标准。标准规定试验温度为 100 ℃，时间为 40 h，安定性药量为（5.000 0 ± 0.000 1）g，相容性药量为（2.500 0 ± 0.000 1）g，烟火药及接触试样混合试样为（5.000 0 ± 0.000 1）g，混合比例为 1 : 1。具体试验方法参见《烟火药感度和安定性试验方法　第 10 部分：真空安定性和相容性试验　压力传感器法》（GJB 5383.10—2005）。关于烟火药真空安定性、相容性的判据标准，美国的相关规定见表 2.10 和表 2.11。

表 2.10　美国烟火药真空安定性（VST）判据标准

100 ℃、40 h 每克试样放气量/mL	VST 等级	备注
0 ~ 0.2	I	安全储存期与有效使用期均满足要求
>0.2 ~ 0.6	II	安全储存期与有效使用期基本满足要求
>0.6 ~ 1.8	III	安全储存期满足要求
>1.8	IV	不能满足要求

表 2.11　美国烟火药相容性判据标准

R/mL	反应性	计算式
<0.0	无	
0.0~1.0	可忽略	$R = A - (B + C)$ 式中：R——反应产气量，mL； A——混合物（1∶1）放出的气体量，mL； B——烟火药放出的气体量，mL； C——接触材料放出的气体量，mL
>1.0~2.0	很轻微	
>2.0~3.0	轻微	
>3.0~5.0	中等	
>5.0	过度	

②测定安定性、相容性试验的差热分析和差示扫描量热法。

试样在程序控制温度下，由于化学或物理变化产生热效应，从而引起试样温度的变化，用热分析仪记录试样和参比物的温度差（或功率差）与温度（或时间）的关系，即差热分析（DTA）曲线或差示扫描量热（DSC）曲线。

该方法将试样的一组实测 DTA 或 DSC 曲线上的加热速率和峰温进行线性回归计算，得到加热速率趋于零时的外推峰温（T_{P0}），并用此评价试样的安定性；用单独体系相对于混合体系第一放热峰温的改变量（ΔT_P）和这两种体系表观的活化能改变率（$\Delta E/E_0$）综合评价试样的内外相容性。该方法是最常用的安定性与相容性评价方法，详细可参考《烟火药感度和安定性试验方法 第 11 部分：安定性和相容性试验　差热分析和差示扫描量热法》（GJB 5383.11—2005）。

安定性评价标准为 T_{P0} 的峰值越高，烟火药的安定性越好。

相容性评价等级见表 2.12。

表 2.12　相容性评价等级

峰温改变量 ΔT_P/℃	活化能改变率（$\Delta E/E_0$）/%	相容性结论	
≤2.0	≤20	相容性好	1 级
≤2.0	>20	相容性较好	2 级
>2.0~5.0	≤20	相容性较差	3 级
>2.0~5.0	>20	相容性差	4 级
>5.0	—	不相容	5 级

当分解过程复杂，导致无法从 DTA 或 DSC 曲线确定分解峰温 T_p 值时，可以仅给出 DTA 或 DSC 的曲线图。

针对烟花爆竹，在《烟火药感度和安定性试验方法 第 11 部分：安定性和相容性试验 差热分析和差示扫描量热法》（GJB 5383.11—2005）的基础上，北京理工大学等单位联合起草的《烟花爆竹 烟火药安全性指标及测定方法》（AQ 4104—2008）规定了采用差热分析和差示扫描量热法分析烟花爆竹产品的相容性与 75 ℃ 热安定性的安全指标及测定条件，见表 2.13 和表 2.14。

表 2.13 烟花爆竹产品的相容性安全指标及测定条件

项目	内容	
安全指标	相容性	单项判定
	$\Delta T < 5.0$ ℃	合格
	$\Delta T \geqslant 5.0$ ℃	不合格
测定条件	采用差热分析和差式扫描量热法 药量：0.002 ~ 0.010 g 惰性参比物：$\alpha - Al_2O_3$	
备注	$$\Delta T = T_1 - T_2$$ 式中：T_1——基准物质的第一放热峰值温度，℃； 　　　T_2——烟火药（或原材料）与接触材料混合物第一放热峰值温度，℃	

表 2.14 烟花爆竹产品 75 ℃ 热安定性安全指标及测定条件

项目	内容	
安全指标	75 ℃ 热安定性	单项判定
	恒温期间烟火药未发生燃烧、爆炸、冒烟现象，恒温结束后烟火药仍保持原设计效果	合格
	恒温期间烟火药发生了燃烧、爆炸、冒烟现象，恒温结束后烟火药未保持原设计效果	不合格
测定条件	药量：50.0 g 环境温度：(75 ± 2)℃ 测定时间：连续 48 h	

③测定安定性、相容性试验的微热量热法。

试样安定性的判定：以热流曲线前缘上斜率最大点的切线与外延基线的交点所对应的时间或某一时刻的放热速率来评价试样的安定性。

试样相容性的判定：①混合试样的热流曲线和理论热流曲线基本重叠，为相容性好；②若混合试样的热流曲线的绝对值和理论热流曲线的绝对值相差在理论热流曲线的±0.5倍范围内，为相容性较好；③若混合试样的热流曲线的绝对值和理论热流曲线的绝对值的差超过理论热流曲线的±0.5倍的范围，为不相容。

该方法详细测试步骤可参考《烟火药感度和安定性试验方法　第12部分：安定性和相容性试验　微热量热法》（GJB 5383.12—2005）。

2.2.3　烟火药的固相反应机理

烟火药多数都是由数种固体粉状物质构成的固态混合物，例如最初的黑火药是由粉状硝酸钾、木炭粉、硫黄粉混制而成的。为了提高黑火药的燃烧速度，人们发现将这些固体物质破碎得越细，燃烧速度就会变得越快；混合得越均匀，反应性越好。这些发现作为技艺流传至今，但其原因直到固体化学出现，才在理论上得以解释。大块的 KNO_3、C、S 晶体被破碎成碎片晶体后，产生了新的棱、角、界面和缺陷。这些部位的原子配位数低于其饱和值，原子间结合力不如内部分子强，故拉开它们所需的能量变小，反应速度提高，燃烧速度也就随之变快。均匀性反映了固相反应物相互接触的程度。固相反应物相互接触越充分，反应性则越好。这是因为反应总是在粒子界面上进行，产物也是通过界面扩散的。

1949 年，斯派斯（Spice）和斯特维里（Stavely）对下列烟火药开展了试验研究，其不同还原剂和氧化剂配方组成见表2.15。

表2.15　不同还原剂和氧化剂配方组成

名称	还原剂	氧化剂	名称	还原剂	氧化剂
配方1	Fe	BaO_2	配方4	Si	$Ba(NO_3)_2$
配方2	Mn	$K_2Cr_2O_7$	配方5	S	$Pb(NO_3)_2$
配方3	Mo	$KMnO_4$	配方6	S	$Sr(NO_3)_2$

在对 $Fe-BaO_2$ 药剂进行研究时，他们将 Fe 粉和 BaO_2 粉末在干燥状态下混合，然后压成药柱，将药柱密封于玻璃容器中，置于加热箱内加热，在不同时间

内对 Fe 元素的磁性消失做出定量测定，以确定反应进程。结果发现，$Fe-BaO_2$ 在发火温度以下接近发火温度时进行的反应是一种纯粹的固-固相反应过程：

$$3BaO_2 + 2Fe \longrightarrow Fe_2O_3 + 3BaO$$

显然，烟火药中的确存在固相反应。

烟火药中的这种发火前的最初反应，称为预点火反应（preignition reaction，PIR）。它是一种炽热的、自传播的固-固相放热化学反应。如果 PIR 放出的热少而慢，热损失大于热积累，则 PIR 反应会中止；如果 PIR 放出的热多且快，热积累大于热损失，则出现固体自发加热，此时反应速度加快，放热速度增快，炽热的自传播固-固放热反应则呈指数关系加速，从而导致药剂发火燃烧或爆炸。

有了固-固相反应的 PIR，科研工作者自然就可以从化学热力学和动力学角度来研究如何控制 PIR 的温度和 PIR 的反应速度，从而控制系统的反应性。鉴于 PIR 是固相反应，则控制其反应性的方法就应是固态化学的方法。因此，在研究烟火反应时，只要能够证明有 PIR 反应存在，即可依据固相反应理论，应用固态化学的原理和方法来解决反应过程中的反应性问题。

1. 烟火药固相反应特征

在大多数情况下，烟火药反应以燃烧形式出现。外加点火刺激引发烟火药自传播放热化学反应发生，最终以发火燃烧的形式出现。烟火药在燃烧反应中实际上存在着反应区、反应产物区和未反应材料区。

在反应区内，烟火药产生 PIR。点火刺激实际上是使固体组分的烟火药加热而温度升高，这时药剂中的氧化剂晶格"松弛"，可燃剂将扩散至氧化剂晶格内，PIR 因此而发生。当 PIR 放热大于散热时，热积累使反应区温度进一步升高，氧化剂晶格进一步"松弛"，可燃剂如果是低熔点固体，有可能熔化为液体（如 S）而更易于扩散至氧化剂晶格内，PIR 反应则更剧烈。一旦反应温度升高致使氧化剂熔化分解，则游离氧放出，可燃剂即发火燃烧，此时整个燃烧反应将全面展开。这时反应区内出现了高温的火焰、烟焰以及固-液-气的反应物质。

烟火药燃烧反应的另一个显著特征是存在着一个不断向前推进的高温反应区。该区将未反应材料区与反应产物区隔离开。反应区后是固相产物（除非所有产物均是气体），而紧接在反应区前的是即将发生反应的下一层。该层由趋近的反应区加热后可能出现固相组分的熔化、固-固相转变和低速的 PIR 反应。

以往的经典理论认为，烟火药燃烧反应是烟火药中的氧化剂达到分解温度

后才分解出 O_2 与可燃剂进行反应的。但是，固 – 固相的 PIR 表明，外加点火刺激的烟火药即开始固 – 固相 PIR，燃烧则是将烟火药加热到 PIR 温度，在经历固相 PIR 后才导致的。PIR 温度通常低于药剂的发火点，低于氧化剂的熔点和分解温度。例如，S – $KClO_3$ 混合物的 PIR 温度在 137 ℃ 左右，151.7 ℃ 时发火，氧化剂 $KClO_3$ 的熔点为 356 ℃，分解温度在 400 ℃ 以上；Fe – BaO_2 混合物的 PIR 温度为 335 ℃，而 BaO_2 约在 800 ℃ 时分解；$KClO_4$ 与木炭的 PIR 温度在 320 ~ 385 ℃，而 $KClO_4$ 约在 610 ℃ 时分解。

2. 烟火药固相反应遵循的原则和规律

由烟火药的燃烧反应特征可以看出，在整个反应过程中存在有固 – 固反应、固 – 液反应、固 – 气反应、固相分解反应等。这些固相反应所遵循的原则和规律同一般固相反应。

（1）固 – 固反应

烟火药中的固 – 固反应是非均相的放热过程。反应的驱动力是生成产物和反应物的自由能差。反应的类型有两类，即加成反应（如 $ZnO + Fe_2O_3 \longrightarrow ZnFe_2O_4$）和交换反应（如 $Fe + CuCl_2 \longrightarrow Cu + FeCl_2$）。反应的历程是，初始生成物把反应物在空间上分隔开来，反应的继续依靠反应物穿过反应界面和生成物层发生物质的转移和运输，即原来处于晶格平衡位置上的原子或离子，受温度等外界条件影响，脱离原位置而做无规则的行走，形成移动的"物质流"。这种"物质流"的驱动力是原子和空位的浓度差及其化学势梯度，输运过程受扩散规律约束。因此烟火药在固 – 固反应阶段的必要条件是各混合成分必须互相充分接触。将烟火材料充分粉碎并混合均匀，或者预先压制成团并烧结，其目的在于增大反应物之间的接触面积，促使原子的扩散运输容易进行，从而能获得理想的反应速度和最佳的烟火效应。烟火药固 – 固相反应速度遵循抛物线速度定律。

（2）固 – 液反应

固体同液体反应时，其反应产物在液体中可能溶解，也可能不溶解。如果不溶解，则在固体表面上形成一层遮盖层，阻碍液体与固体的进一步反应，这种情况下，反应的进展将取决于液体和固 – 液反应物本身通过遮盖层的速度；如果溶解，即固 – 液反应产物是可溶的，其反应过程是物理化学的反应过程。这种情况下，反应的固体质量 m 随时间 t 的变化率为

$$-\frac{\mathrm{d}m}{\mathrm{d}t} = KS_e(C_0 - C)$$

式中：S_e——固体试样的有效表面积；

C_0——饱和浓度（或溶解度）；

C——接近表面的溶液层中的溶质浓度；

K——比例常数。

固 – 液反应的固体表面通常被认为是外表面，且粗糙程度为 1。对于立方体或球体样品，其 S_e 与体积的关系是：

$$S_e \propto 6\left(\frac{m}{\rho}\right)^{\frac{2}{3}}$$

式中：m——未熔的剩余质量；

ρ——固体的密度。

对于某些大小相同的、形状与"等维外型"关系不大的粉体，其颗粒 S_e 有下列关系：

$$S_e \propto f\left(\frac{m}{\rho}\right)^{\frac{2}{3}}$$

式中：f——形状系数。

烟火药固 – 液反应速度取决于固体和液体的化学性质、固体表面形态、液体的浓度、位错、杂质、空位、间隙原子等缺陷的存在，这些都直接影响烟火药的固 – 液反应进程。

（3）固 – 气反应

此反应首先在固体表面形成一种产物层。进一步的反应依赖于该产物层的疏密程度。如果产物层是疏松多孔状，则反应气接近固体表面将不受阻碍。无论该产物层厚薄如何，其固 – 气反应速率均呈线性关系。如果产物层是致密非孔状的，反应气不能直接接近固体表面，则氧化作用受阻，此时是否进一步反应取决于包括产物层在内的物质运输速率。这种情况下，固 – 气反应速率遵循抛物线规律。根据一维几何的试验模型研究，固 – 气反应速率有以下几种规律：

①$\Delta m_{x_2} \propto \lg t$，对数规律；

②$\Delta m_{x_2} \propto$ 常数（$-\lg t$），反对数规律；

③$\Delta m_{x_2} \propto t$，直线规律；

④$\Delta m_{x_2} \propto t^{\frac{1}{2}}$，抛物线规律；

⑤$\Delta m_{x_2} \propto t^{\frac{1}{3}}$，立方规律。

式中：Δm_{x_2}——反应中气体 x_2 消耗的质量。

（4）固相分解反应

固相分解反应的主要步骤是成核。反应总是从晶体中的某一点开始，形成反应的核。一般晶体的活性中心易成为初始反应的核心区域，它总是位于晶体结构中缺少对称性的地方，如在点缺陷、位错、杂质存在的地方。晶体表面、晶粒间界、晶棱等处也缺少对称性，因此也易成为分解反应的核心。这些都属于所谓局部化学因素。用中子、质子、紫外、X 射线、γ 射线等辐照晶体，或者使晶体发生机械变形，都能增加这种局部化学因素，从而能促进固相分解反应。固相分解反应在烟火药固相反应中的例子很多，例如固体氧化剂的热分解：

$$2KNO_3 \longrightarrow K_2O + N_2 + 2.5O_2$$

$$2KClO_3 \longrightarrow 2KCl + 3O_2$$

$$KClO_4 \longrightarrow KCl + 2O_2$$

$$NH_4Cl + Q \longrightarrow NH_3 + HCl$$

各类烟火药中的附加物 NH_4Cl 在分解时吸热，因此能降低燃烧速度和减少热量放出，从而限制其反应产生火焰。

铬酸胺用于制造"草中蛇"娱乐焰火，被点燃后分解产生绿色的 Cr_2O_3，是一个放热的固相分解反应：

$$(NH_4)_2Cr_2O_7 \longrightarrow N_2 + Cr_2O_3 + 4H_2O$$

3. S – KClO₃ 烟火药反应机理

正如第 1 章中所述，$KClO_3$ 的出现给烟花爆竹的发展带来了质的飞跃，它是烟火药中用于制造有色发光剂、有色发烟剂的良好氧化剂。但与此同时，$KClO_3$ 造成了多起燃爆安全事故，对人民的生命财产安全造成了巨大威胁。随着科研学者开展的大量研究，固体化学原理逐渐揭开了 S – KClO₃ 固相反应的秘密所在：热力学和动力学因素驱使 $KClO_3$ "晶格松弛"和晶格扩散，从而降低了发火温度，引起了超前发火燃烧或爆炸反应。S – KClO₃ 烟火药反应机理研究的成果，展现出了烟火药固相反应研究的实质性进展。

按照经典的理论，S – KClO₃ 的燃烧反应分为两步进行。第一步是 $KClO_3$ 的分解：

$$2KClO_3 \xrightarrow{400 \sim 600 \ ℃} 2KCl + 3O_2$$

第二步是 S 发生氧化：

$$S + O_2 \longrightarrow SO_2$$

即 $KClO_3$（熔点 356 ℃）先熔融分解，放出 O_2 后才与 S 反应。S – KClO₃ 差热分析热谱图如图 2.3 所示。可以看出，S – KClO₃ 反应在 137 ℃ 左右就开始发生，151.7 ℃ 时出现激烈的放热反应峰，表明反应并未等到 $KClO_3$ 熔融分解即开始。$KClO_3$ 在其熔点前不会发生分解，即便加有 MnO_2、CuO 或 Cu_2O_3 催化剂的 $KClO_3$，也需要温度在 200 ~ 220 ℃ 才会发生分解。由此说明，S – KClO₃ 的反应机理不符合经典理论。

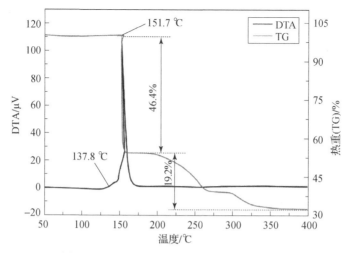

图 2.3　S – KClO$_3$差热分析热谱图（附彩插）

对 S – KClO$_3$反应机理进一步研究表明，在热力学因素温度的作用下，S 碎片侵入 KClO$_3$晶格内，使 KClO$_3$晶格松弛，从而降低了发火温度。当 S – KClO$_3$受热时，S 首先发生晶相转变，由斜方晶（S$_8$）转变成单斜晶（S$_6$），然后在 119 ℃时熔化为液相（S$_8$），继续加热，液相的硫分裂成 S$_3$ – S$_2$ – S$_5$碎片（λ→π 液 – 液转变）。S 由 λ 转变到 π 的转变温度是 140 ℃，S$_8$裂成 S$_3$、S$_2$主要在 140 ℃以上发生，此时，动力学扩散占主导，反应速度也最快。S$_3$碎片的扩散速度比 S$_8$快得多，它侵入 KClO$_3$晶格内，不仅使 KClO$_3$晶格松弛，同时也造成 KClO$_3$晶体出现更多的其他缺陷。随着反应放热量增大，扩散加剧，KClO$_3$的缺陷和活性区不断增加，最终导致 S – KClO$_3$在远低于 KClO$_3$熔点的温度下发火燃烧或爆炸。

S – KClO$_3$反应一方面基于受热晶格松弛，降低了发火温度，增进了反应性；另一方面，动力学因素导致 S 向 KClO$_3$晶格内扩散，随扩散速度加快，反应性增大。将 KClO$_3$溶于蒸馏水中，加入 2.8 mol/L 的 Cu（ClO$_3$）$_2$·6H$_2$O，使 S – KClO$_3$晶格掺杂外来粒子 Cu（ClO$_3$）$_2$，再与 S 混合，结果它在室温下放置 30 min 后即发生了强烈爆炸。这表明，外来原子或离子掺杂使 S 向 KClO$_3$晶格内扩散的速率迅猛提高，反应急剧加快。显然，外来掺杂粒子增加了扩散速率，此时扩散在 S – KClO$_3$固相反应中起主导作用。

扩散在固相反应中的主导作用与晶体的缺陷关系很大。在完美晶体中，扩散是不可能发生的，只有晶体具有缺陷，如裂缝、位错、空穴、间隙，原子或离子等扩散才有可能发生。缺陷的类型和数量决定着扩散的快慢，从而支配着反应性。新碾细的 KClO$_3$与 S 混合易发生安全事故，研究表明，该混合物的

PIR 速率斜率曲线较陡，发火温度较低。这是由于碾细了的 S – $KClO_3$ 晶格缺陷增多而有利于 S 向 $KClO_3$ 晶格内扩散，使反应速率提高了。也正因如此，目前我国的烟花，凡是以前使用 $KClO_3$ 配方的药剂，现在均不再使用 $KClO_3$ 或改用 $KClO_4$，并进一步加大了钝感药剂的研究力度。

烟火药选用的氧化剂通常是离子型固体，离子的"晶格松弛"对反应性极为关键。室温下由固体与固体粉末混合的烟火药一般是不会发生反应的，原因是离子型固体氧化剂晶格在室温下只发生轻微的振动，因而不是那么"松弛"。但受热后晶格振动幅度加大，晶格松弛，晶格扩散加快，随温度升高，振幅进一步加大，特别是达到熔点温度时，保持固体能力减弱而呈液态，此时氧化剂放出游离氧，高速高温的发火燃烧即呈现。

通常可用塔曼温度 a（Tammann temperature）来粗略地度量"晶格松弛"的程度。塔曼温度是固体能够以极大速率进行固 – 固反应的最小温度，邻近塔曼温度时，晶体中出现相变的活性提高，反应性增强。

$$a = \frac{T_s}{T_m}$$

式中：a——塔曼温度；

　　　T_s——固体温度；

　　　T_m——熔化温度（熔点）。

对于盐类等晶格扩散（内部迁移），塔曼温度约为 $0.57 T_m$；对于金属粉末等离子表面迁移，塔曼温度约为 $0.3 T_m$。如 NaI 的 $T_m = 924$ K，其表面迁移在 0.3×924 K $\approx$ 277 K（4 ℃）时才有意义，而晶体扩散则在 0.5×924 K = 462 K（189 ℃）时才有意义。依据塔曼温度，固体振动自由度大约为熔点下振动自由度的 70%，如果这是使扩散成为可能的近似温度，那么也是氧化剂与可燃剂之间发生反应的温度。在这样低的温度下反应即可发生，势必会导致意外发火的安全事故出现。常用氧化剂的塔曼温度见表 2.16。

表 2.16　常用氧化剂的塔曼温度

氧化剂	化学式	熔点/℃	熔点/K	塔曼温度/℃
硝酸钠	$NaNO_3$	307	580	17
硝酸钾	KNO_3	334	607	31
氯酸钾	$KClO_3$	356	629	42
硝酸锶	$Sr(NO_3)_2$	570	843	149
硝酸钡	$Ba(NO_3)_2$	592	865	160

氧化剂	化学式	熔点/℃	熔点/K	塔曼温度/℃
高氯酸钾	$KClO_4$	610	883	168
铬酸铅	$PbCrO_4$	844	1 117	286
氧化铁	Fe_2O_3	1 565	1 838	646

$KClO_3$的塔曼温度仅仅为 42 ℃，特别是与硫黄、糖、树脂、淀粉等低熔点"引火物"，以及可流动的液体可燃剂在一起时，由于它们易进入 $KClO_3$ 晶格内，因此有着较高的反应性。鉴于 $KClO_3$ 自身分解反应为放热反应，加上 $KClO_3$ 与可燃剂反应放热，又因为 $KClO_3$ 具有低塔曼温度，所以含 $KClO_3$ 的烟火药一旦发生反应，则呈阿伦尼乌斯加速反应现象，乃至产生爆炸。

$S - KClO_3$ 固相反应理论的突破，为解决含 $KClO_3$ 烟火药的安全性和其他烟火药的反应性提供了技术途径。将新碾细的 $KClO_3$ 于 46 ~ 49 ℃下在干燥室内陈化 2 ~ 3 周（具有"退火"作用）后，再配制混合物则很安全。将 $KClO_3$ 先与 $NaHCO$ 或 $MgCO_3$ 预混后，再与可燃剂混合也很安全。对于那些敏感的药剂，采用表面包覆、遮盖裂缝、抑制气体吸收层等措施均可提高其安全性。相反，为了提高某些药剂的反应性，采取一切有利于"晶格松弛"的技术措施，如晶格变形、机械破碎增加晶格缺陷、掺杂等，均可提高反应性。

与气相或液相反应相比，固相反应的机理要复杂得多。很多学者研究了照明剂、曳光剂燃烧机理，研究成果表明，烟火药固相反应同一般固相反应进行的步骤一样，即第一步是吸着现象（包括吸附和解析）；第二步是在界面上或均相区内进行原子反应；第三步是反应在固体界面上或内部形成新物相的核，即成核反应；第四步是反应通过界面和相区输运，包括扩散和迁移。以含 Mg 照明剂和曳光剂燃烧为例，在经历 PIR、氧化剂晶格松弛直至熔融释氧后，Mg 金属表面即吸附氧，随后在吸附氧的界面上发生氧化反应，接着在界面上生成 MgO 的核，并逐步形成 MgO 膜。然后 Mg 与 MgO，以及 MgO 与 O 进行界面反应，通过 MgO 膜的扩散和输运作用，反应才继续往下进行。在各步骤中，总有某一步反应进行较慢，整个反应过程的速度取决于其中最慢的一步。

随着 $S - KClO_3$ 一类的烟火药固相反应理论研究的深入，烟火反应界面化学物理学、烟火光谱学、气溶胶烟幕理论及烟火药反应的统计物理学等前沿课题的研究也在展开。无论是理论研究还是应用研究，都需要获取烟火药固相反应的微观信息。因此，借助现代分析技术、测试技术和计算机技术，在深入广泛地开展烟火药关键技术研究的同时，建立起系统的理论模型，给出能预测结果的数值模拟软件，是烟火药固相反应技术发展的必然趋势。

2.2.4　烟火药的燃烧性质

烟火药的燃烧反应发生在直接靠近火焰面的一层极薄的药剂内。燃烧时需经过蒸发、升华、热分解、预混合和扩散等中间阶段才能转变成燃烧的最终产物。燃烧过程是传质、传热等物理过程及化学反应过程。燃烧在凝聚相中开始，在气相中结束。

烟火药是多组分的机械混合物，是一种非均匀体系，它的燃烧不同于可燃物或炸药，它有自己的特征。通常烟火药的燃烧无须外界供氧，它属于自供氧体系（负氧平衡的药剂可利用部分空气中的氧气）；在燃烧反应的所有区域内热量保持平衡，凝聚相中反应的进行由气相反应中放出的热量实现，因此烟火药的燃烧能够自持续。此外，烟火药燃烧时能产生热、光、烟、声响等特种效应。在一定条件下，烟火药的燃烧也会转为爆轰，一般希望烟火药的爆炸性能极小或完全不具备爆炸性能。

烟火药的燃烧过程可分成下列三个阶段：点火、引燃和燃烧。

点火阶段：在外界能源作用下，烟火药表面的一部分温度升高到某一极限温度以上，发生激烈化学反应即着火，这一过程称为点火。一般烟火药是用热冲击能来点火。热冲击能仅作用在烟火药表面的一个小区域内。

引燃阶段：点火后，火焰传播到药剂的全部表面。

燃烧阶段：火焰传播到药剂的内部，燃烧向药剂纵横推进。从燃烧过程的物理化学本质来看，引燃与燃烧并无区别，只是在空气中烟火药的引燃烧速度度大于燃烧速度，因此，引燃只是烟火药燃烧的一种特殊情况。从燃烧机理来看，可以把烟火药的燃烧过程分为点火和燃烧两个阶段。

烟火药点燃后，火焰自动传播下去，燃烧是有规律地逐层进行的。在外界条件一定时，燃烧速度不随时间变化的燃烧过程称为稳定燃烧；反之，称为不稳定燃烧。

表征烟火药燃烧的主要示性数有燃烧速度、燃烧热效应、燃烧温度、燃烧产物的气–固相含量等，现将烟火药的燃烧速度及其影响因素和温度系数介绍如下。

1. 燃烧速度

烟火药的燃烧速度是烟火药燃烧的一个重要示性数。烟火药的燃烧速度有线燃烧速度和质量燃烧速度两种表示法。

（1）线燃烧速度 v

线燃烧速度是根据一定长度的药柱 L 在 t 时间内燃烧完毕所计算出来的一种平均值，单位为 mm/s。

$$v = L/t$$

（2）质量燃烧速度 v_m

质量燃烧速度是根据质量为 m 的药剂以面积大小为 Y 的燃烧面燃烧，在 t 时间内燃烧完而计算出来的值，单位为 g/(cm² · s)。

$$v_m = \frac{m}{Yt}$$

线燃烧速度和质量燃烧速度的关系为

$$v_m = 10v\rho$$

式中：ρ——烟火药的密度，g/cm³。

烟火药稳定性与密度有关。对于压制的烟火药来说，只有当药剂压得相当紧密时才能稳定地燃烧。压紧程度可以用压紧系数 k 表示，k 是药剂实际达到的密度 $\rho_{实际}$ 与药剂极限密度 $\rho_{极限}$ 的比值，$k = \rho_{实际}/\rho_{极限}$。而极限密度由药剂中所含成分的密度计算得出：

$$\rho_{极限} = \frac{100}{\dfrac{n_1}{\rho_1} + \dfrac{n_2}{\rho_2} + \cdots + \dfrac{n_i}{\rho_i}}$$

式中：ρ_1，ρ_2，$\cdots$，ρ_i——烟火药中各成分密度，g/cm³；

n_1，n_2，$\cdots$，n_i——烟火药中各成分含量。

对于大多数压紧药剂而言，其压紧系数一般在 0.7 ~ 0.9。对于松散的粉状药剂，其密度通常为 $\rho_{极限}$ 的 0.4 ~ 0.6 倍。常用烟火药的燃烧速度见表 2.17。

表 2.17　常用烟火药的燃烧速度

药剂名称	燃烧速度 $v/(\text{mm} \cdot \text{s}^{-1})$	备注
照明剂	1 ~ 10	
曳光剂	2 ~ 10	
发光信号剂	1 ~ 3	在大气中燃烧，压紧系数：$k \geqslant 0.85$
铁铝高热剂	1 ~ 3	
发烟剂	0.5 ~ 2	

当前在燃烧速度的实际测量方面，烟花爆竹领域没有制定特殊的标准方法，工业上主要采用《烟火药性能试验方法　第 6 部分：燃烧速度测定　靶线

法》（GJB 5384.6—2005）中的靶线法对燃烧速度进行测量。

2. 影响烟火药的因素

烟火药的燃烧速度既取决于药剂的配方，也取决于药剂的燃烧条件。影响烟火药的主要因素有以下几个方面。

①在一定范围内，在同类混合物中，随着金属可燃剂的增多，燃烧速度将加快。

②在其他条件相同时，以钠盐、钾盐等碱金属硝酸盐为氧化剂的烟火药比以碱土金属硝酸盐为氧化剂的烟火药快。

③含有机可燃物（易熔的或易挥发）的烟火药，较不含有机可燃物的同类烟火药的燃烧速度小。

④组成烟火药的成分颗粒度越小，燃烧速度越大；混合越均匀，燃烧越迅速。黑火药便是烟火效应依赖于均匀度和混合度的一个很好的例子。将 KNO_3、木炭、硫黄按照 75：15：10 的比例简单地混合几分钟，是不易点燃的；而工业黑火药则很容易点燃，原因是其粒度均匀，工业用黑火药通常在高压下碾磨几个小时。

⑤烟火药装填密度越大，燃烧速度越慢（纯粹的固－固相反应除外）。

⑥烟火药制品直径在 10 ~ 90 mm，燃烧速度基本不变，大于 90 mm 时，其燃烧速度将会变快。

⑦压装在金属壳体内的烟火药比压装在绝热外壳内的烟火药的燃烧速度要快。

⑧烟火药的燃烧速度和压力 p 的关系为

$$v = \mu p^{\alpha}$$

式中：μ——燃烧速度系数；

α——燃烧速度压力指数（一般都小于1）。

在其他条件相同时，气体量越大，燃烧速度越快（对无气体烟火药来说，$\mu \approx 0$，燃烧速度与压力无关）。若将瞬时线燃烧速度方程代入可得

$$\frac{dL}{dt} = \mu p^{\alpha}$$

$$dL = \mu p^{\alpha} dt$$

两边同时积分可得

$$L = \mu \int p^{\alpha} dt = \mu \left(\sum_{i}^{k} p_{i}^{n} \right) \Delta t$$

若取两段不同长度的药柱进行对比可得

$$\frac{L_1}{L_2} = \frac{(\sum_i^k p_{1i}^\alpha)\Delta t_1}{(\sum_i^k p_{2i}^\alpha)\Delta t_2}$$

由此不难发现，在实验条件中，测试者可以根据测量不同长度的烟火药药条的压力以及燃烧时间来计算出燃烧速度压力指数 α，再根据 α 反推出燃烧速度系数 μ。这也是实验室条件下测量烟火药的常用手段。

⑨附加物的加入对燃烧速度有或快或慢的影响。

⑩烟火药初温上升，其燃烧速度加快。

试验证明，火焰温度最高的药剂，同时也是燃烧速度最快的药剂。这在理论上可以用化学反应速度定律来解释：

$$v = A\mathrm{e}^{-E/(RT)}$$

式中：A——比例系数；

E——活化能，kJ/mol。

但是，依据上述公式，即使知道了反应过程中的最高温度和活化能，也不能预计出燃烧速度，因为所有的燃烧现象都和在非等温条件下进行的化学反应速度相关。

3. 温度系数

烟火药的温度系数是指在 100 ℃时烟火药的燃烧速度与在 0 ℃时的燃烧速度的比值。烟火药的温度系数比炸药或无烟火药的温度系数小得多。研究发现烟火药的温度系数一般不超过 1.3。最常用的黑火药的温度系数为

$$\frac{v_{100\,℃}}{v_{0\,℃}} = 1.15 \pm 0.04$$

2.2.5　烟火药的爆炸性质

烟火药的主要作用形式是燃烧，使用烟火药的主要目的是利用其燃烧时产生的烟、光、声、色、热、气动等特种烟火效应，而不是像炸药那样用来做功。因此要求烟火药的爆炸性能极小或完全不具备爆炸性能，尤其是针对烟花爆竹类的相关产品。但是，有些烟火药在密闭条件下或在初始冲能作用很大的条件下燃烧时，燃烧反应也可能转为爆炸，这是人们不希望发生的。

烟火药的意外爆炸会危及生命财产的安全。了解它的爆炸性质可以控制引发爆炸的条件，从而防止事故发生，确保安全生产与使用。

1. 烟火药爆炸的必要条件

一般来说，烟火药在燃烧反应中有气体生成物才能具备爆炸的条件。例如，工业上普通颗粒组成的铁铝高热剂在燃烧反应中几乎无气体生成物，所以它一般

不具备爆炸性能。只有在燃烧时能产生气体的烟火药才具有一定爆炸性能。

高放热的化学反应才有导致爆炸的可能。这是因为高放热时反应温度高。烟火药反应温度不低于 500 ℃ 时才能产生爆炸分解反应。例如，含有 40% ~ 50% 氯化铵的烟幕剂燃烧温度较低，一般来说不具备爆炸性。但烟火药中如果含有氯酸钾、氯酸钡等，它们都不需要从外部吸热就能分解，并在分解时产生大量热，由它们组成的烟火药的爆炸性是显而易见的。通常将氯酸钾一类的能自动分解，并在分解时放热的化合物称为爆炸导体。

烟火药的均质性是烟火药爆炸产生和传播的必要条件。正如许多炸药理论中所指出的，固体的爆炸混合物如果本身不含爆炸导体，则猛度通常较小，极难引起爆炸。

烟火药是多种固体的混合物，因此均质性很差，它们仅当内部具有爆炸导体时才具有强烈的爆炸性能。

综上所述，烟火药发生强烈爆炸必要的条件如下：

①燃烧反应产生大量的气体，且气体含量在 $0.1 \ m^3/kg$ 以上；

②燃烧反应放出大量热，燃烧温度不低于 500 ℃；

③均质性好，且内部具有爆炸导体。

2. 烟火药的爆炸性质

（1）含氯酸盐类烟火药

由于有爆炸导体的存在，含氯酸盐类烟火药的爆炸反应易于激发，且能稳定传播，也易接受爆轰波而发生爆炸分解反应，所以使用 $KClO_3$ 制造的烟火药不安全。$KClO_3$ 的差热分析图如图 2.4 所示。

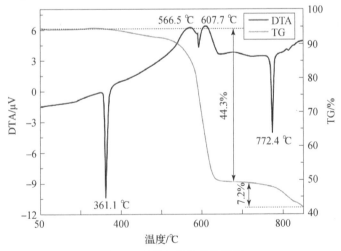

图 2.4　$KClO_3$ 的差热分析图

高氯酸盐比氯酸盐安全得多，因为高氯酸盐分解时要吸热：

$$KClO_4 = KCl + 2O_2 - 2.84\ kJ/mol$$

所以，在高氯酸盐的烟火药中，爆炸分解和传播要比在氯酸盐烟火药中困难得多。但是高氯酸钾的含氧量比相应的氯酸钾高，分解时产生的残渣较少，而生成的气体量较多，一旦引爆，$KClO_4$药剂比$KClO_3$药剂威力要大。$KClO_4$比$KClO_3$安全就在于它难以爆轰。根据试验，83%的黑火药、12%的高氯酸钾和5%的铝粉的混合物具有猛炸药的爆炸威力。

氯酸盐和Mg、Al金属粉的混合物在爆炸时能产生高温，但气体量少，因此该混合物的爆炸力又比氯酸盐和有机化合物的混合物要小。

$$KClO_3 + 3Mg = 3MgO + KCl$$

（2）含硝酸盐类烟火药

硝酸盐分解时需从外部吸收大量的热，其分解反应如下：

$$2KNO_3 = K_2O + N_2 + 2.5O_2 - 631\ kJ/mol$$

因此仅用硝酸盐作氧化剂的烟火药发生爆炸分解较困难（含硝酸铵的药剂除外）。KNO_3的差热分析图如图2.5所示。

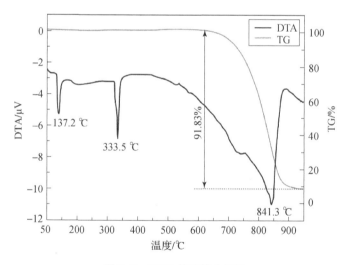

图2.5 KNO₃的差热分析图

在含硝酸盐类烟火药中，含金属可燃剂Mg比含Al易发生爆炸分解。大多数硝酸盐类烟火药爆炸分解速度不超过1 000 m/s。

$Ba(NO_3)_2$和粒状或片状铝粉组成的烟火药需要极强烈的初始冲能才能发生爆炸分解。几种常用烟火药的爆炸性能见表2.18。

表2.18　几种常用烟火药的爆炸性能

氧化剂		可燃物		威力（10 g 药的铅垮扩张量）/cm³	爆速试验	
名称	配比/%	名称	配比/%		密度/（g·cm⁻³）	爆速/（m·s⁻¹）
氯酸钾	75	铝粉	25	160	0.9	1 500（黑火药引爆）
氯酸钾	75	木粉	25	220	0.9	2 600
高氯酸钾	66	铝粉	34	172	1.2	760
硝酸钡	73	铝粉	27	34	1.4	—

3. 烟火药爆炸性能测定

表征烟火药的爆炸性能，通常可参照炸药的试验方法，如作功能力试验、猛度试验、爆速试验等，相关实验规定在《炸药试验方法》（GJB 772A—1997）和《火药试验方法》（GJB 770B—2005）中均有规定。但是其测试结果不一定能够完全反映烟火药的爆炸性能，因为只有烟火药具有稳定爆炸分解传播性能时，试验才有实际意义。然而大多数烟火药很难具备这一条件，只有含氯酸盐（含量不少于60%）或含有炸药的烟火药爆炸分解才容易激发并能稳定传播。大多数烟火药的爆炸性能随密度增高而降低，压制好的烟火药相对安定。针对烟花爆竹产品的爆炸性能，北京理工大学等单位就其特点单独制定了相关的安全测试标准。

（1）烟火药作功能力的测定

依据《烟花爆竹　烟火药作功能力测定方法》（AQ/T 4117—2011），在规定参量（质量、密度和几何尺寸）的条件下，烟火药爆炸时对铅垮中心孔进行扩张，以铅垮中心孔扩张的容积来衡量烟火药的作功能力。烟火药不具备爆炸条件时的作功能力为 0 mL。

①仪器和材料。

a. 铅垮：如图 2.6 所示，应符合《炸药作功能力试验用铅垮》（WJ/T 9030—2004）要求。

b. 滴定管：容量为 50 mL，精度为 ±0.1 mL。

c. 石英砂：经风干的石英砂，粒度在 425 ~ 710 μm，堆积密度在 1.35 ~ 1.37 g/cm³。

d. 纸袋纸：符合《纸袋纸》（GB/T 7968—2015）要求，选用 80 g/m² 的纸袋纸。

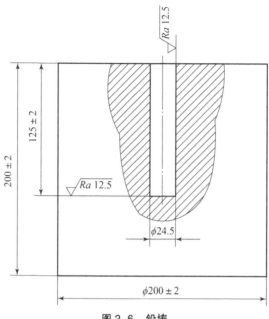

图 2.6　铅堆

e. 带孔圆纸板：外径（23.75 ± 0.25）mm，中心孔径（7.5 ± 0.1）mm（中心孔径应按 8 号瞬发金属壳电雷管外径调整，以保证电雷管刚好能穿过中心孔），薄纸板厚度 1.5 ～ 2.0 mm。

f. 电雷管：符合《工业电雷管》（GB 8031—2015）要求，选用 8 号瞬发金属壳电雷管。

g. 起爆器。

②测定准备。

a. 加工纸筒。将纸袋纸（80 g/m²）裁成上底 120 mm、下底 150 mm、高 70 mm 的直角梯形，从直角边开始用直径 24 mm 的光滑圆棒卷成圆筒，下底应突出圆棒端面 15 ～ 20 mm，将突出部分向内折好，形成筒底，并将接缝粘牢。

b. 测量扩张前的铅堆中心孔容积。以水作介质用滴定管测量铅堆中心孔的容积，用 V_0 表示（精确到 0.1 mL），擦干铅堆及中心孔内的水分，对铅堆编号备用。

c. 烟火药预处理。发射药不进行研磨和筛选。粉状烟火药不进行研磨，使烟火药通过孔径 425 μm 的标准筛，如有不能通过的铝渣、钛粉等硬质颗粒，将硬质颗粒一同放入筛过的烟火药中，混合均匀。块状或粒状烟火药，不论是否含有外层的引燃药，均不剥离，直接在铜钵内碾碎、研磨（如有大块的纸屑、稻壳应剔除）混合，使烟火药通过孔径 425 μm 的标准筛，如有不能碾碎的铝渣、钛粉等硬质颗粒，将硬质颗粒一同放入筛过的烟火药中，混合均匀。

d. 称取烟火药。称量已预处理的烟火药（10.0±0.1）g，放入干燥器中待用。

③爆炸扩张铅垆中心孔试验。

a. 确定警戒线。在爆炸洞内进行爆炸扩张铅垆中心孔试验时，设置的警戒线距爆炸洞应大于或等于 2 m（在野外试验时，设置的警戒线距爆炸点应大于或等于 65 m），起爆器应放置在警戒线以外，清理警戒线内的无关人员，提醒爆炸点附近的所有人员注意，并派专人进行警戒。

b. 安装爆炸扩张铅垆中心孔的装置。将称量好的烟火药缓慢倒入纸筒中，自然堆积，轻轻振动使药面平整。将铅垆水平放置在坚硬的基础上，将装烟火药和电雷管的纸筒放入铅垆中心孔内，并小心地用木棒将它送到孔的底部，铅垆中心孔内剩余的空间用石英砂填满、刮平。石英砂应自由倒入，不得振动或捣固。

c. 安装电雷管。除接线员外的所有检验人员撤离到警戒线外。将电雷管脚线短路，轻轻将电雷管穿过带孔圆纸板中心孔并穿出 12 mm，再将电雷管和带孔圆纸板一起放入纸筒中，保证电雷管相对垂直药面并把其穿出的 12 mm 完全插入烟火药中，轻轻压平带孔圆纸板（避免试样外泄到带孔圆纸板上）。

d. 接线。由接线员控制起爆器，在确认起爆线另一端短路且与起爆器处于断开状态下，将电雷管线与起爆线连接，再关闭爆炸洞的门并扣紧后撤离到起爆器处（在野外试验时，接线员将电雷管线与起爆线连接好后，再撤离到起爆器处）。

e. 爆炸试验。确认所有人员都已在警戒线之外后，检查确认起爆线、电雷管线、电雷管导通良好，将起爆线与起爆器连接，根据现场指挥人员指令起爆。爆炸完成后，打开爆炸洞抽风机进行排烟，排烟完全后再进入爆炸洞，取出爆炸扩张后铅垆并整理现场（以野外试验时，爆炸完成后取回燃炸扩张后铅垆并整理现场）。

④测量扩张后的铅垆中心孔容积。

擦拭爆炸后铅垆表面上的脏物，将铅垆倒置，用毛刷清除铅垆中心孔内的残留物再放平铅垆，以水作介质用滴定管测量铅垆中心孔的容积、用 V_1 表示（精确到 0.1 mL）。

⑤计算烟火药作功能力。

a. 计算烟火药爆炸扩张铅垆中心孔的容积 $\Delta V_{烟火药}$：

$$\Delta V_{烟火药} = V_1 - V_0$$

式中：$\Delta V_{烟火药}$——烟火药爆炸扩张铅垆中心孔的容积，mL；

V_1——扩张后铅塄中心孔的容积，mL；

V_0——扩张前铅塄中心孔的容积，mL。

每种烟火药做两次试验，若两次试验 $\Delta V_{\text{烟火药}}$ 的差值 $\leqslant 20$ mL，则两次试验结果平行，取两次试验结果 $\Delta V_{\text{烟火药}}$ 的平均值作为烟火药爆炸扩张铅塄中心孔的容积。

若两次试验 $\Delta V_{\text{烟火药}}$ 的差值 > 20 mL，则再重新做一次试验。若第三次试验的值与前两次试验之一的 $\Delta V_{\text{烟火药}}$ 的差值 $\leqslant 20$ mL，则取最相近的两次试验结果 $\Delta V_{\text{烟火药}}$ 的平均值作为烟火药爆炸扩张铅塄中心孔的容积。若第三次试验的 $\Delta V_{\text{烟火药}}$ 值与前两次试验的 $\Delta V_{\text{烟火药}}$ 的差值均大于 20 mL，则应查找原因后，重新试验。

b. 计算烟火药作功能力 $\Delta V_{\text{作功能力}}$：

$$\Delta V_{\text{作功能力}} = \Delta V_{\text{烟火药}}(1 + k) - 22$$

式中：$\Delta V_{\text{作功能力}}$——烟火药作功能力，mL；

　　　　$\Delta V_{\text{烟火药}}$——烟火药爆炸扩张铅塄中心孔的容积，mL；

　　　　k——温度修正系数，见表 2.19；

　　　　22——铜壳电雷管 15 ℃时的作功能力，mL。

表 2.19　温度修正系数

试验前铅塄温度/℃	温度修正系数 $k/\%$	试验前铅塄温度/℃	温度修正系数 $k/\%$
−30	+18	+5	+3.5
−25	+16	+8	+2.5
−20	+14	+10	+2.0
−15	+12	+15	+0.0
−10	+10	+20	−2.0
−5	+7	+25	−4.0
0	+5	+30	−6.0

（2）烟花爆竹猛度的测定

依据《烟花爆竹　烟火药猛度测定方法》（AQ/T 4118—2011）的相关规定，在规定参数（质量、密度和几何尺寸）的条件下，烟火药爆炸时会对铅柱进行压缩，以压缩值来衡量烟火药的猛度。烟火药在不具备爆炸条件时的猛度值为 0。

①仪器和材料。

a. 铅柱：选取 99.99% 的铅锭在（400 ± 10）℃下熔化后一次铸成，经过

24 h 自然冷却后将其加工成图 2.7 所示形状。每批标定合格后方可使用。

b. 纸袋纸：符合《纸袋纸》（GB/T 7968—2015）要求，选用 80 g/m² 的纸袋纸。

c. 带孔圆纸板：外径（40±0.2）mm，中心孔径（7.5±0.1）mm（中心孔径应按 8 号瞬发金属壳电雷管外径调整，以保证雷管刚好能穿过中心孔），薄纸板厚度 1.5~2.0 mm，厚纸板厚度 4.5~6.0 mm。

d. 钢套：符合《优质碳素结构钢》（GB/T 699—2015）要求，选用硬度为 HB 150~200 的优质碳素结构钢，加工成如图 2.8 所示形状。

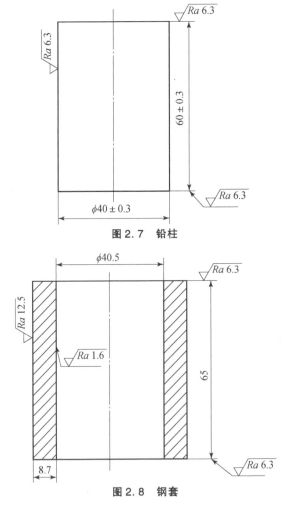

图 2.7 铅柱

图 2.8 钢套

e. 钢片：符合《优质碳素结构钢》（GB/T 699—2015）要求，选用硬度为 HB 150~200 的优质碳素结构钢，加工成如图 2.9 所示形状。

f. 钢底座：符合《优质碳素结构钢》（GB/T 699—2015）要求，选用硬度为 HB 150～200 的优质碳素结构钢，表面粗糙度 Ra 为 6.3 μm，厚度≥ 20 mm，方形底座最短边长≥100 mm（圆形底座直径≥100 mm）。

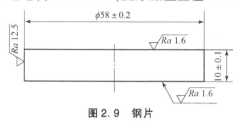

图 2.9　钢片

g. 电雷管：符合《工业电雷管》（GB 8031—2015）要求，选用 8 号瞬发金属壳电雷管。

h. 起爆器。

i. 钢靠尺：加工成如图 2.10 所示形状。

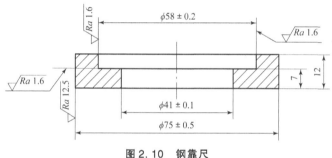

图 2.10　钢靠尺

②测定准备。

a. 加工纸筒。将纸袋纸裁成长 150 mm、宽 65 mm 的长方形，粘成内径 40 mm 的圆筒。另取一张纸袋纸，剪成直径为 60 mm 的圆纸片，并沿圆周边剪开，剪到直径为 40 mm 的圆周处（形似锯齿状），再将剪开的边向上折，形成筒底，并将接缝粘牢。

b. 纸筒插入钢套中。将纸筒送入钢套中，纸筒底部与钢套一端齐平。

c. 钢片上画定位圆线。将钢片放在钢靠尺内，钢靠尺平放在桌面上（钢片在下面），用笔绕着钢靠尺的内径在钢片上画圆线，画好后取出钢片备用。

d. 测量压缩前的铅柱高度。在铅柱一端经过圆心用笔轻轻画上十字线，在十字线上距铅柱底面外圆交点 10 mm 处再轻轻画上交叉短线，并注明序号，用游标卡尺沿十字线依次测量铅柱高度（测量时游标卡尺端部应伸到交叉短线处），取 4 个测量值的算术平均值作为试验前铅柱高度，用 h_0 表示（精确到 0.02 mm），将铅柱编号备用。

e. 准备爆炸压缩铅柱的装置。将钢底座水平放置在坚硬的基础上，基础要求为混凝土或钢质，厚度≥100 mm，方形基础最短边长≥300 mm，圆形基础直径≥300 mm。将铅柱对准钢片上的圆，并把铅柱和钢片一起放置在钢底座上，使钢片、铅柱、钢底座中心线目测在同一轴线上。

f. 烟火药预处理。发射药不进行研磨和筛选。粉状烟火药不进行研磨，使烟火药通过孔径 425 μm 的标准筛，如有不能通过的铝渣、钛粉等硬质颗粒，将硬质颗粒一同放入筛过的烟火药中，混合均匀。块状或粒状烟火药，不论是否含有外层的引燃药，均不剥离，直接在铜钵内碾碎、研磨（如有大块的纸屑、稻壳应剔除）混合，使烟火药通过孔径 425 μm 的标准筛，如有不能碾碎的铝渣、钛粉等硬质颗粒，将硬质颗粒一同放入筛过的烟火药中，混合均匀。

g. 称取烟火药。称量已预处理的烟火药（20.0±0.1）g，放入干燥器中待用。

③爆炸压缩铅柱。

a. 确定警戒线。在爆炸洞内进行爆炸压缩铅柱试验时，设置的警戒线距爆炸洞应大于或等于 2 m（在野外试验时，设置的警戒线距爆炸点应大于或等于 65 m），起爆器应放置在警戒线以外，清理警戒线内的无关人员，提醒爆炸点附近的所有人员注意，并派专人进行警戒。

b. 安装爆炸压缩铅柱的装置。

a）安装电雷管爆炸压缩铅柱的装置（空白试验）。除接线员外的所有人员撤离到警戒线外。将电雷管脚线短路，轻轻将电雷管穿过厚带孔圆纸板中心孔并穿出5 mm，再将电雷管和厚带孔圆纸板一起放入钢套内的纸筒中，并保证电雷管相对垂直钢套底面。将钢套放置在钢片上，使钢套、钢片、铅柱、钢底座中心线在同一轴线上（目测）。

b）安装待测烟火药爆炸压缩铅柱的装置。将称量好的烟火药缓慢倒入钢套内的纸筒中，自然堆积，轻轻振动使药面平整。除接线员外的所有检验人员撤离到警戒线外。将电雷管脚线短路，轻轻将电雷管穿过薄带孔圆纸板中心孔并穿出 5 mm，再将电雷管和薄带孔圆纸板一起放入钢套中，保证电雷管相对垂直钢套底面，并把其穿出的 5 mm 完全插入烟火药中，轻轻压平带孔圆纸板（避免试样外泄到带孔圆纸板上）。将钢套放置在钢片上，使钢套、钢片、铅柱、钢底座中心线在同一轴线上（目测）。

c. 接线。由接线员控制起爆器，在确认起爆线另一端短路且与起爆器处于断开状态下，将电雷管线与起爆线连接，在关闭爆炸洞的门并扣紧后撤离到起爆器处（在野外试验时，接线员将电雷管线与起爆线连接好后，再撤离到起爆器处）。

d. 爆炸试验。确认所有人员都已在警戒线之外后，检查确认起爆线、电雷管线、电雷管导通良好，将起爆线与起爆器连接，根据现场指挥人员指令起爆。爆炸完成后，打开爆炸洞抽风机进行排烟，排烟完全后再进入爆炸洞，取出爆炸压缩后的铅柱并整理现场（在野外试验时，爆炸完成后取回爆炸压缩后的铅柱并整理现场）。

④测量压缩后的铅柱高度。

擦拭爆炸后铅柱上的脏物，在爆炸压缩端面经过圆心用笔轻轻画上十字线，在十字线上距铅柱底面外圆交点 10 mm 处再轻轻画上交叉短线，并注明序号，用游标卡尺沿十字线依次测量铅柱高度（测量时游标卡尺端部应伸到交叉短线处），取 4 个测量值的算术平均值作为试验后铅柱高度，用 h_1 表示（精确到 0.02 mm）。

⑤计算烟火药猛度。

a. 计算电雷管爆炸压缩铅柱值 $\Delta h_{电雷管}$。

$$\Delta h_{电雷管} = h_0 - h_1$$

式中：$\Delta h_{电雷管}$——电雷管爆炸压缩铅柱值，mm；

$\quad\quad h_0$——压缩前铅柱高度，mm；

$\quad\quad h_1$——压缩后铅柱高度，mm。

每批铅柱做两次电雷管爆炸压缩试验，取两次试验结果 $\Delta h_{电雷管}$ 的平均值作为电雷管爆炸压缩铅柱值。

b. 计算烟火药爆炸压缩铅柱值 $\Delta h_{烟火药}$。

$$\Delta h_{烟火药} = h_0 - h_1$$

式中：$\Delta h_{烟火药}$——烟火药爆炸压缩铅柱值，mm；

$\quad\quad h_0$——压缩前铅柱高度，mm；

$\quad\quad h_1$——压缩后铅柱高度，mm。

每种烟火药做两次爆炸压缩铅柱试验，若两次试验 $\Delta h_{烟火药}$ 的差值 $\leqslant$ 1.0 mm，则两次试验结果平行，取两次试验结果 $\Delta h_{烟火药}$ 的平均值作为烟火药爆炸压缩铅柱值。

若两次试验 $\Delta h_{烟火药}$ 的差值 > 1.0 mm，则重新再做一次试验。若第三次试验的 $\Delta h_{烟火药}$ 值与前两次试验之一的 $\Delta h_{烟火药}$ 的差值 $\leqslant 1.0$ mm，则取结果最相近的两次试验结果平均值作为烟火药爆炸压缩铅柱值。若第三次试验的 $\Delta h_{烟火药}$ 值与前两次试验的 $\Delta h_{烟火药}$ 的差值均大于 1.0 mm，则应查找原因后，重新测定。

c. 计算烟火药猛度 ΔH。

$$\Delta H = \Delta h_{烟火药} - \Delta h_{电雷管}$$

式中：ΔH——烟火药猛度（以铅柱压缩值表示），mm；

$\quad\quad \Delta h_{烟火药}$——烟火药爆炸压缩铅柱值，mm；

$\Delta h_{电雷管}$——电雷管爆炸压缩铅柱值，mm。

2.2.6　烟火药的安全性质

烟火药的安全性质除去前文中已经提及的化学安定性与相容性外，更为重要的是感度。烟火药的感度测定通常指机械感度、热感度和静电火花感度的试验测定。它们是烟火药设计、制造和使用的必要性示数。现将其测定原理、试验步骤和结果评定分别介绍如下。

1. 机械感度测定

机械感度试验包括摩擦感度和撞击感度的试验测定。机械感度测定的作用主要有以下三个方面。

第一是给出被测试样在一定条件下的发火感度值，通过数据处理推断在一定工艺条件下生产的这种药剂的机械感度数据。

第二是对不同品种、不同组分配比药剂机械感度测定结果进行比较，评定它们对机械作用的安全性高低。

第三是为含能材料的新配方药剂研究进行不同配方、不同工艺条件下的样品机械感度数据测定，为研制人员选定方案提供主要参数依据，以保证新配方药剂的安全性。

（1）机械感度的测定原理及分类

烟火药及固体炸药都属于含能材料，是活化能较低的不稳定物质。它能在一定的机械作用下发生分解、燃烧或爆炸，一般认为是当有机械力作用于药剂时，药剂颗粒发生震动，颗粒之间发生摩擦，机械能转变为热能，使药剂分子运动加剧，导致晶格破裂并引起强烈化学反应。当某些局部的热点温度达到爆炸或发火时，产生连锁反应，最后引发整个药剂反应，以燃烧或爆炸形式将大量的能量释放出来。

测定各种固体药剂的机械感度，需要提供一定的机械能。为适应各种不同药剂测定感度的需要，要求能量大小是可调的，能量值的大小必须可测、可计算，并且必须保证一定的精度。

目前固体含能材料机械感度测定方法，按能量的作用方法主要分为摩擦和撞击两类，世界各国也基本是按此进行分类的。在理论上，摩擦和撞击的作用是可以明确区分的，而在药剂的实际生产过程中，机械能量对药剂的作用方式很难区分开，往往是摩擦和撞击同时作用，这一点在分析具体问题时必须准确认识。

（2）影响药剂机械感度性能的主要因素

不同种类、不同组分的烟火药对机械作用的敏感程度是大不相同的。其主要影响因素有以下三个方面。

①各种药剂的机械感度性能主要取决于药剂各组分化学成分、分子结构的稳定性，也就是说内因起决定作用。

②药剂各组分的结晶形状、硬度、粒度、含水量、混合物的混合均匀度对药剂机械感度性能也有很大影响，这些大都是与生产工艺有直接关系的因素。

③药剂组合中加入适量摩擦因数不同的可燃物质可改变其机械感度。如将摩擦因数只有 0.02 左右的聚四氟乙烯粉掺入某些药剂配方中，就可以达到钝化机械感度的作用。

（3）摩擦感度的测定

摩擦感度的测定需要借助实验装置，常见的实验装置包含摩擦感度试验机、摩擦摆、摆式摩擦感度仪。

①摩擦感度试验机。最初由联邦德国设计使用，日本在后来引进这一技术。其作用原理：将试样放于陶瓷片与陶瓷柱之间，陶瓷柱对试样有一定的压力作用，在推动陶瓷片与试样一起滑动后，试样会受到陶瓷柱的摩擦作用。本试验方法的关键技术是陶瓷烧结质量，保证原料粒度均匀性及烧结后硬度的一致性。由于这种材料摩擦因数大，所以试验时只需施加较小的正压力。

②摩擦摆。这是国外使用比较早的一种方法。其作用原理：平摆式摆锤可以绕定轴旋转，将摆锤抬起一个角度（与铅垂线间夹角），试样放在摩擦板上，释放摆锤后，锤头从试样表面掠过，使试样受到摩擦。摆头材料根据药剂性能更换，有金属的，也有纤维板材料的。这种方法的试验重复性差，很难测出钝感药剂的摩擦感度。

③摆式摩擦感度仪。这是目前国内广泛使用的摩擦感度测定仪器。第一代产品是 20 世纪 40 年代苏联设计制造的，20 世纪 50 年代中期我国进行了测绘仿制，其后又进行过大的改进，目前普遍使用的是 WM-1 型摆式摩擦感度测定仪。

WM-1 型摆式摩擦感度测定仪是用于测定火炸药、烟火药、火工药剂摩擦感度值的专用仪器。该仪器涉及摩擦能量参数的零件尺寸与苏联 K44Ⅲ型摆式摩擦仪基本保持一致，这是为了使国内现有新旧仪器测定药剂感度值时能互相对比而做的必要保留。但是现在的 WM-1 型摆式摩擦感度测定仪的可靠性、操作性、维修性及精度已大大提高。WM-1 型摆式摩擦感度测定仪的结构如图 2.11 所示。

WM-1 型摆式摩擦感度测定仪主要由油压装置、行程装置和摆锤三大部件组成。油压装置是仪器用于手动加压时的正压力动力源。缸体左下侧放油阀关闭时，通过手动压力泵将缸体下部油箱内液压油压入油缸，推动活塞上升，

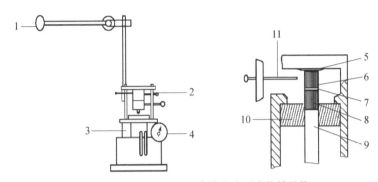

图 2.11　WM－1 型摆式摩擦感度测定仪的结构

1—摆锤；2—行程装置；3—油压装置；4—压力表；5—上顶柱；6—上滑柱；

7—药剂试样；8—下滑柱；9—顶杆；10—导向套；11—击杆

油缸内的油压由安装在缸体右侧的压力表指示；打开放油阀时，油缸内的液压油重新流入油箱。缸体左后侧有一螺塞孔，可以加液压油使用，当油箱内的液压油不足时，旋开螺塞，即可加油。

行程装置的爆炸室供安放试验装置使用，试验装置由导向套、上滑柱、下滑柱、药剂试样组成。当活塞上升时，将能量传递给冲子，推动试验装置上升；当上滑柱与上顶柱接触后，试样开始受到预压；继续加压，试验装置克服上顶柱弹簧的弹性形变；再上升一段距离后，导向套受到限位控制而不能再上升，而上滑柱推着上顶柱继续上升。当上顶柱不能再上升时，可加压到所需要的正压力。本体下端大螺环起着限制冲子上升位置量的作用，可以防止因操作失误而造成压损本体内套零件的事故发生。本体上的拉杆组合件供从爆炸室退出导向套用，本体通过前后两只锥销与摆体装置的连接盘紧紧相连，正常情况下，手摇本体不能晃动。摆锤与油泵通过四根支柱连接。摆臂回转轴两端装有一对滚动轴承，在装配和润滑良好的条件下，对运动能量的损耗很小，摆臂回转轴心至摆锤的轴心距离在仪器装配时已保证为 76 cm。摆锤支架与支柱的连接由一螺栓固定，调整摆锤与击杆的同心度时，可先将螺栓抬开，调好后再拧紧。有机玻璃防护罩可沿上顶板的下沿回转，在装有药剂的试验装置放入爆炸室并推到位后，可将防护罩拉向正面，以防爆炸产物对操作者造成伤害。上顶板正中央的预压力装置以一定的弹簧压力将上顶柱推下，在夹有药剂试样的两滑柱面没有露出导向套之前，就可以受到一定的预压力，以保证上滑柱稳定上升，并与下滑柱保持同心。

采用 WM－1 型摆式摩擦感度测定仪测得的常用烟火药摩擦感度试验数据见表 2.20，试样装药量 20 mg。

试验步骤如下：

a. 将烟火药在 40 ~ 50 ℃下烘干 2 h，冷却至室温后称取所需样品，每份烟火药质量（0.02 ± 0.002）g；

b. 将摆锤调整至所需的角度；

c. 将装好烟火药试样的导向套及滑柱放在仪器试验腔内的托板上；

d. 分别启动低压活塞和高压活塞，使两滑柱之间的烟火药加至所需的压力；

e. 使摆锤按选定角度自由落下撞击击杆，使上滑柱产生位移，检验两滑柱之间的烟火药是否发火。

表 2.20　常用烟火药摩擦感度试验数据

药物类别	编号	药物名称	指标	摩擦感度值（摆角/压力）/[(°)·kg^{-1}·cm^2]				
				60/12	70/18	80/25	85/32	90/40
黑火药类	1	低硫粉状黑火药	含硫量 8% 以下	0	0	0	0	0
	2	低硫粉状黑火药	含硫量 8% 以上	0	0	0	20	40
	3	无硫黑火药		0	0	0	0	0
	4	红炮黑火药		0	0	0	0	10
响药类	5	硫化锑响药		50	100	100	100	100
	6	白火药响药		90	100	100	100	100
响音类	7	普通笛音剂药		0	0	0	0	10
	8	带花笛音剂药		0	0	0	20	30

试验时，按烟火药是否发出声响及在滑柱工作面上留有的烟痕等现象来评定摩擦发火率。

根据《烟花爆竹　烟火药安全性指标及测定方法》（AQ 4104—2008）中的相关规定，烟花爆竹产品的摩擦感度安全指标及测定条件见表 2.21。

表 2.21　烟花爆竹产品的摩擦感度安全指标及测定条件

项目	内容	
安全指标	摩擦感度	单项判定
	≤60%	合格
	>60% ~ 90%	采用湿法生产工艺时判定为合格；未采用湿法生产工艺时判定为不合格
	>90%	不合格

项目	内容
测定条件	药量：（0.020 ± 0.001）g 摆角：70° 压力：1.23 MPa
备注	摩擦类烟火药不检测摩擦感度

（4）撞击感度测定

烟火药受一定冲击能量作用而发生燃烧或爆炸的能力称为烟火药的撞击感度。烟火药的撞击感度通常采用 WL – 1 型立式落锤仪进行测定。

①撞击感度仪的原理。

使用机械落锤仪来鉴定各种敏感固体药剂的安定性在国内外已经有几十年的历史。测试仪器是靠一个自由落下的重锤，从不同的选定高度落到样品上，然后记下每次撞击样品后产生的正（燃或爆）、负（不燃或不爆）反应结果。再用统计分析法处理这些数据，得出相对的冲能值。通常，用规定质量落锤的落高表示某种发火概率（如 0%、50%、100%）的对应值作为药剂样品的撞击感度值；也有用规定质量落锤、规定落高下样品的发火率来表示药剂样品的撞击感度值。

针对各种固体药剂，具体使用的撞击感度仪和测定方法可以随药剂的种类不同、实验室的条件不同而不同。因此，在不同仪器及不同试验条件下，测得各种药剂的撞击感度值可能不同。所以在没有严格的统一标准规定下，各测定数据将无法进行比较。同时，在同一仪器、同一试验条件下取得的各种药剂的测试结果可以进行感度等级的排序，并对样品的感度性能进行相对评定。

②撞击感度仪的种类。

测定火炸药撞击感度的仪器一般为架高 2～3.5 m，落锤质量分别为 2 kg、5 kg、10 kg 三个等级的大型机械落锤仪。

由于不同品种的烟火药敏感度差异较大，其撞击感度的测定，目前还没有统一的测定标准，所以可以根据不同条件和需要，借用火炸药的测定仪器及方法或火工品药剂的测定仪器及方法。

国内典型的大型机械落锤仪是用于固体炸药撞击感度测定的标准规格测定仪器 WL – 1 型立式落锤仪，该仪器主要能量参数与结构特点同日本、美国、苏联等国测定火炸药机械撞击感度的仪器和试验装置基本一致。WL – 1 型立式落锤仪的结构如图 2.12 所示，其主要结构特征是两条导轨和带有齿板的中心导轨垂直于地面并固定在钢结构支架上。钢制落锤在两导轨中间自由落下，落锤的质量分别为 2 kg、5 kg、10 kg。落锤由本体构成，在落锤的下部固定有击头。在落锤的上部装有卡钮，卡钮夹紧在弹簧脱锤器的钢爪中间。脱锤器上装有标尺指针，用于读出落高。在脱锤器钢爪松开时，落锤就从一定的高度脱出。当落锤落下后，落锤的击头冲击到用击柱套座安装在钢砧上的撞击装置端面上。钢砧在导轨下方用地脚螺钉固定在混凝土基础上。

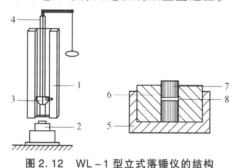

图 2.12　WL-1 型立式落锤仪的结构

1—标尺；2—撞击装置；3—落锤；4—导轨；5—底座；6—击柱套；7—击柱；8—药剂试样

由于承受冲击的部件具有弹性，在冲击时，落锤会弹跳至某一高度。落锤上装有夹具，以防第二次落下，夹具由连有弹簧的杠杆和连有弹簧的卡舌组成，当冲击到钢砧时，卡舌的弹簧被压缩，卡舌松开杠杆。在落锤跳起时，杠杆沿着齿条滑上，而在第二次下落时，杠杆便卡入齿板的齿中，阻止落锤的第二次撞击。撞击装置由底座、击柱套（又称导向套）和放入击柱套内的击柱组成。击柱间均匀散布药剂试样。

③撞击感度试验方法。

采用 WL-1 型立式落锤仪测定烟火药撞击感度的试验步骤如下：

a. 准备 25 组击柱套并放入底座内，每组击柱套中烟火药质量为（0.04 ± 0.002）g；

b. 将落锤调整到（25 ± 0.1）cm 的高度；

c. 将击柱套放到 WL-1 型立式落锤仪的钢砧上；

d. 使落锤沿导轨口自由落下，撞击击柱套，检查烟火药受到撞击后是否发生燃烧或爆炸。按上述步骤做完 25 个药剂试样，在测试中受试烟火药有声响、发火、发烟或烧焦等现象，则认为烟火药发生了爆炸。

烟火药撞击感度通常用在重锤质量 10 kg、落高 25 cm 条件下，做 25 次平行试验发生爆炸的百分数来表示。试验中的爆炸百分数计算如下：

$$P = \frac{a}{25} \times 100\%$$

式中：P——发火率；

a——发火的样品数量。

采用 WL-1 型立式落锤仪测得的常用烟火药撞击感度试验数据见表 2.22。其中试验的落锤质量为 10 kg，试样装药量为 40 mg。

表 2.22　常用烟火药撞击感度试验数据

编号	药物类别	药物名称	指标	撞击感度值（落锤/落高）/(kg·mm⁻¹)				
				10/50	10/150	10/250	10/350	10/450
1	黑火药类	低硫粉状黑火药	含硫量8%以下	0	10	90	100	100
		低硫粉状黑火药	含硫量8%以上	10	50	80	100	100
		无硫黑火药	—	0	0	30	80	90
		红炮黑火药	—	0	20	100	100	100
2	响药类	硫化镓响药	—	0	0	0	0	0
		白火药响药	—	0	0	70	100	100
3	哨音类	普通笛音剂药	—	0	0	10	80	90
		带花笛音剂药	—	0	0	10	90	100
4	白闪光类	高合金白闪光药	合金含量35%以下	0	0	0	20	30
		高硫白闪光药	硫含量35%以下	0	70	100	100	100
		白闪光药	—	0	0	20	40	90
5	红光类	含硫红光药	—	0	0	70	100	100
		普通红光药	—	0	10	70	100	100
		高合金红光药	合金含量20%以下	0	0	10	20	70
		无合金红光药	—	0	60	90	100	100
		氯酸盐红光药	—	10	60	100	100	100
6	绿光类	含硫绿光药	—	0	0	70	80	100
		高合金绿光药	合金含量20%以下	0	0	0	10	40
		氯酸盐绿光药	—	0	20	80	100	100
7	黄光类	高合金黄光药	合金含量20%以下	0	0	0	0	10
		无常用氧化剂黄光药	无硝酸盐、氯酸盐和高氯酸盐	0	0	20	50	100
		带光黄光药	—	0	10	80	90	100
注：试验的落锤质量为 10 kg，试样装药量为 40 mg。								

根据《烟花爆竹　烟火药安全性指标及测定方法》（AQ 4104—2008）中的相关规定，烟花爆竹产品的撞击感度安全指标及测定条件见表 2.23。

表 2.23　烟花爆竹产品的撞击感度安全指标及测定条件

项目	内容	
安全指标	撞击感度	单项判定
	≤50%	合格
	>50% ~90%	采用湿法生产工艺时判定为合格；未采用湿法生产工艺时判定为不合格
	>90%	不合格
测定条件	药量：（0.040 ± 0.001）g 锤重：10.000 kg ± 10 g 落高：（250 ± 1）mm	
备注	摩擦类烟火药不检测撞击感度	

2. 热感度的测定

大多数的烟火药是用点火的方式来引发其作用的，只有极少数的情况下才用爆炸等方式来引发作用。因此，需要选择适当的烟火药，以保证烟火药的可靠点火以及在生产、运输、储存、使用等环节的安全统一性，这就需要研究烟火药对热能的敏感程度。将烟火药对高温加热或直接与火焰、火花和高温炽热物体等接触形式的刺激进行表征，即对烟火药的热感度进行测定。

烟火药的热感度包括火焰感度和加热感度两种。烟火药在均匀加热作用下发火的原理与炸药爆炸的原理相同，即烟火药加热至某一温度时，由于自身化学反应而放热，当放热量大于热损失量时，则产生热积累，促使反应加速，最终导致发火。烟火药在火焰作用下，能使药剂局部温度升高而发火，从而引起周围甚至全部药剂燃烧。

（1）火焰感度

火焰感度（flame sensitivity）反映的是在一定面积的试样表面受到瞬时高温和压力的火焰及质点作用后，发生燃烧或爆炸的难易程度。就一般条件下的规律而言，发火点较低的药剂，其火焰感度较敏感。但是发火点主要与药剂的组成成分有关，火焰感度不仅取决于药剂的组成成分，还与药剂的粒度、密度等工艺条件关系密切。目前人们为了获得不同用途的烟火药，除了选择不同组成成分，还通过改变药剂的粒度和密度等工艺条件来调整药剂的火焰感度。因此，测定不同组分、不同工艺条件下的药剂火焰感度，对于评价药剂的性能优劣具有重要的实际意义。

①国内外火焰感度试验概况。

目前国内火焰感度试验的原理基本相同，只是火焰源的形式不同，主要有黑火药柱火焰源、导火索火焰源和黑火药粉火焰源三种。用黑火药柱作火焰源的试验方法有《火药试验方法》（GJB 770B—2005）中的"方法 604.1 火焰感度 黑火药法"、《火工品药剂试验方法 第 25 部分：火焰感度试验》（GJB 5891.25—2006），以及《烟花爆竹 烟火药火焰感度测定方法》（AQ/T 4123—2014）。用导火索作火焰源的试验方法有《火药试验方法》（GJB 770B—2005）中的"方法 604.2 火焰感度 导火索法"、《烟火药感度和安定性试验方法 第 6 部分：火焰感度试验 导火索法》（GJB 5383.6—2005）。用黑火药粉作火焰源的试验方法有《烟火药感度和安定性试验方法 第 5 部分：火焰感度试验 导向管法》（GJB 5383.5—2005）。

国外火焰感度试验为耐热感度试验。在第八届国际应用化学会议上制定的国际火焰感度试验有导火索试验、赤热铁锅试验和赤热铁棒试验三项。前两项试验用于测试发火性能，第三项试验用于测试耐热性能。德国联邦材料研究与测试研究所除了使用上述试验外，还增加了小气体火焰试验和火焰摆试验。

国际导火索试验方法：取粉状炸药试样 3 g 置于直径 2 cm 的短玻璃试管中，试样在管中呈水平状，在试样表面插入一条长 5 cm 的缓燃导火索（燃烧速度 1 cm/s），试样如果发火，则为易燃炸药；如果不发火，则进行赤热铁锅试验。

德国联邦材料研究与测试研究所导火索试验方法：用夹子夹住一段 5 cm 长的导火索，导火索端头离试样约 5 cm，试验 5 次，观察试样是否发火。

国际赤热铁锅试验方法：将直径 12 cm、壁厚 1 mm 的半球形铁锅加热至赤热状态（700~900 ℃），投入少于 0.5 g 的试样；如未发生爆炸，则逐步增加试样（一般每次递增量为 0.5 g）继续试验，直至达到 5 g；用 5 g 试样重复试验 3 次；观察试样燃烧的形式，并记录投入试样到火焰熄灭的时间。

德国联邦材料研究与测试研究所赤热铁锅试验方法：最初投入少量试样，如不发火，再投入 5 mL 粉状试样，记录是否发火、延迟发火及燃烧持续时间、燃烧经过和有无残渣等试验现象和数据；最后做 3 次试验，记录从发火到火焰消失的最短燃烧时间。

国际赤热铁棒试验方法：将约 100 g 试样放在石棉板上，用一个加热至赤热状态（约 900 ℃）的铁棒（直径 15 mm、长 120 mm）插在试样中，观察试样是否发火和爆炸、取掉铁棒后是否继续燃烧。

德国联邦材料研究与测试研究所赤热铁棒试验方法：采用直径 5 mm，加热至约 800 ℃ 的钢棒进行试验，钢棒和试样接触时间最长 10 s；试验结果分为不发火、发火后又熄灭、立即发火并燃尽、燃烧发出明亮火焰、发烟燃烧、爆燃、爆轰、无火焰发烟等。

德国联邦材料研究与测试研究所小气体火焰试验方法：用本生灯喷出的煤气火焰或丙烷气火焰（火焰长 20 mm、宽 5 mm）的前端接触试样，接触时间不超过 10 s，观察是否发火。

德国联邦材料研究与测试研究所火焰摆试验方法：对易发火试样采用火焰摆试验方法，即将试样以一定摆角（最大 45°）摆下后，通过一个固定的火焰；测出两次试验中三次发火（试样一次通过）的角度，也可通过多次试验测出试样发火时所需穿过火焰次数的平均数。

以上火焰感度试验都是在开放条件下进行的，因为炸药类物质点火和燃烧性受压力的影响很大，所以，如果在密闭条件下，试验将会得到明显不同的结果。

②火焰感度的测定。

根据《烟花爆竹　烟火药火焰感度测定方法》（AQ/T 4123—2014）的相关规定，火焰感度测定原理为在规定条件（质量、密度）下，在不同距离下用标准黑药柱喷射的火焰点燃烟火药，采用升降法试验，统计计算出 50% 发火距离 H_{50}，以 H_{50} 来表示烟火药的火焰感度。H_{50} 值越小表示越容易发火，火焰感度越高；H_{50} 值越大表示越不容易发火，火焰感度越低。火焰感度常通过火焰感度仪进行测试，火焰感度仪如图 2.13 所示。

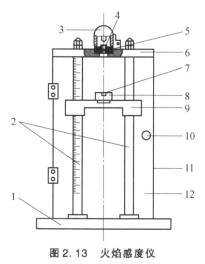

图 2.13　火焰感度仪

1—底座；2—立柱；3—点火装置；4—黑药柱；5—药柱模；6—顶盖；

7—试样盂；8—试样模；9—托盘架；10—防护门闩；11—护罩；12—防护门

试验准备分为以下三个方面。

a. 仪器的检查与调整。

用棉纱等擦拭两立柱上的污物，必要时在立柱上涂抹少许润滑油，保证托盘架能在立柱上灵活移动。点火装置内和点火用电阻丝应干净无残渣。打开电源开关，打开点火开关，使电阻丝发红，如发生电阻丝断裂或氧化严重，应更换新电阻丝。选择更换无加长导火管的药柱模。

b. 烟火药的研磨与筛选。

试样分为发射药、粉状烟火药、块状或粒状烟火药。发射药不进行研磨和筛选；粉状烟火药不进行研磨，使烟火药通过孔径 425 μm 的标准筛，如有不能通过的铝渣、钛粉等硬质颗粒，将硬质颗粒一同放入筛过的烟火药中混合均匀；块状或粒状烟火药，不论是否含有外层的引燃药，均不剥离，直接在研钵（应使用铜质等不发火材质的研钵）内碾碎、研磨，如有大块的纸屑、稻壳应剔除，使烟火药通过孔径 425 μm 的标准筛，如有不能碾碎的铝渣、钛粉等硬质颗粒，将硬质颗粒一同放入筛过的烟火药中混合均匀。

c. 烟火药和黑药柱的烘干。

将烟火药和黑药柱放入水浴（或油浴）烘干箱中，在 (55 ± 2) ℃ 的温度下烘干 4 h，取出，放入干燥器内，冷却 30 min 后备用。

试验步骤分为以下三个步骤。

a. 首发试验。打开电源开关。根据经验选择第一次试验点火距离。称取已处理的烟火药 (0.020 ± 0.005) g，置于试样盂内，轻轻振动使烟火药均匀平铺在试样盂内。将试样盂药面朝上放入试样模内套中心，将试样模放在托盘架上，关好防护门。将经处理的黑药柱放入药柱模内，然后放在火焰感度仪的顶部中心孔位置，扣上点火装置。打开点火开关，点燃黑药柱，观察烟火药是否发火。断开点火开关，打开防护门，取出试样模和药柱模并擦拭。

b. 根据经验选择试验步长 d，参考步长为 2 ~ 5 cm。

c. 首发以后各发试验方法：如前一发烟火药发火，则本次试验增加一个步长的点火距离进行试验；如前一发烟火药瞎火，则本次试验减少一个步长的点火距离进行试验。重复操作，直到首次出现与前一发试验相反的结果时开始进行记录，前一次试验记录为第一发，当前试验记录为第二发，直至取得 30 发有效数据。若取得的 30 发有效数据中点火距离数为 4 ~ 7 个，则试验完成，关闭电源开关；若点火距离数小于 4 个或大于 7 个，则应改变 d，重新试验。

数据结果处理，根据试验所记录的 30 发有效数据，计算 50% 发火距离 H_{50}。

当总发火次数 $N_{发火} \leqslant$ 总瞎火次数 $N_{瞎火}$ 时

$$H_{50} = H_0 + (A/N_{发火} + 0.5) \times d$$

式中：H_{50}——50% 发火距离，cm；

H_0——试验有效数据中的最小点火距离，cm；

A——计算因子；

d——步长，cm。

$$A = \sum (i \times n_{i1})$$

式中：i——点火距离序号，从最小点火高度算起，其数值依次记为 0，1，2，3…；

n_{i1}——第 i 个点火距离下发火次数。

当总发火次数 $N_{发火} >$ 总瞎火次数 $N_{瞎火}$ 时

$$H_{50} = H_0 + (A/N_{瞎火} - 0.5) \times d$$

式中：H_{50}——50% 发火距离，cm；

H_0——试验有效数据中的最小点火距离，cm；

A——计算因子；

d——步长，cm。

$$A = \sum (i \times n_{i0})$$

式中：i——点火距离序号，从最小点火高度算起，其数值依次记为 0，1，2，3…；

n_{i0}——第 i 个点火距离下瞎火次数。

（2）加热感度

烟火药的加热感度用发火点来表示，发火点是烟火药自加热起在 5 min 内发火的最低温度。烟火药发火点通常在伍德合金浴中进行测定，烟火药发火点测定装置如图 2.14 所示。测定步骤如下。

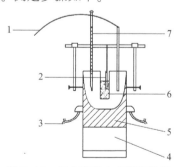

图 2.14　烟火药发火点测定装置

1—接热电偶；2—试样管；3—变压器接线处；4—铜块；5—加热单元；6—伍德合金浴；7—温度计

①将电炉升温至预定温度。

②称取 0.5 g 烟火药放入装药小皿中，装药小皿用小皿夹持器吊挂在电炉内。

③记录感应时间。

在每一选定温度下做 10 次试验，求出平均感应时间，直至得出 5 min 内发火的最低温度即为烟火药发火点。

3. 静电火花感度的测定

烟火药在生产、处理和运送过程中的很多偶然爆炸事故是由静电放电造成的。自从 1942 年开始，这种静电危害问题被认识以来，各国对此做了大量研究，研究内容主要包括两个方面：一是静电危害源的模拟和消除；二是定性或定量测量炸药和起爆药由静电火花（或电弧）起爆的难易程度，即静电火花感度。现在，静电火花感度已经成为起爆药最重要的性能参数之一，它提供了火炸药在生产、处理过程中有关危险性的重要量度。目前通常将烟火药在静电火花作用下引起燃烧或爆炸的难易程度称为烟火药的静电火花感度。

在混制和压制烟火药的过程中，由于烟火药颗粒间或药粒与设备间的摩擦均会产生静电，随着药量的增大和摩擦次数的增多，静电积累增多。当带电药剂与其他接地物体或电位差很大的带电体接近时，会放电产生火花，往往药剂会发火燃烧乃至爆炸。一般静电电压达到 300 V 时，放电产生的火花就能够把烟火药或汽油点燃。

人体可以携带相当高的静电，据测定，一个身着化纤织品，脚穿塑料底鞋运动的人，静电压达 1.5×10^5 V；骑自行车的人，静电压达 5 000 V。如果一个人身带静电压 9 000 V，就相当于 30 mJ 的能量，而一般的可燃性气体如 H_2 的最小点火能仅为 0.02 mJ，一般雷管的起爆能量也只需 2 ~ 10 mJ。

根据《烟花爆竹　烟火药静电火花感度测定方法》（AQ/T 4120—2011）中的相关规定，烟火药受静电火花能量作用而发火，其发火的难易程度，称为静电火花感度。在规定的测试仪器及条件下，采用升降法进行试验，以发火率为 0.01% 的能量 $E_{0.01}$ 表示烟花爆竹烟火药的静电火花感度。$E_{0.01}$ 值越低表示越容易发火，静电火花感度越高；$E_{0.01}$ 值越高表示越不容易发火，静电火花感度越低。相关测定流程如下。

（1）设备和材料

①仪器设备。

静电火花感度仪：JGY—50 型（或相当的仪器设备）。天平：精度 0.01 g（或定量勺）。百分表：量程 0 ~ 10 mm，精度 0.01 mm。温湿度自动记录仪：温度测量范围为 −5 ~ 50℃，湿度测量范围为 0% ~ 100%。干燥器。防爆烘箱：精度为 ±2 ℃。

②材料。

绝缘套（符合 JGY—50 型静电火花感度仪要求）。击柱（符合《烟花爆竹

药剂　撞击感度测定》（QB/T 1941.2—1994）的要求）。极针（符合 JGY—50 型静电火花感度仪要求）。电容：0.047 μF、0.030 μF、0.01 μF、500 pF，允许误差 ±5%，击穿电压 > 30 kV。

（2）试验准备

①试样制备。

烟火药是一种易燃易爆的危险品，可按照《烟花爆竹成型药剂　样品分离和粉碎》（GB/T 15813—1995）规定制备试样，并状试样混合均匀。该标准虽然已废止但没有可以替代它的官方标准，之所以废止，是因为随着时代发展，烟花爆竹产品种类过多，无法统一标准。目前各大烟花爆竹及烟火药生产企业生产商品往往是依照自己的企业标准或者要求制备试样。

将试样平铺在药盒或称量瓶内，贴好标签，放入防爆烘箱中，于 50 ~ 60 ℃干燥 2 h 后，置于干燥器内。

②电极准备。

将击柱、极针和绝缘套用汽油或乙醇洗净后，用纱布擦干，放入防爆烘箱中，于 50 ~ 60 ℃下干燥 60 min，将烘好的绝缘套趁热与已烘干冷却的击柱牢固组合成试样套（操作时应带细纱手套），置于干燥器内。

③试验环境和条件。

调好试验室温湿度，相对湿度、温度分别控制在 30% ~ 40% 和 15 ~ 25 ℃ 范围内。

试样、极针、试样套应在调好温湿度的试验室中存放 30 min 后，才能进行试验。

（3）测定步骤

①将零点指示器置短路位置，移开百分表，提起上电极，装入极针，将未装试样的试样套放入下电极座内，放下上电极，然后将零点指示器置于测量位置，调节上下电极间隙零点，再顺时针调节螺母，使电极间隙升至（1.00 ± 0.05）mm，记下调节螺母指示刻度位置。

②提升上电极，取出试样套，称取（25 ± 5）mg 试样倒入试样套内，用点平冲头（质量 9.0 g ± 0.5 g）将药物点平。

③将装好药物的试样套放入下电极座内，零点指示器置于"放电"位置，按调节好的电极间隙放下上电极，用百分表检验电极间隙值，如有改变，检查原因予以调正。

④关好发火箱左右侧门，将极性开关拨到"负"，调节电位器给电容器充电至预定初始电压值，按动起爆按钮，使充电电容器对试样放电，观察试样发火，有燃烧爆炸冒烟现象判为"发火"，否则判为"不发火"。

电容器根据药剂性能选定，静电火花感度较高的药剂选择低容量电容，反之则选择高容量电容，一般药剂选择 0.030 μF。初始电压选择：设定某一初始电压值，按升降规则进行试验，使下一发试验出现与上一发试验相反结果。

⑤打开发火箱门，取出极针和试样套，重复步骤①～③进行下一发试验，按照升降法试验规则，前一发有发火现象则下一发充电电压应减少一个步长，反之应增加一个步长。步长的选择根据试验记录表中放电电压的刺激水平数来确定，刺激水平数应满足 4～7 个，否则，当刺激水平数小于 4 个时应减少步长值，当刺激水平数大于 7 个时应增加步长值。

⑥确定初始电压以后的试验为有效试验，有效试验发数达 30 时，试验完成。

（4）数据处理

①根据《感度试验用数理统计方法》（GJB/Z 377A—1994）中的升降法规定，计算 0.01% 发火电压的均值估计量 $\hat{x}$ 和标准偏差估计量 $\hat{\delta}$。

②计算 0.01% 发火能量 $E_{0.01}$，数值修约按《数值修约规则与极限数值的表示和判定》（GB/T 8170—2008）规定执行：

$$E_{0.01} = \frac{1}{2} C \hat{x}^2$$

式中：$E_{0.01}$——0.01% 发火能量，J；

　　　C——充电电容实测值，F；

　　　$\hat{x}$——0.01% 发火电压的均值估计量，V。

③以 0.01% 发火能量 $E_{0.01}$ 和标准偏差估计量 $\hat{\delta}$ 报出结果。

|2.3　烟花爆竹数值模拟|

烟花爆竹的燃放过程伴随着剧烈的氧化还原反应以及压力与温度的显著变化，其中心燃爆场具有高温高压的特点，并会随着燃放过程产生大量的高温星点，具有重大火灾隐患。2009 年 2 月 9 日晚，在建的中央电视台电视文化中心因大型烟花燃放发生特大火灾事故（见图 2.15），致使消防战士张建勇牺牲，另有多人受伤，造成直接经济损失 1.6 亿元。

本书在第 2.2 节中已详细论述了烟火药的燃烧与爆炸性质。为进一步阐明烟花爆竹在燃放过程中的压力/温度变化规律，本节采用高精度数值模拟

图 2.15　2009 年 2 月 9 日晚中央电视台特大火灾事故

仿真软件，针对最为典型的开爆药进行理论计算，详细论述了其在燃放过程中的温度与压力变化情况，为烟花爆竹的安全燃放工作提供理论指导。

2.3.1　数值模拟软件介绍

本节中所采用的数值模拟分析工具为北京理工大学爆炸科学与安全防护全国重点实验室自主开发的一款大规模高精度数值模拟软件。该软件基于高频检测（HFD）高精度有限差分格式，由前处理 HFD – M3D、求解器 HFD – S3D和后处理 HFD – V3D 三部分组成。

1. 前处理 HFD – M3D

前处理 HFD – M3D 功能模块结构如图 2.16 所示，其主要功能包括计算域设定、几何部件导入、部件填充介质、边界条件和示踪点设置、网格划分、网格点参数计算、计算模型的可视化以及模型数据文件的导出。计算域管理模块负责计算区域大小、填充介质类型和设定网格大小，其中，网格大小可以直接指定，也可以通过设定网格数量自动计算。介质管理模块主要负责介质材料增加、删除以及介质参数编辑，支持用户自定义介质。边界管理模块主要负责边界库的加载和编辑。部件管理模块主要负责加载几何模型、填充介质和设置边界条件，提供标准的计算机辅助设计（computer aided design，CAD）几何模型加载接口；导入几何模型后，用户可以交互式指定模型的填充介质和边界条件。示踪点管理模块用于记录计算区域内某点处物理量随时间变化数据，用户可通过鼠标单击或直接输入坐标两种形式自定义示踪点的位置。可视化处理模块主要负责整个系统的人机交互操作，包括部件、网格和示踪点的可视化，以及人机交互界面的窗口和视图管理。模型处理模块主要负责模型文件的模型离散化和并行计算区域的划分，并生成求解器可读的模型数据文件。

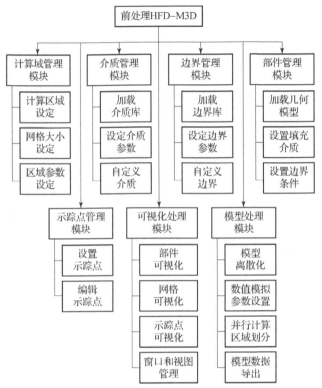

图 2.16　前处理 HFD－M3D 功能模块结构

2. 求解器 HFD－S3D

求解器 HFD－S3D 基于多组分反应流纳维－斯托克斯（Navier－Stokes）控制方程组，通过设置参数实现有/无输运过程（黏性、热传导、组分扩散）、有/无化学反应之间的自由切换。求解器 HFD－S3D 采用混合平均法计算黏度、热传导系数；使用希什科夫斯基（Hirschfelder）公式假设近似多组分扩散系数，能够较准确地刻画组分扩散过程；通过使用阻力系数、努塞尔（Nusselt）数描述颗粒与气体之间的相互作用力和能量交换，实现多相爆炸的数值模拟。

求解器 HFD－S3D 具有多种化学反应速率公式，如阿伦尼乌斯（Arrhenius）公式、三体反应速率公式和压力依赖反应速率公式，可实现包含任意种组分的化学反应模型计算。在本节所涉及的计算中，主要使用到的是输运方程。

3. 后处理 HFD－V3D

后处理 HFD－V3D 主要对求解器 HFD－S3D 的计算结果进行二维切片、三维图像绘制和动画制作等可视化处理。后处理 HFD－V3D 功能模块结构如图 2.17 所示。

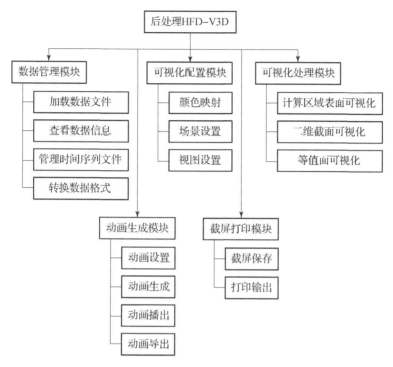

图 2.17　后处理 HFD – V3D 功能模块结构

数据管理模块负责数据文件的加载、数据信息的查看、时间序列文件的管理和数据格式的转换。后处理读取的文件为多变量正交网格结构数据，数据读取完成后，通过可视化配置模块设置颜色映射方案，由可视化处理模块展示三维图像。可视化处理模块提供三种基本的可视化方式：计算区域表面可视化、二维截面可视化和等值面可视化。动画生成模块通过加载时间序列，按照设定的可视化方案，建立各时间步的可视化结果图像，并合成动画序列，动画可以导出为视频文件。截屏打印模块主要负责三维视图窗口可视化结果图像的截屏保存与打印输出。

2.3.2　开爆药理论计算

开爆药的燃放过程可以近似于空中爆炸，选用以高氯酸钾为主要氧化剂的开爆药配方，其反应方程式为

$$27KClO_4 + 4C_8H_5O_4K + 16Si + 8C \longrightarrow 27KCl + 40CO_2 + 10H_2O + 16SiO_2 + 2K_2O$$

根据实验结果进行数值模拟区域设置，计算域大小选用常见礼花弹，开爆范围为 20 m × 20 m，网格大小 2 cm，边界条件均为出流条件。计算域内气体组分为二氧化碳和水，摩尔比例为 4：1，温度压力赋予常温常压（300 K，

1.013 5 × 10⁵ Pa)。点火区域设定为半径 0.6 m 的圆形区域，由于烟花爆竹爆炸为典型的高温高压爆炸，因此赋予点火区域高温高压条件。

基于以上基础设定，经数值模拟软件计算可以得出药剂开爆后温度与压力的变化情况，如图 2.18 ～ 图 2.22 所示。

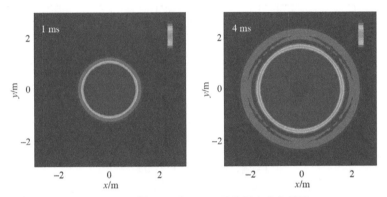

图 2.18　开爆 1 ms 与 4 ms 后的温度变化情况

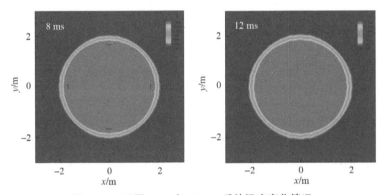

图 2.19　开爆 8 ms 与 12 ms 后的温度变化情况

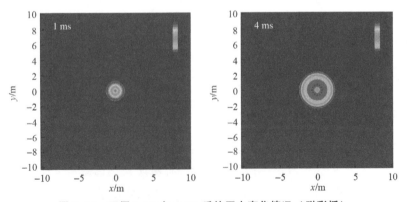

图 2.20　开爆 1 ms 与 4 ms 后的压力变化情况（附彩插）

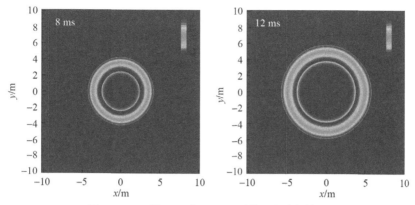

图 2.21　开爆 8 ms 与 12 ms 后的压力变化情况

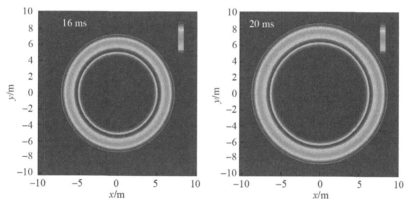

图 2.22　开爆 16 ms 与 20 ms 后的压力变化情况（附彩插）

$t = 1$ ms 时，爆炸刚刚发生，温度尚未发生大范围扩张，但整体温度较高；$t = 4$ ms 时，在高温高压的推动下高温区域迅速扩大，但整体温度有所降低，爆源处温度最高，达到 1 693 K，随着范围的扩大温度不断降低，最外沿温度仅有 839 K，其他区域均因热辐射呈小幅度升温。

$t = 8$ ms 时，高温范围进一步扩张，但扩张速度明显减小。从 1 ms 到 4 ms 扩张距离约为 0.6 m，而从 4 ms 到 8 ms 扩张距离仅为 0.3 m，且整体温度大幅下降，这是因为在缺乏化学反应的支持时温度没有持续升高的动力，且从压力变化图可以看出此时高温区域内已经趋于常压，在此条件下高温区域无法进行扩张。$t = 12$ ms 时温度范围已经没有太大变化，基本没有继续扩张的趋势，最终高温范围稳定在 2 m 左右。

压力变化规律与温度变化规律存在显著区别，爆炸发生后冲击波向外均匀扩张，由于无化学反应，爆源处压力无法维持，整体上压力呈环状发展，压力峰值位于圆环外边缘，且最高压力随时间逐渐衰减。

第 3 章

烟花爆竹的制备方法

|3.1 原材料的制备|

制作烟花爆竹所用的原材料，分为化工原材料、烟花爆竹生产用纸、辅助材料几大部分。

3.1.1 化工原材料

化工原材料是生产烟花爆竹的主要原材料，它们的性能和质量，直接影响烟花爆竹燃放效果的好坏和生产过程中的安全。因此，烟花爆竹生产企业采购化工原材料时，绝不能单纯只考虑价格低廉问题，必须在保证化工原材料质量合格的前提下，再考虑价廉问题。本书第2.2节中已对烟火药的相关组成成分以及其中涵盖的化学反应机理进行了介绍，本节将对常用的化工原材料进行详细说明。

1. 氧化剂

（1）硝酸钾

硝酸钾又称硝石、火硝、盐硝，分子式为 KNO_3。

①性质。

硝酸钾为无色透明结晶体或粉末；相对密度为 2.109（16 ℃），熔点为 334 ℃，在 400 ℃时分解并放出氧气；溶于水、稀乙醇、甘油，不溶于无水乙醇和乙醚；无毒无臭，味咸辣而有清凉感。纯硝酸钾的吸湿性很小，它的吸湿性随着杂质含量的增高而增大；与有机物、碳、硫等接触能引起燃烧或爆炸，燃烧时火焰呈紫色，爆炸后产生有毒和刺激性的过氧化物气体。

②技术要求。

硝酸钾为一级无机氧化剂。按《工业硝酸钾》（GB/T 1918—2021）规定，工业硝酸钾主要质量指标应符合表 3.1 要求。

表 3.1　工业硝酸钾主要质量指标要求

项目			指标			
			I 类	II 类		III 类
				I 型	II 型	
硝酸钾（KNO_3）（以干基计）$w/\%$		≥	99.8	99.6	99.4	98.5
水分 $w/\%$		≤	0.10	0.10	0.15	0.10
水不溶物 $w/\%$		≤	0.01	0.01	0.03	0.02
氯化物（以 Cl^- 计）$w/\%$		≤	0.01	0.02	0.02	0.02
硫酸盐（以 SO_4^{2-} 计）$w/\%$		≤	0.005	0.005	0.01	0.01
碳酸盐（以 CO_3^- 计）$w/\%$		≤	0.01	0.01	0.01	0.45
铵盐（以 NH_4^+ 计）$w/\%$		≤	0.02	0.07	—	—
吸湿率 $w/\%$		≤	—	0.20	0.25	—
松散度（通过 4.75 mm 试验筛）$w/\%$		≥	—	—	—	95
金属离子	铁（Fe）$w/\%$	≤	0.003	0.003	—	—
	钙（Ca）$w/\%$	≤	0.001	—	—	—
	镁（Mg）$w/\%$	≤	0.001	—	—	—
	钡（Ba）$w/\%$	≤	0.001	—	—	—
	锌（Zn）$w/\%$	≤	0.001	—	—	—
	锰（Mn）$w/\%$	≤	0.001	—	—	—
	铜（Cu）$w/\%$	≤	0.001	—	—	—
	镉（Cd）$w/\%$	≤	0.001	—	—	—
	铬（Cr）$w/\%$	≤	0.001	—	—	—
	铅（Pb）$w/\%$	≤	0.001	—	—	—
注：I 类及 II 类 I 型产品不应添加有机类防结块剂。						

③用途。

工业硝酸钾分为三个类别，其主要用途如下：

Ⅰ类产品主要用于熔盐制造；

Ⅱ类产品分两个类型，其中Ⅰ型产品主要用于制造黑火药、导火索、医药中间体及玻璃澄清剂等，烟花爆竹中常用的正是此类产品，Ⅱ型产品主要用于金属热处理、制造瓷釉彩药等；

Ⅲ类产品为添加无机盐类防结块剂产品，主要用于玻璃及陶瓷的助熔剂。

④包装、标志、储存。

工业硝酸钾采用内衬聚乙烯塑料袋，外套塑料编织袋包装；或采用覆膜塑料编织袋包装。内袋热合或扎口，外袋应牢固缝合。每袋净含量 25 kg 或 50 kg。用户对包装规格有特殊要求时，可供需协商，其包装类别见《危险货物品名表》（GB 12268—2012）中表 1，包装件限制质量见《危险货物运输包装通用技术条件》（GB 12463—2009）中附录 A。

工业硝酸钾的运输应符合危险货物运输安全监督管理的相关规定及《危险货物道路运输规则》（JT/T 617）所有部分的要求。运输过程中应有遮盖物，防止暴晒和雨淋，防止猛烈撞击；严禁与硫黄、木屑、金属粉末及有机物、还原性物质等禁忌物同车混运。运输车辆装卸前后均应彻底清扫、洗净，不应有硫黄、木屑、有机物等残留物质。装卸时要轻拿轻放，防止摩擦，严禁撞击。

工业硝酸钾应储存于通风、干燥的库房内，防止雨淋、受潮，避免阳光直射。

（2）高氯酸钾

高氯酸钾又称过氯酸钾，分子式为 $KClO_4$。

①性质。

高氯酸钾为无色晶体或白色结晶粉末，相对密度为 2.524，熔点为 610 ℃，溶于水，难溶于酒精，不溶于乙醚；具有清凉气味，熔融时分解并放出氧气；与有机物或可燃物混合共存时会发生分解，与硫代酸盐混合会产生自爆，与硫黄混合，在 330 ℃时会着火燃烧。高氯酸钾为一级无机氧化剂。

②技术要求。

按《工业高氯酸钾》（HG/T 3247—2017）规定，工业高氯酸钾主要质量指标应符合表 3.2 要求。

③用途。

工业高氯酸钾分为Ⅰ和Ⅱ型，其主要用途如下：

Ⅰ型产品主要用于气象火箭推进、氧化剂、汽车安全气等；

Ⅱ型产品主要用于烟花爆竹、安全火柴、引火煤等。

④包装、标志、储存。

表 3.2　工业高氯酸钾主要质量指标要求

项目		指标		
		I 型	II 型	
			一等品	合格品
高氯酸钾（$KClO_4$）$w/\%$ ≥		99.2	99.0	98.5
水分 $w/\%$ ≤		0.02	0.03	0.05
氯化物（以 KCl 计）$w/\%$ ≤		0.05	0.10	0.15
氯酸盐（以 $KClO_3$ 计）$w/\%$ ≤		0.05	0.15	0.45
次氯酸盐		通过试验	通过试验	通过试验
溴酸盐（以 $KBrO_3$ 计）$w/\%$ ≤		0.02	—	—
钠（以 $NaClO_4$ 计）$w/\%$ ≤		0.20	—	—
钙镁盐［以氧化物（CaO 和 MgO 计）］$w/\%$ ≤		0.20	—	—
水不溶物 $w/\%$ ≤		0.01	—	—
铁（Fe）$w/\%$ ≤		0.002	—	—
pH		7.0±1.5	—	—
粒度 $w/\%$	通过 425 μm 试验筛 ≥	100	—	—
	通过 180 μm 试验筛 ≥	99.9	—	—
	通过 150 μm 试验筛 ≥	99.5	99.0	99.0
	通过 75 μm 试验筛 ≥	90.0	—	—
松散度（通过 4.75 mm 试验筛）$w/\%$ ≥		90		

注：松散度指标为加防结块剂产品控制项。

　　工业高氯酸钾产品包装的包装类别应符合 GB 12268—2012 表 1 的规定，包装件限制质量应符合 GB 12463—2009 附录 A 的规定。当采用铁路运输时，其包装还应符合《铁路危险货物运输安全监督管理规定》。内包装采用聚乙烯塑料袋，包装时将袋内空气排净后，扎紧袋口。工业高氯酸钾产品的包装质量应符合 GB 12463—2009 规定的 II 类包装性能试验。每件净含量为 25 kg 或 50 kg。用户对包装规格有特殊要求时，可供需协商，其包装类别应符合 GB 12268—2012 表 1 的规定，包装件限制质量应符合 GB 12463—2009 附录 A 的规定。

工业高氯酸钾的运输应符合《铁路危险货物运输安全监督管理规定》、《道路危险货物运输管理规定》及《水路危险货物运输规则》的有关规定。运输过程中应有遮盖物，防止暴晒和雨淋，防止猛烈撞击；禁止与还原剂、有机物、易燃物（如硫、磷、碳）或金属粉末等同车混运。运输车辆装卸前后均应彻底清扫、洗净，不应混入有机物、易燃物等杂物。装卸时要轻拿、轻放，防止摩擦，严禁撞击。

工业高氯酸钾为强氧化剂，应储存于通风、干燥的库房内；应防止雨淋、受潮，同时避免阳光直射；应避免与酸类、金属粉末、木屑、纱布、纸张、硫黄及其他有机易燃物、还原物质共运共储。工业高氯酸钾在搬运和码垛时，应轻拿、轻放，防止摩擦、撞击，垛与垛、垛与墙之间应保持 $0.7 \sim 0.8$ m 的间距。

（3）高氯酸铵

高氯酸铵又称过氯酸铵，分子式为 NH_4ClO_4。

①性质。

高氯酸铵为晶体，相对密度为 1.95，易溶于水，微溶于乙醇、丙酮，加热到 150 ℃ 开始分解，350 ℃ 以上会分解放出有毒性的氮氧化物。高氯酸铵为强氧化剂，与可燃物或还原性物质相混能引起燃烧和爆炸。

②技术要求。

按《工业高氯酸铵》（HG/T 3813—2020）规定，工业高氯酸铵主要质量指标应符合表 3.3 要求。

表 3.3　工业高氯酸铵主要质量指标要求

项目		指标		
		I 型		II 型
		优等品	一等品	
高氯酸铵（NH_4ClO_4）（以干基计）$w/\%$	≥	99.5	99.0	99.0
水分 $w/\%$	≤	0.05	0.10	4.5
水不溶物 $w/\%$	≤	0.05	0.20	0.20
氯化物（以 NaCl 计）$w/\%$	≤	0.15	0.20	0.50
氯酸盐（以 $NaClO_3$ 计）$w/\%$	≤	0.02	0.04	0.08
硫酸盐灰分 $w/\%$	≤	0.25	0.40	—
铁（Fe）$w/\%$	≤	0.001	—	—

续表

项目	指标		
	Ⅰ型		Ⅱ型
	优等品	一等品	
热稳定性 ［（177±2）℃］/h　　　　　　　　　　>	3		—
pH（饱和溶液）	4.3 ~ 5.8		—

注：1. 产品的粒度根据用户要求确定，并按 HG/T 3813—2020 规定的试验方法测定。

2. 粒度小于 450 μm 的球形颗粒产品，其水分的测定应采用卡尔·费休滴定法。

③用途。

工业高氯酸铵分为 2 个类型，其主要用途如下：

Ⅰ型产品为干品，主要用于烟花爆竹、人工防冰雹火箭、氧化剂药剂等；

Ⅱ型产品为湿品，主要用作高端高氯酸铵产品及其他高能燃料的原料。

④包装、标志、储存。

工业高氯酸铵产品包装的包装类别应符合 GB 12268—2012 中表 1 的规定，包装件限制质量应符合 GB 12463—2009 中附录 A 的规定。当采用铁路运输时，其包装还应符合铁路危险货物运输管理的相关规定。内包装采用聚乙烯塑料袋，包装时将袋内空气排净后扎紧袋口。工业高氯酸铵产品的包装质量应符合 GB 12463—2009 规定的 Ⅱ 类包装性能试验。每件净含量为 25 kg 或 50 kg，也可供需双方协商包装规格。

工业高氯酸铵的运输应符合铁路、公路、水路危险货物运输安全监督管理的相关规定及 JT/T 617 的要求。运输过程中应有遮盖物，防止曝晒和雨淋，防止猛烈撞击；严禁与酸类、易燃物、有机物、还原剂、自燃物品、遇湿易燃物品同车混运。运输车辆装卸前后均应彻底清扫、洗净，不应混入有机物、易燃物等。装卸时要轻拿轻放，防止摩擦，严禁撞击。

工业高氯酸铵应储存于通风、干燥的库房内，防止雨淋、受潮，避免阳光直射，同时还应符合危险化学品储存通用规定。

（4）硝酸钡

硝酸钡分子式为 $Ba(NO_3)_2$。

①性质。

硝酸钡为无色或白色立方晶体或粉末，有毒，相对密度为 3.24（23 ℃），熔点为 592 ℃，微具吸湿性，溶于水，不溶于乙醇，但溶于稀乙醇。硝酸钡加热至 600 ℃ 时，开始分解放出氧，而变为亚硝酸钡，然后再分解为氧化钡、氧和氮气。在常温下，其化学性质较稳定，对机械敏感度也不高。硝酸钡遇有机物能发生燃烧和爆炸，与氯酸钾混合容易生成敏感性较强的氯酸钡，配制烟火药时有可能会自燃自爆，燃烧时发出绿色火焰。硝酸钡是一级无机氧化剂。

②技术要求。

按《工业硝酸钡》（GB/T 1613—2008）规定，工业硝酸钡主要质量指标应符合表 3.4 要求。

表 3.4　工业硝酸钡主要质量指标要求

项目		指标	
		I 类	II 类
硝酸钡 [Ba（NO$_3$）$_2$]（以干基计）ω/%	≥	99.3	99.0
水分 w/%	≤	0.03	0.05
水不溶物 w/%	≤	0.05	0.10
铁（Fe）w/%	≤	0.001	0.003
氯化物（以 BaCl$_2$ 计），w/%	≤	0.05	—
pH 值（10 g/L 水溶液）		5.5 ~ 8.0	—

③用途。

工业硝酸钡分为两类：I 类为光学玻璃制造用；II 类为焰火、军工弹药及生产其他钡盐用。

④包装、标志、储存。

工业硝酸钡采用铁桶包装；内包装采用聚乙烯塑料薄膜袋，内袋用维尼龙绳或其他质量相当的绳人工扎口，或用与其相当的其他方式封口；外包装采用封口严密的铁桶包装，铁桶外观洁净、无明显凹瘪或腐蚀，膜光滑均匀、不起皱、无脱落。每桶净含量为 25 kg 或 50 kg。

工业硝酸钡运输过程中应有遮盖物，包装桶不得倒置、碰撞，保持包装的密封性，防止受潮、雨淋，避免阳光直接照射；禁止与酸类、易燃物、有机物、还原剂、自燃物品、遇湿易燃物品等混运。

工业硝酸钡应储存于通风、干燥、有屋顶的仓库内，避免阳光直接照射，远离火种、热源；禁止与还原剂、酸类、碱类、食用化学品、有机化学品混储。储区应备有合适的材料收容泄漏物。

（5）硝酸锶

硝酸锶分子式为 Sr（NO$_3$）$_2$。

①性质。

硝酸锶为白色晶体或粉末，在空气中不潮解，相对密度为 2.986，熔点为 570 ℃，易溶于水，微溶于乙醇、丙醇；连续加热分解，依次放出氧、一氧化氮和二氧化氮，生成亚硝酸锶、氧化锶。硝酸锶为氧化剂，与有机物接触、碰撞或遇火能燃烧和爆炸，产生深红色火焰。

②技术要求。

按《工业硝酸锶》（HG/T 4522—2013）规定，工业硝酸锶主要质量指标应符合表 3.5 要求。

表 3.5　工业硝酸锶主要质量指标要求

项目		指标		
		优等品	一等品	合格品
锶钡钙合量［以 $Sr(NO_3)_2$ 计］ $\omega/\%$	≥	99.0	98.5	98.0
钡（Ba） $w/\%$	≤	0.5	1.0	1.5
钙（Ca） $w/\%$	≤	0.1	0.5	1.5
铁（Fe） $w/\%$	≤	0.001	0.002	0.005
重金属（以 Pb 计） $w/\%$	≤	0.001	0.001	0.005
水不溶物 $w/\%$	≤	0.03	0.05	0.10
水分 $w/\%$	≤	0.5		

③用途。

硝酸锶用于制造红色烟火和各种信号弹、火柴、火焰筒，在烟花爆竹中作氧化剂和红光着色剂。

④包装、标志、储存。

硝酸锶采用双层包装；内包装采用聚乙烯塑料薄膜袋；外包装采用塑料编织袋。包装内袋用维尼龙绳或其他质量相当的绳扎口，或用与其相当的其他方式封口；外袋采用缝包机缝合，缝合牢固，无漏缝或跳线现象。每袋净含量为 25 kg 或 50 kg，也可根据用户要求进行包装。

工业硝酸锶运输过程中应有遮盖物，防止雨淋、受潮和暴晒，避免与还原性物质混装混运。

工业硝酸锶应储存于通风、干燥的仓库内。

（6）重铬酸钾

重铬酸钾又称红矾钾，分子式为 $K_2Cr_2O_7$。

①性质。

重铬酸钾是橙红色三斜或单斜晶系晶体，属二级无机氧化剂，有毒性和腐蚀性；相对密度为 2.69，熔点为 398 ℃，升温至 500 ℃分解成铬酸钾、三氧化二铬和氧，易溶于水，不溶于乙醇，水溶液呈酸性；遇酸或在加热下放出氧气，能发热燃烧，当有水分时与硫化钠混合能猛烈自燃；与有机物接触经摩擦、撞击能引起燃烧。

②技术要求。

按《工业重铬酸钾》（GB 28567—2012）规定，工业重铬酸钾主要质量指标应符合表 3.6 要求。

表 3.6　工业重铬酸钾主要质量指标要求

项目	指标		
	优等品	一等品	合格品
重铬酸钾（以 $K_2Cr_2O_7$ 计）$w/\%$ ≥	99.8	99.5	99.0
硫酸盐（以 SO_4 计）$w/\%$ ≤	0.02	0.05	0.05
氯化物（以 Cl 计）$w/\%$ ≤	0.03	0.05	0.07
钠（Na）$w/\%$ ≤	0.4	1.0	1.5
水分 $w/\%$ ≤	0.03	0.05	0.05
水不溶物 $w/\%$ ≤	0.01	0.02	0.05

③用途。

重铬酸钾在烟花生产中作为氧化剂使用。

④包装、运输、储存。

工业重铬酸钾采用双层包装。外包装采用符合铁路运输相关规定的密封、全开口钢桶。或使用其他符合 GB 12463—2009 中规定的工级包装形式。内包装采用塑料袋，包装时将空气排净后，袋口双层扎口或封口严密不漏。外包装桶应完全密封，插销卡牢扣紧。其他形式包装也应保证内外包装封口严密不漏。每桶净含量为 25 kg、50 kg 或 100 kg，也可与客户协商确定包装净含量。

工业重铬酸钾在运输中应有遮盖物，防止日晒、雨淋，包装不应破损，不应倒置；不应与易燃物、有机物、还原剂、自燃物品、遇湿易燃物品等共运。运输车辆应配备相应品种和数量的消防器材。

工业重铬酸钾应储存在通风、干燥的库房内，防止日晒、受潮，防撞击，远离易（可）燃物；不应与有机物、还原剂、活性金属粉末、食用化学品同仓共储。

（7）高锰酸钾

高锰酸钾又称过锰酸钾、灰锰氧、PP粉，分子式为 $KMnO_4$。

①性质。

高锰酸钾是一级无机氧化剂；外观为深紫色，有金属光泽的粒状或针状结晶；相对密度为 2.703，加热至 240 ℃ 开始分解放出氧气；味甜而涩，溶于水，溶解后为紫色溶液，稍溶于甲醇、冰醋酸、丙酮、硫酸；遇乙醇、过氧化氢则分解；与易燃物质一并加热或受撞击、摩擦，可引起发火爆炸。高锰酸钾不论在中性、酸性还是碱性溶液中，遇到还原剂或有机物、都会放出活性氧。

②技术要求。

按《工业高锰酸钾》（GB/T 1608—2017）规定，工业高锰酸钾主要质量指标应符合表 3.7 要求。

③用途。

工业高锰酸钾分为两个类型。

表 3.7　工业高锰酸钾主要质量指标要求

项目			指标		
			I 型		II 型
			优等品	合格品	
高锰酸钾（$KMnO_4$）$w/\%$		≥	99.4	99.2	97.5
氯化物（以 Cl 计）$w/\%$		≤	0.01	0.02	—
硫酸盐（以 SO_4 计）$w/\%$		≤	0.05	0.10	—
水不溶物 $w/\%$		≤	0.12	0.15	1.70
镉（Cd）$w/\%$		≤	—	—	0.005
铬（Cr）$w/\%$		≤	—	—	0.005
汞（Hg）$w/\%$		≤	—	—	0.001
流动性			—	—	通过试验
水分 $w/\%$		≤	0.5	0.5	0.5
粒度	425 μm 筛余物 $w/\%$	≤	—	—	20
	75 μm 筛下物 $w/\%$	≤	—	—	7

Ⅰ型产品为粒状或针状，适用于一般行业（通用型），烟花爆竹产品中常用此类产品作为氧化剂使用；

Ⅱ型产品为流沙状，适用于生活用水处理及一般行业。

④包装、运输、储存。

工业高锰酸钾产品包装的包装类别应符合 GB 12268—2012 中表 1 的规定，包装件限制质量应符合 GB 12463—2009 中附录 A 的要求。当采用铁路运输时，其包装还应符合《铁路危险货物运输安全监督管理规定》的要求。内包装采用聚乙烯塑料袋，包装时将袋内空气排净后，扎紧袋口。工业高锰酸钾产品的包装质量应符合 GB 12463—2009 规定的Ⅱ类包装性能试验。每件净含量为 25 kg 或 50 kg。

工业高锰酸钾运输应符合《铁路危险货物运输安全监督管理规定》《水路危险货物运输规则》以及 JT/T 617 的规定。运输过程中应有遮盖物，防止暴晒和雨淋，防止猛烈撞击，防止包装破损；严禁与酸类、易燃物、有机物、还原剂、自燃物品、遇湿易燃物品等同车混运。运输车辆装卸前后，均应彻底清扫、洗净，不应混入有机物、易燃物等杂质。装卸时应轻拿轻放，防止摩擦，严禁撞击，不应倒置。

工业高锰酸钾为强氧化剂，应储存于阴凉、通风的库房，远离火种、热源；不应与酸类、易燃物、有机物、还原剂、自燃物品、遇湿易燃物品等同仓共储。

（8）氧化铜

氧化铜分子式为 CuO。

①性质。

氧化铜为黑色单斜晶体或粉末；相对密度 6.3～6.4，熔点 1 326 ℃；不溶于水和乙醇，溶于酸、氨水、氰化钾、氯化铵、碳酸铵溶液；加热时可被氢或氨气还原为铜；由硝酸铜或碳酸铜灼烧而得。

②技术要求。

按《工业活性氧化铜》（HG/T 5354—2018）规定，工业活性氧化铜主要质量指标应符合表 3.8 要求。

表 3.8　工业活性氧化铜主要质量指标要求

项目		指标
氧化铜（CuO）w/%	≥	99.0
盐酸不溶物 w/%	≤	0.003
氯化物（Cl）w/%	≤	0.001 5

续表

项目		指标
干燥减量 $w/\%$	≤	0.4
铅（Pb） $w/\%$	≤	0.000 5
钠（Na） $w/\%$	≤	0.003 0
镁（Mg） $w/\%$	≤	0.001 0
锰（Mn） $w/\%$	≤	0.000 5
铁（Fe） $w/\%$	≤	0.001 0
镍（Ni） $w/\%$	≤	0.001 0
锌（Zn） $w/\%$	≤	0.001 0
钙（Ca） $w/\%$	≤	0.001 0
溶解速度 $/s$	≤	30

③用途。

氧化铜在烟花爆竹生产过程中用作蓝色发光剂、催化剂或氧化剂等使用。

④包装、运输、储存。

工业活性氧化铜产品包装采用纸塑复合包装，包装时将袋内空气排净后，扎带封好内包装，外包装用缝包机缝好；每件净含量为 25 kg，或根据用户要求确定。

工业活性氧化铜运输过程中应有遮盖物，防止受潮和雨淋。

工业活性氧化铜应储存于阴凉、干燥的库房。防止受潮和雨淋。

（9）碱式碳酸铜

碱式碳酸铜又称铜锈、铜绿，分子式为 $Cu_2(OH)_2CO_3$。

①性质。

碱式碳酸铜为铜绿色单斜晶体，是铜表面上所生成的绿锈的主要成分，有毒；密度为 $3.85\ kg/cm^3$，在 200 ℃分解成黑色的氧化铜、水和二氧化碳；不溶于冷水、乙醇，微溶于碳酸溶液，溶于稀酸、氨水、氰化钾溶液；遇热水分解；以孔雀石形式存在于自然界。

②技术要求。

按《工业碱式碳酸铜》（HG/T 4825—2015）规定，工业碱式碳酸铜主要质量指标应符合表 3.9 要求。

表 3.9 工业碱式碳酸铜主要质量指标要求

项目		指标	
		I 类	II 类
铜（Cu）$w/\%$	≥	55.0	54.0
钠（Na）$w/\%$	≤	0.05	0.25
铁（Fe）$w/\%$	≤	0.002	0.03
铅（Pb）$w/\%$	≤	0.002	0.003
锌（Zn）$w/\%$	≤	0.002	—
钙（Ca）$w/\%$	≤	0.002	0.03
铬（Cr）$w/\%$	≤	0.001	0.003
镉（Cd）$w/\%$	≤	—	0.000 6
砷（As）$w/\%$	≤	—	0.005
盐酸不溶物 $w/\%$	≤	0.01	0.1
氯化物（以 Cl 计）$w/\%$	≤	0.05	
硫酸盐（以 SO_4 计）$w/\%$	≤	0.05	

③用途。

工业碱式碳酸铜按用途不同分为两类：I 类为催化剂用碱式碳酸铜，II 类为普通工业用碱式碳酸铜。

④包装、标志、储存。

工业碱式碳酸铜产品采用双层包装，内包装采用聚乙烯薄膜袋，外包装采用塑料编织袋。每袋净含量为 20 kg 或 1 000 kg，也可根据用户要求的规格进行包装。

工业碱式碳酸铜产品运输过程中应有遮盖物，防止暴晒、雨淋，防高温；严禁与氧化剂、酸类物质等混运。

工业碱式碳酸铜产品应储存在通风、阴凉、干燥的仓库内，严禁与氧化剂、酸类物质等混储。

（10）草酸钠

草酸钠又称乙二酸钠，分子式为 $Na_2C_2O_4$。

①性质。

草酸钠为白色结晶粉末，密度 2.34 g/cm³，熔点 250～257 ℃（分解成碳酸钠与一氧化碳），加热至 400 ℃以上时分解为碳酸钠，溶于水，不溶于乙醇和乙醚，有还原作用。

②技术要求。

草酸钠外观为白色晶体状粉末，主要质量指标应符合《化学试剂　草酸钠》（GB/T 1289—2022）的相关要求，草酸钠质量指标要求见表 3.10。

表 3.10　草酸钠质量指标要求

项目	优级纯	分析纯
草酸钠（$Na_2C_2O_4$）质量分数	≥99.9%	≥99.8%
pH 值（30 g/L，25 ℃）	7.5 ~ 8.5	7.5 ~ 8.5
澄清度	不大于 HG/T 3484—1999 表 2 中的 2 号	不大于 HG/T 3484—1999 表 2 中的 4 号
水不溶物质量分数	≤0.005%	≤0.01%
干燥失量质量分数	≤0.01%	≤0.02%
氯化物（以 Cl 计）质量分数	≤0.001%	≤0.002%
硫化合物（以 SO_4 计）质量分数	≤0.002%	≤0.004%
总氮量（N）质量分数	≤0.001%	≤0.002%
镁（Mg）质量分数	≤0.001%	—
钾（K）质量分数	≤0.005%	≤0.01%
钙（Ca）质量分数	≤0.005%	—
铁（Fe）质量分数	≤0.0002%	≤0.0005%
重金属（以 Pb 计）质量分数	≤0.001%	≤0.002%
易炭化物质	溶液所呈颜色不深于 GB/T 9737—2008 中 5.1 规定的 R/8 或 B/8	

注："—"表示无。

③用途。

草酸钠在烟花制品中用作生色剂和阻燃剂，用于制造黄光、金闪等。

④包装、标志。

草酸钠应按《化学试剂 包装及标志》（GB 15346—2012）的规定进行包装、储存与运输，并给出标志，其包装单位为第 4 类；

内包装形式为 NB - 4、NBY - 4、NB - 5、NBY - 5、NB - 7、NB - 8、NB - 10、NB - 11、NB - 13、NB - 15；隔离材料为 GC - 2、GC - 3、GC - 4；外包装形式为 WB - 1、WB - 2、WB - 3。

2. 可燃剂

（1）铝粉

铝粉又称银粉、铝银粉，分子式为 Al。

①性质。

铝粉质地轻，浮力高，遮盖力强，反射光和热性能好；相对密度为 2.7，熔点为 660 ℃，沸点为 2 060 ℃；一般粒度越细，颜色越深，活性铝越少。铝粉易溶于稀酸，遇水和受潮会与水发生化学反应，放出氢气，同时产生大量热，如不能及时散热会产生自燃自爆。铝粉易燃，属二级易燃物品，在空气中的发火点约为 800 ℃，其粉尘与空气混合，形成爆炸混合物，遇火源就会爆炸，且铝粉粒径越小爆炸威力越大。

②技术要求。

烟花爆竹中常用铝粉为球磨铝粉，根据《铝粉 第 2 部分：球磨铝粉》（GB/T 2085.2—2019）的相关规定，铝粉可分为多个牌号，其中 FLQ80C 和 FLQ63B 是烟花爆竹中常用铝粉，其技术指标见表 3.11。

表 3.11　烟花爆竹中常用铝粉技术指标

牌号	粒度分布		松装密度/$(g \cdot cm^{-3})$ ≤
	筛网孔径/μm ≥	质量分数/% ≤	
FLQ80C	80	1.0	0.22
FLQ63B	63	1.0	0.22

③用途。

铝粉在烟花爆竹中用作发光剂和还原剂，并用于制造曳光弹。

④包装、储存和运输。

铝粉产品包装要求应符合 GB 12463—2009 的规定。铝粉采用密封性能好的塑料袋作为内包装。塑料袋用聚乙烯制造，膜的厚度不得小于 0.1 mm。塑料袋接缝和封口处应热合牢固，无硬伤、孔洞、污垢，其物理、力学性能符合《包装用聚乙烯吹塑薄膜》（GB/T 4456—2008）的规定。铝粉外包装用塑料编织袋应为防水、防撒漏型，内粘塑料薄膜；外包装用金属容器应做好防锈处理，其内、外表面应干燥、光滑、无毛刺、无破损。铝粉外包装用纸箱应具有一定的弯曲性能，折缝时应无裂缝，装配时应无破裂或表皮断裂，板层间应黏合牢固；封口用胶带粘贴。

铝粉包装后在装卸、运输作业时，应做到轻装轻卸，不得摔、碰、撞、击、拖拉、倾倒、滚动，不得与火种接近。铝粉应用棚车或集装箱运输，车辆应做好防水、防静电措施。

铝粉应储存在通风、干燥的库房内，不得与氧化剂、酸类、碱类混合储存，并应避免阳光直晒。

（2）镁粉

镁粉的分子式为 Mg。

①性质。

镁粉为银白色粉末，化学稳定性差，易被空气中的氧所氧化，失去金属光泽而成为灰色。镁粉相对密度为 1.74，熔点为 651 ℃，沸点为 1 107 ℃，着火点为 360 ~ 370 ℃，燃烧时产生极强的白光；遇水和受潮发生化学反应，同时产生大量热和氢气，会产生自燃或自爆。镁粉易溶于酸类，遇氯、溴碘、氧化剂及酸能发生危险。镁粉粉尘与空气混合（每升空气中含镁粉 10 ~ 25 mg）后，遇到火源会爆炸，属于二级易燃物品。

②技术要求。

镁粉外观为银白色粉末，根据《镁粉 第 1 部分 铣削镁粉》（GB/T 5149.1—2004）的相关规定，铣销法生产的镁粉技术指标应符合表 3.12。

表 3.12　铣削法生产的镁粉技术指标

牌号	粒度		松装密度 不小于/ (g·cm⁻³)	化学成分/%				
	筛网孔径/ μm	质量分数 不大于/%		活性镁含量 不小于	杂质，不大于			
					Fe	Cl	H₂O	盐酸不溶物
FM1	+500	0.3	0.35	98.5	0.2	0.005	0.1	0.2
	+450	2						
	−250	8						
FM2	+450	0.3	0.35					
	+315	8						
	−180	12						
FM3	+450	0.3	0.38					
	+250	8						
	−140	12						

牌号	粒度		松装密度 不小于/ (g·cm⁻³)	化学成分/%					
	筛网孔径/ μm	质量分数 不大于/%		活性镁含量 不小于	杂质，不大于				
					Fe	Cl	H₂O	盐酸不溶物	
FM4	+250	0.3	0.4						
	+180	6							
	-100	12		98.5	0.2	0.005	0.1	0.2	
FM5	+160	0.3	0.45						
	+100	10							
FM6	+1 600	0.5	1						
	+850	25		98.5					
	-400	10							
	-200	2							
FM7	+1 000	0.5	-0.95						
	+850	30		98.5					
	-400	5							
	-200	2							
FM8	+800	1.5	0.85		0.2	0.005	0.2	0.2	
	+500	40		98.5					
	-200	1.5							
FM9	+450	0.3	0.7						
	+250	8		98					
	-140	12							
FM10	+200	0.3	0.6						
	+154	7		96.5 -					
	-60	15							
FM11	+76	5	0.5						
	+60	15		95.5					

注：1. 筛网孔径数字为网孔每边基本尺寸，即筛网名义筛分粒度。"+"表示筛上物，"-"表示筛下物。

2. 本表所列的镁粉均可用于制作烟火剂。

3. 用户有特殊要求时，由供需双方协商确定，并在合同中注明。

③用途。

镁粉主要用于冶炼工业、铸造工业，以及用作照相用的闪光粉，在烟火工业中用于制造照明弹，在烟花爆竹中用作发光剂和还原剂。

④包装、储存和运输。

镁粉使用内衬塑料袋的铝桶、铁桶或编织袋包装。镁粉装好后扎住袋口并密封。桶装毛重与袋装毛重由供需双方协商，并在合同中注明。

铝桶或铁桶应坚固并密封。黑铁皮制的包装桶内表面要涂铝粉，外表面要涂漆。编织袋应结实耐用并能防止静电。

镁粉须用棚车或集装箱运输，并对运输车辆做好防静电保护，不允许有火种接近。镁粉应储存在通风、干燥的库房内。

（3）铝镁合金粉

①性质。

铝镁合金粉是一种具有金属光泽的银灰色粉末，相对密度为 2.15，熔点为 463 ℃ ,对碱溶液较稳定，溶于酸类；遇水或受潮后生成氧化物并放出氢，同时产生大量的热，如不能及时散热，会自燃或自爆。铝镁合金粉粉尘与空气混合会形成爆炸性物质，是一级遇水燃烧物品。

②技术要求。

根据《烟花爆竹用铝镁合金粉》（GB/T 20209—2006）相关规定，铝镁合金粉应无异夹杂物，允许有少量易碎粉块。铝镁合金粉粒度技术指标应符合表 3.13 要求。

表 3.13　铝镁合金粉粒度技术指标

型号	孔径/mm	筛上物/% ≤
40	0.450	3.0
60	0.280	3.0
80	0.180	5.0
100	0.154	5.0
120	0.125	5.0
160	0.097	5.0
180	0.088	5.0
200	0.074	5.0
240	0.063	8.0

③用途。

铝镁合金粉用作烟花爆竹的发光剂和还原剂。

④包装、储存和运输。

铝镁合金粉应使用铝桶、铁桶或其他容器包装，内用塑料袋（铝镁合金粉装好后扎住袋口）密封，全部质量不得超过 60 kg。铝桶、铁桶或其他坚固包装容器内层应光滑，黑铁皮桶的包装桶外表面要涂漆，内表面要涂铝粉。

铝镁合金粉使用篷车或集装箱运输，不得与氧化剂混装运输。

铝镁合金粉应储存在干燥的库房内，不得与氧化剂同库房储存。铝镁合金粉有效保质期为 3 年，超期应经检验合格方可使用。

（4）硫黄

硫黄的分子式为 S。

①性质。

粉状硫黄为淡黄色粉末，块状硫黄为淡黄色晶体。硫黄有三种晶形，即斜方晶硫、单斜晶硫和非晶形硫，其中斜方晶硫最稳定，市售的硫黄一般都是斜方晶形。α 型硫黄、β 型硫黄、γ 型硫黄的相对密度分别为 2.07、1.96、1.92，熔点分别为 112.8 ℃、119 ℃、120 ℃，沸点均为 444.6 ℃。硫黄易溶于二硫化碳，不溶于水，略溶于乙醇和酰类。硫黄的导电性和导热性都很差，易燃烧生成二氧化硫，燃烧温度一般为 248~261 ℃，粉状硫黄燃烧温度只有 190 ℃左右，燃烧时呈蓝色火焰。硫黄粉末在空气中或与氧化剂混合易发生燃烧，甚至爆炸。

②技术要求。

根据国家标准《工业硫黄 第 1 部分：固体产品》（GB/T 2449.1—2021）的规定，硫黄外观为块状、粉状、粒状或片状；呈黄色或淡黄色，硫黄质量指标应符合表 3.14 要求。

表 3.14 硫黄质量指标

序号	项目	指标			试验方法章条号
		A 级	B 级	C 级	
1	硫（S）的质量分数（以干基计）/%	≥99.95	≥99.50	≥99.00	6.2
2	水分的质量分数/%	≤2.0			6.3
3	灰分的质量分数（以干基计）/%	≤0.03	≤0.10	≤0.20	6.4
4	酸度的质量分数（以 H_2SO_4 计）（以干基计）/%	≤0.003	≤0.005	≤0.02	6.5

续表

序号	项目	指标			试验方法 章条号
		A 级	B 级	C 级	
5	有机物的质量分数（以 C 计）（以干基计）/%	≤0.03	≤0.30	≤0.80	6.6
6	砷（As）的质量分数（以干基计）/%	≤0.000 1	≤0.01	≤0.05	6.7
7	铁（Fe）的质量分数（以干基计）/%	≤0.003	≤0.005	—	6.8
8	筛余物的质量分数/%	粒径大 150 μm	≤0		≤3.0	6.9
		粒径为 75～150 μm	≤0.5	≤1.0	≤4.0	

注：筛余物指标仅用于粉状硫黄。

③用途。

硫黄主要用于制造硫酸、液体二氧化硫、亚硫酸钠、二硫化碳、氯化亚砜等。在烟火工业中用于配制火柴药头、炸药，是烟花爆竹生产的重要还原剂。

④包装、运输和储存。

固体工业硫黄可用塑料编织袋或者内衬塑料薄膜袋进行包装，也可散装，其中包装块状硫黄可不用内衬塑料薄膜袋。散装产品应遮盖，但粉状硫黄不可散装。

固体工业硫黄的运输按《化学试剂 包装及标志》（GB 15346—2012）的规定执行。

块状、粒状硫黄可储存于露天或仓库内；粉状、片状硫黄储存于有顶盖的场所或仓库内。袋装产品不许放置在上下水管道和取暖设备的近旁。

（5）硫化锑

硫化锑又称三硫化二锑，分子式为 Sb_2S_3。

①性质。

硫化锑外观为黑色至黑灰色，相对密度为 4.12，熔点为 550 ℃，不溶于水和醋酸，溶于浓盐酸、醇、硫氢化铵、硫化钾溶液。

②技术要求。

按《烟花爆竹用硫化锑》（GB/T 26197—2010）规定，硫化锑质量指标应满足表 3.15 中的要求。

表 3.15　硫化锑质量指标

等级	锑含量/%	化合硫含量/%	水分/%	粒度（0.125 mm孔径）筛上物/%
一等品	≥25	≥20	≤0.8	≤2
二等品	≥18	≥15	≤0.8	≤2
合格品	≥12	≥10	≤0.8	≤2

③用途。

硫化锑在烟火药中用作还原剂、助燃剂，同时添加在烟花爆竹中可以用作火焰着色物。

④包装、运输、储存。

硫化锑应采用防潮密封包装，包装应牢固、坚实，每件净重不得超过50 kg；运输中注意防水、防潮，不可与氧化剂混运；应储存在干燥的库房中，保质期为两年，超期应经检验合格方可使用。

3. 黏结剂

（1）氟硅酸钠

氟硅酸钠的相对分子质量为188.06，分子式为 Na_2SiF_6。

①性质。

氟硅酸钠为白色结晶粉末，无臭无味，有腐蚀性，相对密度为2.679；微溶于水，不溶于乙醇，冷的水溶液呈中性。氟硅酸钠300 ℃以上分解成氟化钠和四氟化硅，在碱性溶液中分解成氟化物和二氧化硅。

②技术要求。

按《工业氟硅酸钠》（GB/T 23936—2018）规定，氟硅酸钠质量指标应符合表 3.16 要求。

表 3.16　氟硅酸钠质量指标

项目	指标		
	Ⅰ型		Ⅱ型
	优等品	一等品	
氟硅酸钠（Na_2SiF_6） w/%　≥	99.0	98.5	98.5（以干基计）
游离酸（以 HCl 计） w/%　≤	0.10	0.15	0.15

项目		指标		
		I 型		II 型
		优等品	一等品	
干燥减量 w/%	≤	0.30	0.40	8.0
氯化物（以 Cl 计）w/%	≤	0.15	0.20	0.20
水不溶物 w/%	≤	0.40	0.50	0.50
硫酸盐（以 SO_4 计）w/%	≤	0.25	0.50	0.45
铁（Fe）w/%	≤	0.02	—	—
五氧化二磷（P_2O_5）w/%	≤	0.01	0.02	0.02
重金属（以 Pb 计）w/%	≤	0.01	—	—

③用途。

氟硅酸钠用作玻璃和搪瓷乳白剂、助熔剂、农业杀虫剂、耐酸水泥的吸湿剂、凝固剂和某些塑料的填料。在烟花爆竹中作黄光着色剂使用。

④包装、运输、储存。

工业氟硅酸钠 I 型采用双层包装，内包装采用聚乙烯塑料薄膜袋，外包装采用塑料编织袋；II 型采用三层包装，内包装采用两层分别扎口的聚乙烯塑料薄膜袋，外包装采用塑料编织袋。包装内袋用维尼龙绳或其他质量相当的绳扎口，或用与其相当的其他方式封口；外袋采用缝包机缝合，缝合牢固，无漏缝或跳线现象。每袋净含量为 25 kg 或 50 kg，也可根据用户要求的规格进行包装。

工业氟硅酸钠在运输过程中应按照危险货物运输要求运输，应轻装、轻卸，防止包装损坏，防止雨淋、受热、受潮，禁止与氧化剂、酸类、食品添加剂、饲料等物品混装混运。

工业氟硅酸钠应按照毒性物质要求储存，在储存过程中应防止雨淋、受热、受潮和散失，禁止与氧化剂、酸类、食品添加剂、饲料等物品混储。

（2）聚氯乙烯

聚氯乙烯（PVC）的聚合物化学结构式为 $+\!(CH_2\!-\!CHCl)\!+_n$。

①性质。

聚氯乙烯为无臭、无毒白色粉末，相对分子质量为 5 000～100 000，相对密度为 1.35~1.46，不溶于水、酒精、汽油，在乙酰、酮、氯化脂肪烃和芳香烃中能溶胀和溶解。常温下可耐任何浓度的盐酸、90% 以下的硫酸、50%~60% 的硝酸及 20% 以下的烧碱溶液，对盐类相当稳定。聚氯乙烯没有明显的熔点，在 80~85 ℃ 开始软化，130 ℃ 左右为皮革状，180 ℃ 开始流动，在软化点和流动温度之间长时间加热可分解脱出氯化氢，使聚氯乙烯逐渐变为黄色、红色、黑色；长期受日光照射能老化并使颜色变深；燃烧时能放出氯化氢，介电性能良好。

②技术要求。

聚氯乙烯质量指标要求见表 3.17。

表 3.17　聚氯乙烯质量指标

指标名称	指标					
	Ⅰ 号		Ⅱ 号		Ⅲ 号	
	一级品	二级品	一级品	二级品	一级品	二级品
糊黏度	≤3 000		>3 000~7 000		>7 000~10 000	
过筛率（160 目，孔径 0.088 mm）/%	≥99.0	≥97.0	≥99.0	≥97.0	≥99.0	≥97.0
水分/%	≥0.40	≥0.50	≥0.40	≥0.50	≥0.40	≥0.50

③用途。

聚氯乙烯可制成各种工业型材、管材、机械零件、绝缘板、印刷板及防腐材料，同时也可制成各种电器外壳及家具、玩具以及电线、电缆的绝缘层。在烟火剂中主要作为增色剂和可燃物使用。

④包装、标志、储运。

聚氯乙烯用四层牛皮纸袋内衬塑料薄膜包装，外层用聚丙烯编织袋包装。疏松型聚氯乙烯每袋净重 20 kg，紧密型聚氯乙烯每袋净重 25 kg。聚氯乙烯应储存于阴凉、干燥、通风的库房内，不可露天存放，在潮湿和炎热季节要经常倒垛，便于散潮通风，运输时须使用清洁且有篷盖的运输工具，防止日晒雨淋。

（3）酚醛树脂

酚醛树脂（PF）的分子式为 $C_{48}H_{42}O_7$。

①性质。

酚醛树脂为黄色透明无定形块状物质，相对密度为 1.3~1.4，软化温度为 70~85 ℃，能耐弱酸或弱碱，不耐强酸，不溶于水，但能溶于乙醇、丙酮等有机溶剂。

②技术要求。

酚醛树脂质量指标要求见表 3.18。

表 3.18 酚醛树脂质量指标

指标名称	指标
软化点（环球法）/℃	105 ~ 120
游离酚/%	4
水分/%	2.5
凝胶时间/s	70 ~ 100

③用途。

酚醛树脂粉可用于制作电器绝缘制品、化工设备及日用品等，也可作黏结剂、涂层、模压等。酚醛树脂在烟火剂中作黏结剂用，同时因其又是可燃物，因此应减少其可燃物用量。

④包装、储运。

酚醛树脂应包装在衬有塑料袋的铁桶、木桶或其他包装袋中，桶装质量不得超过 50 kg，袋装净重为 25 kg。酚醛树脂应储于干燥、通风的库房内，不得靠近火源、暖气和受阳光直射。运输时要防止日晒、雨淋，装卸时应避免包装损坏。

（4）虫胶

虫胶又称洋干漆、漆片、紫胶，分子式为 $C_{16}H_{24}O_5$。

①性质。

虫胶由虫胶树上的紫胶虫吸食和消化树汁后的分泌物在树上凝结干燥而成。虫胶是羟基脂肪酸和羟基倍半萜烯酸构成的脂和聚酯混合物，将虫胶在水中煮沸溶去一部分有色物质而制得黄色或棕色薄片，即为虫胶片。虫胶片不溶于水，溶于乙醇和碱性溶液，微溶于酯类和烃类，其中能溶于乙醚的称软树脂，约占 30%；不溶于乙醚的称硬树脂，约占 70%。虫胶的相对密度为 1.1 ~ 1.2，受热能软化，在较高温度时会分解，软化点为 50 ℃，熔点 75 ℃。

②技术要求。

用于烟花爆竹制品的虫胶片应为无肉眼能见的杂质，熔点应高于 75 ℃，低于 115 ℃，甲级品虫胶的酒精不溶物应小于 0.5%，乙级品虫胶的酒精不溶物应小于 1%。

③用途。

虫胶片主要用于制造唱片、绝缘材料、胶黏剂等。在烟花爆竹制品生产中主要用作黏结剂，尤其在红光剂中使用效果较好。

④包装、储运。

虫胶的包装应内衬塑料袋；外用木箱包装，每箱净重 25 kg。包装上应牢固标明易燃物品标志。虫胶片应储存于干燥、阴凉、通风的库房中，隔绝火种，防止日晒、潮湿，不得与酸类、碱类、氧化剂共储混运。

（5）淀粉

淀粉的分子式为 $(C_{16}H_{10}O_5)_n$。

①性质。

淀粉为白色粉状带褐色的粉末，含铁及其他杂质，相对密度为 1.49 ~ 1.513，常温几乎不溶于水，在 55 ~ 60 ℃ 的热水中溶解度明显地提高，经膨胀而呈半透明凝胶体溶液，不溶于酒精，在高温下会分解。

②技术要求。

淀粉的质量指标要求见表 3.19。

表 3.19　淀粉的质量指标

指标名称	指标
常用浓度/%	8~15
可压性较差物料的比例/%	20
最为常用浓度/%	10
主要制法	煮浆、冲浆

③用途。

淀粉在烟火剂中用作可燃剂和黏结剂。

4. 有色发光剂

（1）氟硅酸钠

具体内容见"黏结剂"部分的"氟硅酸纳"。

（2）水晶石

水晶石又称氟铝酸钠，相对分子质量为 209.94，分子式为 Na_3AlF_6。

①性质。

水晶石是单斜晶系，常因含杂质呈灰白色、淡黄色、浅红色，有时也呈黑色，具有玻璃光泽，相对密度为 2.9，熔点为 1 000 ℃，微溶于水，水溶液呈酸性，遇酸则分解，放出有毒的氟铝化氢气体，对皮肤和眼睛有损伤。

②技术要求。

水晶石质量指标要求见表 3.20。

表 3.20　水晶石质量指标

指标名称	指标
氟含量/%	≥53
铝含量/%	≥13
钠含量/%	≤31
硅和铁总含量/%	≤0.45
水分含量/%	≤0.1
磷含量/%	≤0.1

③用途。

水晶石在烟火剂中作为黄色发光剂使用。

④包装、储运。

水晶石应储存在干燥的库房中，包装应完整，不可与酸类共储共运。

（3）碳酸锶

碳酸锶的相对分子质量为 147.64，分子式为 $SrCO_3$。

①性质。

碳酸锶为白色无臭无味粉末，相对密度为 3.70，熔点为 1 497 ℃，几乎不溶于水，但溶于含二氧化碳的水中，易溶于酸和铵盐溶液，不溶于乙醇，1 340 ℃时分解为氧化锶和二氧化碳。碳酸锶的化学性质很稳定，不易吸湿，由于其熔点高，在燃烧时反应也比较缓慢。

②技术要求。

按《工业碳酸锶》（HG/T 2969—2023）规定，碳酸锶外观为白色粉末，主要质量指标应符合表 3.21 要求。

表 3.21　碳酸锶主要质量指标

项目		指标	
		Ⅰ型	Ⅱ型
锶钡含量（$SrCO_3 + BaCO_3$）w/%	≥	98.0	—
碳酸锶（$SrCO_3$）w/%	≥	—	96.0
干燥减量 w/%	≤	0.3	0.5
碳酸钙（$CaCO_3$）w/%	≤	0.5	0.5

项目		指标	
		I 型	II 型
碳酸钡（$BaCO_3$）$w/\%$	$\leqslant$	1.5	2.0
钠（Na）$w/\%$	$\leqslant$	0.25	—
铁（Fe）$w/\%$	$\leqslant$	0.005	0.005
铬（Cr）$w/\%$	$\leqslant$	0.0003	
氯化物（以 Cl 计）$w/\%$	$\leqslant$	0.12	—
总硫（以 SO_4 计）$w/\%$	$\leqslant$	0.30	0.40

③用途。

碳酸锶主要用于制作红色烟火药。

④包装、运输、储存。

工业碳酸锶采用双层包装，内包装采用聚乙烯塑料薄膜袋，外包装采用塑料编织袋。包装内袋用维尼龙绳或其他质量相当的绳扎口，或用与其相当的其他方式封口。外袋采用缝包机缝合，缝合牢固，无漏缝或跳线现象。每袋净含量为 25 kg，也可根据用户要求的规格进行包装。

工业碳酸锶在运输过程中应有遮盖物，防止雨淋、受潮和暴晒，严禁与酸性物质混运。

工业碳酸锶应储存在通风、阴凉、干燥的库房内，防止雨淋、受潮，严禁与酸性物质混贮。

5. 其他附加物

在烟火药中，有时掺入某种效应物质，能使其产生某种特殊效果，该物质称为特殊效应物质，如哨音剂、发烟剂、钝感剂等。

（1）对苯二甲酸氢钾

对苯二甲酸氢钾相对分子质量为 204.22，分子式为 $C_8H_5O_4K$。

①性质。

对苯二甲酸氢钾为白色粉末，无毒，几乎不溶于水，微溶于醇，相对密度为 1.636，加热至 305 ℃时开始分解，单独存放不吸潮。

②技术要求。

对苯二甲酸氢钾质量指标要求见表 3.22。

表 3.22 对苯二甲酸氢钾质量指标

指标名称	指标/%
对苯二甲酸氢钾	≥94
双钾	≤3
二甲酸	≤2
水分	≤0.3

③用途。

作为烟火药中哨音剂使用，对苯二甲酸氢钾与高氯酸钾混合，具有安全可靠、防潮性能强、叫声好、上升推力强等优点，是目前广泛使用的哨音剂材料。

（2）苯甲酸钾

苯甲酸钾又名安息香酸钾，相对分子质量为 160.18，分子式为 $C_7H_5O_2K$。

①性质。

苯甲酸钾为白色片状结晶体或粉末，具有较强的吸湿性，溶于水和酒精，无臭或略带安息香的臭气，燃烧时能发出类似笛声的哨音。

②技术要求。

苯甲酸钾质量指标要求见表 3.23。

表 3.23 苯甲酸钾质量指标

指标要求		指标/%
苯甲酸钾含量	≥	99
细度（过 80 目筛）		100

③用途。

苯甲酸钾在烟火药中用作哨音剂，也可作防腐剂使用。

④包装、标志、储运。

苯甲酸钾应装于内用塑料袋包装的干燥铁桶中，桶要密封不漏，每桶净重 40 kg，储于通风、干燥、阴凉的库房内，不可受潮。远离火源，轻装轻卸，防止包装损坏。

（3）石蜡

石蜡的分子式为 $C_{18}H_{34} \sim C_{36}H_{74}$。

①性质。

石蜡为直链状烷属烃。纯石蜡为白色，含杂质的为黄色，无臭无味，常温下为固体，受热熔化，可燃烧，相对密度 0.88 ~ 0.915，熔点 50 ~ 70 ℃，不溶于水，能溶于汽油及苯中，熔点越高，溶解度越小

②技术要求

按《全精炼石蜡》（GB/T 446—2023）规定，全精炼石蜡的质量指标应符合表 3.24 要求。

表 3.24　全精炼石蜡的质量指标

项目		质量指标											
		48 号	50 号	52 号	54 号	56 号	58 号	60 号	62 号	64 号	66 号	68 号	70 号
熔点/℃	不低于	48	50	52	54	56	58	60	62	64	66	68	70
	低于	50	52	54	56	58	60	62	64	66	68	70	72
含油量（质量分数）/%小于		0.75											
颜色/赛波特颜色号不小于		27						25					
光安定性/号不大于		4						5					
针入度（100 g,25 ℃)/(0.1 mm)不大于		35			19			18			17		
嗅味/号不大于		1											
水溶性酸或碱		无											
机械杂质及水		无											

③用途。

石蜡用于制造合成脂肪酸和高级醇，也用于制造火柴、蜡烛、蜡纸、防水剂、软电绝缘材料等，在烟花爆竹中主要用作钝感剂。

④包装、运输、储存。

全精炼石蜡产品的包装、运输、储存及交货验收按《石油及相关产品包

装、储运及交货验收规则》（NB/SH/T 0164—2019）的规定执行，产品包装上宜注明"仅用于工业用途"。

（4）硬脂酸

硬脂酸又名十八烷酸，分子式为 $C_{17}H_{35}COOH$。

①性质。

纯硬脂酸为带有光泽的白色柔软小片，熔点为 70 ℃，沸点为 383 ℃，其工业品是以硬脂酸为主并含有软脂酸等的混合酸。一级和二级硬脂酸是带有光泽或含有晶粒的白色蜡状固体。三级硬脂酸是淡黄色固体。硬脂酸不溶于水，稍溶于冷乙醇，加热时较易溶解，溶于丙酮和苯，易溶于乙醚、氯仿、四氯化碳和二硫化碳等有机溶剂中，能与碱作用生成硬脂酸盐。

②技术要求。

根据《工业硬脂酸》（GB/T 9103—2013）规定硬脂酸质量指标应符合表 3.25 要求。

表 3.25　硬脂酸质量指标

项目	指标						橡塑级
	1840 型		1850 型		1865 型		
	一等品	合格品	一等品	合格品	一等品	合格品	
C_{18}含量[①]/%	38 ~ 42	35 ~ 45	48 ~ 55	46 ~ 58	62 ~ 68	60 ~ 70	—
皂化值(以 KOH 计)/(mg · g^{-1})	206 ~ 212	203 ~ 215	206 ~ 211	203 ~ 212	202 ~ 210	200 ~ 210	190 ~ 225
酸值(以 KOH 计)/(mg · g^{-1})	205 ~ 211	202 ~ 214	205 ~ 210	202 ~ 211	201 ~ 209	200 ~ 209	190 ~ 224
碘值(以 I_2 计)/(g · (100 g)$^{-1}$) ≤	1.0	2.0	1.0	2.0	1.0	2.0	8.0
色泽/Hazen ≤	100	400	100	400	100	400	400[②]
凝固点/℃	53.0 ~ 57.0		54.0 ~ 58.0		57.0 ~ 62.0		≥52.0
水分/% ≤	0.1						0.2

①C_{18}含量是指十八烷酸的含量。

②样品配制成 15% 的无水乙醇溶液。

③用途。

硬脂酸在烟花爆竹中用作钝感剂。

④包装、运输、储存。

硬脂酸产品可使用聚丙烯编织袋（内衬塑料袋）或纸箱（内衬一层洁净

的牛皮纸）包装，也可根据客户要求进行包装，所有包装方式应扎牢紧固，包装口处紧密缝合。包装净含量可选择 25 kg、50 kg 或根据客户需求，包装净含量应符合标称质量。

硬脂酸运输时应轻装轻卸，不得倒置；防止日晒、雨淋、受潮，避免包装破损；勿与碱性及其他腐蚀性物品混放。

工业硬脂酸属可燃化学品，应储存于通风良好的库房中，避免暴晒，远离火源。

3.1.2 烟花爆竹生产用纸

纸张是烟花爆竹生产主要原材料之一。它既关系到烟花爆竹外观、燃放的效果和安全，又关系到企业的生产成本。在烟花爆竹中纸张的用途主要是制作烟火药的容器及烟花形象的主体，还用来制作发射筒。

根据《烟花爆竹用纸》（GB/T 22928—2008）中的规定，烟花爆竹用纸从大类用途上可分为烟花用纸和爆竹用纸，具体技术要求见表 3.26 和表 3.27。与此同时，根据纸张样式，国标中还规定了卷筒纸和平板纸的技术要求，其中平板纸的尺寸偏差应不超过 ±3 mm，偏斜度应不超过 3 mm，卷筒纸宽度偏差应不超过 ±3 mm。

表 3.26　烟花用纸的技术

项目		单位	指标
厚度		μm	140 ±10, 170 ±10
横幅厚度差	≤	%	10
紧度		g/cm³	0.70 ~ 0.88
横向抗张强度	≥	kN/m	9.80
耐破指数	≥	kPa·m²/g	2.75
吸水性（正反面均）	≤	g/m²	40.0
交货水分		%	4.0 ~ 10.0

表 3.27　爆竹用纸的技术指标

项目		单位	指标
定量		g/m²	40.0 ±2.0, 50.0 ±2.5
紧度	≥	g/cm³	0.55

续表

项目		单位	指标
抗张指数　⩾	纵向	N·m/g	52.0
	横向		21.0
吸水性（正反面均）　⩽		g/m²	30.0
交货水分		%	6.0 ± 2.0

根据具体纸张样式分类，最为常见的用于烟花爆竹产品的纸张主要包括牛皮纸、瓦楞原纸、蜡光纸、玻璃纸、美术涂布印刷纸（铜版纸）、涂布白纸板等，这些纸张在规格要求上有更为详细的规定要求，且部分用于包装印刷的纸张属于通用纸张，其技术标准主要依赖于自身国标、行标或企业标准，具体介绍如下。

1. 牛皮纸

（1）性质

牛皮纸是一种机械强度高的木浆纸，纸质坚韧结实，拉力好，有较高的抗皱度和良好的耐水性，其分为压光和不压光两种。

（2）用途

牛皮纸主要用于制造花炮筒壳或筒壳层包皮。

（3）技术要求

①牛皮纸的技术指标要求可参考《牛皮纸》（GB/T 22865—2008）的相关规定，具体见表 3.28。

②平板牛皮纸的尺寸为 787 mm × 1 092 mm、889 mm × 1 194 mm，也可按订货合同生产，其尺寸偏差不超过 ± 3 mm，偏斜度应不超过 3 mm。

③卷筒牛皮纸的幅宽按订货合同规定，其偏差应不超过 ± 3 mm。

④卷筒牛皮纸的卷筒直径为 800 mm、1 000 mm、1 100 mm、1 200 mm，其直径偏差应不超过 ± 50 mm。

⑤牛皮纸的纤维均匀性及色泽应符合订货合同的规定，彩色牛皮纸的每批颜色不应有显著的差别。

⑥牛皮纸的纸面应平整，不应有折子、皱纹、残缺、斑点、裂口、孔眼、条痕、硬质块等外观纸病。

⑦卷筒牛皮纸纸芯不应有扭结或压扁现象。每卷纸的接头优等品应不超过 2 个，一等品、合格品应不超过 3 个，接头处应用胶带粘牢，并作出明显标记。

⑧牛皮纸的切边应整齐洁净。卷筒牛皮纸的端面应平整，形成的锯齿或凹凸面应不超过 5 mm。

表 3.28　牛皮纸技术指标

指标名称		单位	规定		
			优等品	一等品	合格品
定量		g/m²	40.0±2.0		
			50.0±2.5		
			60.0±3.0		
			70.0±3.5		
			80.0±4.0		
			90.0±4.5		
			100.0±5.0		
			120±5.0		
耐破度	40.0 g/m²	kPa	≥135	≥120	≥80
	50.0 g/m²		≥175	≥155	≥110
	60.0 g/m²		≥215	≥190	≥145
	70.0 g/m²		≥255	≥225	≥185
	80.0 g/m²		≥305	≥265	≥225
	90.0 g/m²		≥345	≥305	≥260
	100.0 g/m²		≥390	≥345	≥295
	120.0 g/m²		≥470	≥420	≥360
纵向撕裂度	40.0 g/m²	mN	≥290	≥245	≥135
	50.0 g/m²		≥435	≥380	≥225
	60.0 g/m²		≥580	≥495	≥335
	70.0 g/m²		≥725	≥610	≥450
	80.0 g/m²		≥900	≥705	≥545
	90.0 g/m²		≥1 080	≥815	≥650
	100.0 g/m²		≥1 220	≥910	≥740
	120.0 g/m²		≥1 480	≥1 130	≥950

指标名称	单位	规定		
		优等品	一等品	合格品
吸收性（cobb，60 s）	g/m^2	≤30		
交货水分	%	8.0±2.0		
注：本表规定外的定量，其指标可就近按插入法考核。				

2. 瓦楞原纸

（1）性质

瓦楞原纸又名瓦楞芯纸，具有耐折、耐热、耐压、耐破的特性，并有良好的弯曲性。

（2）用途

瓦楞原纸广泛用于制作各种规格的花筒壳，也常用于加强升空类烟花发射筒的抗压强度和燃烧室的耐火性。

（3）技术要求

①瓦楞原纸的技术指标可参照《瓦楞芯（原）纸》（GB/T 13023—2008）的有关规定，见表 3.29。

②瓦楞原纸的规格可按订货合同规定，筒尺寸偏差应不超过 8 mm。

③瓦楞原纸不经外力作用不应有分层现象。

④瓦楞原纸应平整，不应有影响使用的折子、孔眼、硬杂物等外观纸病。

⑤瓦楞原纸应切边整齐，不应有裂口、缺角、毛边等现象。

⑥卷筒纸断头用胶带纸牢固地粘接好，每个卷筒接头数要求为：优等品应不超过 1 个，一等品和合格品应不超过 3 个，并作明显标志。

⑦卷筒纸的筒芯应符合相关标准的要求，卷筒纸端面应平整，形成的锯齿形和凹凸面应不超过 10 mm。

表 3.29　瓦楞原纸技术指标

指标名称	单位	规定			
		等级	优等品	一等品	合格品
定量（80、90、100、110、120、140、160、180、200）	g/m^2	AAA	（80、90、100、110、120、140、160、180、200）±4%	（80、90、100、110、120、140、160、180、200）±5%	
		AA			
		A			

指标名称	单位	规定			
		等级	优等品	一等品	合格品
紧度	g/cm³	AAA	≥0.55	≥0.50	≥0.45
		AA	≥0.53		
		A	≥0.50		
横向环压指数 ≤90 g/m² >90~140 g/m² ≥140~180 g/m² ≥180 g/m²	N·m/g	AAA	≥7.5 ≥8.5 ≥10.0 ≥11.5		
		AA	≥7.0 ≥7.5 ≥9.0 ≥10.5	≥5.0 ≥5.3 ≥6.3 ≥7.7	≥3.0 ≥3.5 ≥4.4 ≥5.5
		A	≥6.5 ≥6.8 ≥7.7 ≥9.2		
平压指数	N·m²/g	AAA	≥1.40	≥1.00	≥0.80
		AA	≥1.30		
		A	≥1.20		
纵向断裂长	km	AAA	≥5.00	≥3.75	≥2.50
		AA	≥4.50		
		A	≥4.30		
吸水性	g/m²	—	≤100	—	—
交货水分	%	AAA	8.0±2.0	8.0±2.0	8.0±3.0
		AA			
		A			

注：平压指数不作交收试验依据。

3. 蜡光纸

（1）性质

蜡光纸纸质紧密，表面平整润滑，无孔眼，有良好的抗脂性和耐折性，颜色鲜艳透明。

（2）用途

蜡光纸在烟花爆竹制作中主要用于包装鞭炮和糊烟花筒壳口。

（3）技术要求

①蜡光纸的技术指标可参考《蜡光纸》（GB/T 22825—2008）的相关规定，蜡光纸技术指标要求见表 3.30。

表 3.30　蜡光纸技术指标

指标名称		单位	规定	
			一等品	合格品
定量		g/m²	72.0 ± 4.0	
正面光泽度	≥	%	45	40
色差 ΔE^*	≤	—	1.5	
尘埃度 1.3 ~ 1.5 mm² 其中 1.3 ~ 1.5 mm²黑色尘埃 大于 1.5 mm²	≤ ≤	个/m²	40 4 不应有	60 8 不应有
交货水分		%	5.0 ~ 8.0	

②蜡光纸为平板纸，纸张尺寸为 762 mm × 508 mm 或 787 mm × 508 mm，也可按合同生产。

③其尺寸偏差应低于 ±3 mm，偏斜度应不超过 3 mm。

④蜡光纸纸面应平整、细致、色泽均匀鲜艳，不应有明显翘曲、条痕、褶子、破损、斑点及硬质块等外观缺陷。

4. 玻璃纸

（1）性质

玻璃纸是用黏胶液制成的透明薄膜，其透明柔软，具有较好的机械强度。

（2）用途

玻璃纸分为防潮和非防潮两类，在烟花爆竹产品中需选用防潮玻璃纸，其广泛用于外壳包装，在具备防潮效果的同时，又能不遮挡烟花绚丽多彩的装潢图案，起到保护产品作用的同时不会影响其美观性。

（3）技术要求

①玻璃纸的技术指标可参考《普通玻璃纸》（GB/T 22871—2008）的相关规定，防潮普通玻璃纸技术指标见表3.31。

表3.31　防潮普通玻璃纸技术指标

指标名称		单位	规定			
			一等品	合格品	一等品	合格品
			≤40		>40	
定量偏差		g/m²	±2	±3	±3	±4
厚度横幅差　≤	平板	μm	3	4	4	5
	卷筒		2	3	3	4
抗张强度　≥	纵	N/15 mm	35	30	40	35
	横		15	10	20	15
伸长率　≥	纵	%	10		10	
	横		20		20	
交货水分		%	8.0 ± 2.0			
透湿度　≤		g/(m²·24 h)	60			
热封强度　≥		N/37 mm	1.764		1.5	
抗黏性　≥		%	70			

②普通玻璃纸的切边应整齐、纸面应平整，不应有裂口、缺角、实道。

③彩色普通玻璃纸应使用耐酸性染料，每批纸的颜色不应有显著差别，不应有宽度大于1 mm的色道子或符合合同规定。

④平板纸规格为1 000 mm×1 150 mm，1 000 mm×1 200 mm，900 mm×1 100 mm，900 mm×500 mm或符合合同规定，尺寸偏差应不大于$^{+5}_{-3}$mm，偏斜度应不超过5 mm。

⑤卷筒普通玻璃纸宽度和直径应符合合同规定，宽度偏差应低于$^{+5}_{-3}$mm。

⑥卷筒普通玻璃纸每卷断头应不多于 2 个，机外复卷（或分切）的卷筒普通玻璃纸接头处应用胶带粘接，并在卷筒端部作明显标志或符合合同规定。

⑦普通玻璃纸松紧应一致，切边应整齐，不应有裂口、损伤等。卷筒端面锯齿形偏差应低于 ±5 mm，机外复卷（或分切）普通玻璃纸端面锯齿形偏差应低于 ±2 mm。

5. 美术涂布硬刷纸（铜版纸）

（1）性质

铜版纸进行了表面涂布，是主要用于精美图案的印刷用纸。

（2）用途

铜版纸主要用于花炮包装纸的彩色图案或商品商标的印刷。

（3）技术要求

①铜版纸的技术指标应参考《涂布纸和纸板 涂布美术印刷纸（铜版纸）》（GB/T 10335.1—2017）的相关规定，铜版纸技术指标要求见表 3.32。

②铜版纸为平板纸或卷筒纸，纸张尺寸为 880 mm × 1 230 mm 或 787 mm × 1 092 mm，或按订货合同规定，其尺寸偏差不许超过 ±3 mm，偏斜度要低于 3 mm。

表 3.32　铜版纸技术指标

技术指标		单位	规定					
			优等品		一等品		合格品	
			有光型	亚光型	有光型	亚光型	有光型	亚光型
定量		g/m²	70/80	90/100	105/115	128/157	200/250	300/350
定量偏差	≤157 g/m²	%	±4.0				±5.0	
	>157 g/m²	%	±3.5				±4.0	
厚度偏差		%	±3.5		±3.5		±5.0	
横幅厚度差		%	≤3.0		≤4.0		≤4.0	
D65 亮度（涂布面）		%	≤93.0					
不透明度	90.0 g/m²（双面涂布）	%	89.0		88.0		86.0	
	>90.0～128 g/m²		92.0		92.0		91.0	
	>128 g/m²		95.0					

技术指标		单位	规定					
			优等品		一等品		合格品	
			有光型	亚光型	有光型	亚光型	有光型	亚光型
挺度（纵向/横向）≥	128 g/m²	mN	165/105	175/115	165/105	175/115	165/105	175/115
	157 g/m²		260/160	320/200	260/160	320/200	260/160	320/200
	≥200 g/m²		500/320	560/350	500/320	560/350	500/320	560/350
光泽度（涂布面）	中量涂布	光泽度单位	≥50	≤40	≥50	≤45	≥45	≤45
	重量涂布		≥60		≥55		≥50	
印刷光泽度（涂布面）	中量涂布	光泽度单位	≥87	≥77	≥82	≥72	≥72	≥67
	重量涂布		≥95	≥82	≥92	≥77	≥85	≥72
印刷表面粗糙度（涂布面）	<200 g/m²	μm	≤1.20	≤2.20	≤1.60	≤2.90	≤2.60	≤3.20
	≥200 g/m²		≤1.80	≤2.60	≤2.20	≤3.20	≤2.60	≤3.80
油墨吸收性（涂布面）		%	3～14					
印刷表面强度①（涂布面）		m/s	1.40		1.40		1.00	
尘埃度（涂布面）	0.2～1.0 mm²	个/m²	8（单面4）		16（单面8）		32（单面16）	
	>1.0～1.5 mm²		不应有		不应有		2（单面1）	
	>1.5 mm²		不应有		不应有		不应有	
交货水分②	70.0～157 g/m²	%	5.5±1.5					
	>157～230 g/m²		6.0±1.0					
	>230 g/m²		6.5±1.0					

①用于凹版印刷的产品，可不考虑印刷表面强度；用于轮转印刷的产品，印刷表面强度分别降低 0.2 m/s。

②因地区差异较大，可根据具体情况对交货水分做适当调整。

③可生产其他定量的铜版纸，其挺度指标按插入法计算；也可生产其他后加工方式的铜版纸，如压纹纸等，有关指标可符合合同要求。

④铜版纸纸面应平整，涂布应均匀，不应有褶子、破损、斑痕、鼓泡、硬质块及明显条痕等外观缺陷。

⑤同批铜版纸的颜色不应有明显差异，即同批铜版纸的色差 ΔE 应不大于 1.5。

⑥铜版纸的优等品和一等品不应有印刷光斑。

6. 涂布白纸板

（1）性质

涂布白纸板是一种高级的包装用纸，由表面涂布，纸质坚韧，耐破，耐撕裂，机械强度大，有良好的印刷性能和耐折强度。

（2）用途

涂布白纸板一般用于制作各种烟花纸盒和玩具烟花外形及配件。

（3）技术要求

① 涂布白纸板的技术指标可参考《涂布纸和纸板　涂布白纸板》（GB/T 10335.4—2017）的相关规定，涂布白纸板技术要求表 3.33。

表 3.33　涂布白纸板技术指标

项目			单位	规定					
				优等品		一等品		合格品	
				白底	灰底	白底	灰底	白底	灰底
定量			g/m²	200	250	300　350　400		450	500
定量偏差			%	+5.0，−3.0					
横幅定量差	≤		%	3.0		4.0		5.0	
紧度	≤	≤300　g/m²	g/cm	0.88	0.85	0.90	0.87	0.95	0.92
		>300　g/m²		0.85	0.82	0.87	0.84	0.92	0.90
D65 亮度		正面	%	75.0~93.0					
		反面		70.0~93.0	—	70.0~93.0	—	70.0~93.0	—
光泽度（正面）	≥		光泽度单位	40		35		30	
印刷表面粗糙度（正面）	≤		μm	2.20		2.80		3.50	
印刷光泽度（正面）	≥		光泽度单位	90		82		62	
油墨吸收性（正面）			%	3~14					
印刷表面强度[①]（中粘）	≥	正面	m/s	1.40		1.20		0.80	
		反面		1.20	—	1.00	—	0.80	—

项目		单位	规定					
			优等品		一等品		合格品	
			白底	灰底	白底	灰底	白底	灰底
吸水性（cobb, 60 s） ≤	正面	g/m²	35.0		50.0		60.0	
	反面		120	—	120	—	120	—
挺度① （横向） ≥	200 g/m²	mN·m	1.80	2.00	1.60	1.80	1.50	
	250 g/m²		2.90	3.00	2.30	2.50	2.00	
	300 g/m²		4.80	5.20	4.10	4.50	3.40	
	350 g/m²		7.00	7.60	6.20	6.70	5.00	
	400 g/m²		9.60	10.6	8.70	9.40	7.00	
	450 g/m²		12.5	14.5	10.0	12.0	9.00	
	500 g/m²		17.0	19.0	14.0	16.0	12.0	
耐破指数 ≥	≤300 g/m²	kPa·m²/g	1.60		1.40		1.20	
	>300 g/m²		1.50		1.30		1.10	
耐折度（横向） ≥		次	12		8		5	
内结合强度（纵向） ≥		J/m²	120		100		80	
尘埃度≤	0.2~1.0 mm²	个/m²	12		20		40	
	>1.0~2.0 mm²		不应有		2		4	
	>2.0 mm²		不应有		不应有		不应有	
交货水分②	≤300 g/m²	%	7.5±1.5					
	>300 g/m²		8.5±1.5					

①用于凹版印刷的产品，可不考核印刷表面强度，挺度指标可降低5%。
②因地区差异较大，可根据具体情况对交货水分作适当调整。

②涂布白纸板为平板纸或卷筒纸，平板纸尺寸为787 mm×1 092 mm、889 mm×1 194 mm或889 mm×1 294 mm，其尺寸偏差应在 −1~3 mm 范围内，偏斜度应低于 3 mm，也可按订货合同生产。卷筒纸的卷宽为787 mm或869 mm，其尺寸偏差应在 −1~3 mm 范围内，也可按订货合同生产。

③按订货合同可生产其他定量的涂布白纸板，其挺度指标应按插入法计算。

④涂布白纸板纸面应平整，厚薄应一致，不应有明显翘曲、条痕、褶子、破损、斑点、硬质块等外观缺陷。

⑤涂布白纸板纸面涂层应均匀，不应有掉粉、脱皮及在不受外力作用下的分层现象。

⑥同批涂布白纸板纸的颜色不应有明显差异，即同批纸色差 ΔE 应不大于 1.5。

⑦涂布白纸板的优等品和一等品不应有印刷光斑。

除上述纸张外，仍有部分纸张用于烟花爆竹产品中，其名称及用途见表 3.34。

表 3.34　其余烟花爆竹用纸类型

名称	主要用途	可参考标准/技术要求
黄纸板	主要用于制作烟花筒壳的底板和匣盒等	《黄纸板》（Q220581HSZY001—2024）
爆竹筒红纸	主要用于包装鞭炮和糊烟花筒壳口	《爆竹筒红纸通用技术要求》（DB43/T 1768—2020）
砂纸原纸	一般用于制作烟花的降落伞，并常在烟花筒壳的喷孔处扭成花形，可增加美观和起到扩引的作用	《砂纸原纸》（QB/T 1312—2018）
导火索纸	主要用于缠卷导火索	《导火索纸（导火线纸）》（QB/T 3528—1999）

3.1.3　辅助材料

生产烟花爆竹的主要辅助材料有黏土、封口剂、乳白胶、塑料部件及竹竿、木棍等。这些辅助材料的质量也是直接影响烟花爆竹燃放效果的重要因素。

1. 黏土

黏土应选用黄泥和胶泥，其粒度有 4 目、8 目、12 目、40 目、80 目，要求无砂石。黄泥主要在长江以南，胶泥产于中原、东北平原地区。黏土在烟花爆竹中主要用作产品的泥底和喷火口，在鞭炮类产品中用于封头。黏土的质量要求为不易吸湿、结块、保存性能好等。

2. 封口剂

封口剂的外观为灰白色，它的主要成分是氯化镁和氧化镁等。氯化镁能吸收空气中的水分，而与配方中其他材料黏结起来起到封口的作用。使用封口剂可以省去爆竹挤引这道危险工序。目前的封口剂都只能用于氯酸盐类爆竹的封口，而不能用于硝酸盐类爆竹或烟花产品的封口或为其做泥底。这是因为封口剂中含有氯化镁，它能与硝酸盐发生反应生成硝酸镁，而硝酸镁是吸湿性较大的物质，易导致产品变质。

3. 乳白胶

乳白胶在烟花爆竹中主要用于纸筒以及组合产品的黏合以及包装的粘贴等。乳白胶在烟花爆竹中作黏结剂，它的主要优点是黏结性较强，干后不易吸潮、不霉变等，所以在烟花爆竹生产中广泛使用。

现在烟花爆竹中使用的乳白胶大多是用聚乙烯醇制作而成，各乳白胶生产厂家会因配比和工艺的不同，在质量上存在一些差异，在购买时应观看乳白胶的颜色是否均匀、有无沉淀物和结团，再用手指粘上一些胶，两指粘贴一下，看两指分开后胶在两指间的丝是否拉长，同时也可感觉到胶的黏结性。有沉淀和结团的胶说明已变质，不能继续使用。如用手指粘上一些胶，两指粘贴分开时可拉长，说明这种乳白胶的质量是合格的。

用聚乙烯醇制造的乳白胶一般的保质期是 6 ~ 12 个月。时间过长就会出现沉淀和结团等现象，所以在购买时一定要注意生产日期。

4. 塑料部件

塑料在烟花爆竹中主要用作产品的辅助材料，烟花爆竹产品中的底座、帽顶、效果筒等都是用塑料制成。

有些塑料制品是在烟花爆竹产品的外部，有些制品是在其内部，这就要求塑料制品在使用中需要注意其是否外露。若为外露的塑料部件，就应注意其美观性，如外表光洁，颜色鲜艳，颜色中不能有杂色点等。塑料部件规格应按设计要求生产，不能有大小、长短不一的现象存在。特别是在做火箭产品的帽顶与效果筒和喷药、礼花类产品底座时，更应按设计标准生产，如达不到标准，在安装时就会出现问题，影响产品质量。

5. 竹竿、木棍

竹竿、木棍在烟花中主要用作火箭产品的稳定杆，竹竿还用于线香类产品制作，其主要是把配好的药物黏糊在竹竿上，来达到烟花的观赏效果。竹竿、木棍在烟花产品中要求直、光滑、色泽均匀、无霉变等。

竹竿在烟花产品中用得较多，但它的缺点是容易霉变，现在为了防止霉变一般采用药物进行处理，就是把加工好的竹竿在上色以后，将其浸泡在福尔马林与酒精的混合液中，浸泡 12 h 后再干燥，以此来防止竹竿霉变。

用木棍做烟花产品时，木棍要直、干燥、光滑，木棍中不能有节痕，木棍要顺树木的纹理成直路，不能横切木棍的纹理。如木棍有节痕或横切纹理就容易折断。

竹竿、木棍在上色时，都应先把颜料溶于水中，并且颜料所染的竹、木材料与颜料要成一定比例。这样染出来的竹竿、木棍才会颜色一致，色泽均匀、鲜艳。

3.2　黑火药及烟火药配方

黑火药实质上就是烟火药中的一种。根据国家标准《烟花爆竹作业安全技术规程》（GB 11652—2012），用硝酸钾、硫黄和木炭或用硝酸钾和木炭为原材料制成的一种烟火药即为黑火药。因此，对于烟火药的燃烧、爆炸等性能来说，黑火药都是符合的。但与其他烟火药相比，黑火药的爆炸威力要小，所以生产厂房危险等级定为 A_3 级。

在 19 世纪或更早时期，工程爆破中使用的炸药都是黑火药，但由于其威力较小而被逐步淘汰。然而在烟花爆竹生产中，由于其优异的燃烧性能，黑火药仍是主要的原料。几乎每种烟花爆竹产品，都离不开黑火药。

3.2.1　黑火药的组成及其作用

所有黑火药的主要成分均为硝酸钾、木炭、硫黄的机械混合物。这三种成分本身都不具有爆炸性，但是混合后却有相当快的燃烧速度，燃烧发生在密闭容器中就会产生爆炸，发生在自由空间且量不是很多的情况下，一般不会转变为爆炸。黑火药的制造和应用都有危险，务必注意安全。因此掌握黑火药的性能才能保证安全生产和应用。

1. 黑火药中三种原料成分的作用

（1）氧化剂——硝酸钾

现在黑火药中使用的氧化剂，几乎都是硝酸钾，其配比用量根据用途而定，一般控制在 75% 左右。硝酸钠含氧量高于硝酸钾，用其制成的黑火药，燃烧能产生更多的热和气体，虽然其爆力大，成本也低，但难以点燃，燃烧速度慢，极易吸潮，一般不作烟火药使用。硝酸钡、硝酸铵等制作的黑火药也普遍存在难以点燃的缺点，且经济效益差，故都已被淘汰。

（2）可燃物——木炭

制造黑火药所用的可燃物一般都是木炭。烧制木炭的材料不同，其成分略有差异，一般用作黑火药的木炭宜选用质软而不致密的木材，如杨树、柳树、杉树等，最好是年龄不长的小树且为春天砍伐下的，其配比用量一般控制在10%左右。用质硬而致密的木材，如枣木、柏木、梨木等，制成的木炭，制得的黑火药虽易点燃，但吸湿性偏高，炭化度高，燃烧热和火药力都较大，吸湿性较少。炭化度是随炭化温度的增高而增加的。

（3）黏结剂——硫黄

硫黄在黑火药中起黏合木炭和硝酸钾的作用，其本身也是一种可燃物，从化学反应角度分析，它起到了四个方面的作用：

①增加了黑火药爆燃时放出的气体数量；

②降低了黑火药初始分解温度；

③增加了黑火药的冲击感度；

④阻碍爆炸产物中一氧化碳的生成。

硫黄的配比用量一般控制在15%左右。

2. 黑火药三种原料成分之间的关系

改变黑火药的各成分比例，可以得到不同效应的黑火药，适用于各种不同要求和用途。硝酸钾、硫黄和木炭在黑火药中的比例，在很大程度上影响黑火药的燃烧速度。当然，黑火药的燃烧速度与密度、外界压力、温度、湿度等因素也有关系。在同样的外界条件下，一般说来，当硫黄含量一定时，燃烧速度随硝酸钾含量增大，随木炭含量减少而变小。硫黄含量不变时，燃烧速度的变化见表3.35。

表3.35　硫黄含量不变时，燃烧速度的变化

质量成分/%			引信时间(药盘内的燃烧时间)/s
硝酸钾	硫黄	木炭	
75	10	15	12.5
78	10	12	16.9
80	10	10	24.2
81	10	9	25.8
84	10	6	49.7
87	10	3	不燃烧

当硝酸钾的含量不变时，燃烧速度随硫黄含量增加、随木炭含量减少而变小。硝酸钾含量不变时，燃烧速度的变化见表 3.36。

近代世界各国采用的黑火药的配方大体相似，基本为硝酸钾、木炭、硫黄的质量比为 75∶15∶10，这种成分组成称为黑火药的标准配方。

表 3.36　硝酸钾含量不变时，燃烧速度的变化

质量成分/%			引信时间（药盘内的燃烧时间）/s
硝酸钾	硫黄	木炭	
75	1	24	10.9
75	4	21	11.2
75	7	18	11.8
75	10	15	12.4
75	13	12	13.2
75	20	5	28.8

3.2.2　黑火药的制造

1. 黑火药的配比

黑火药成分的配比随着用途的不同而发生改变。在各类烟花爆竹中，如高空火箭的推进、地面礼花的发射、喷花类的喷抛、爆竹的爆破、导火索的导燃、缓燃药的传火等，都需要不同成分配比的黑火药，从而产生不同的效力。

下面就目前烟花爆竹生产中常用的成分配比，按不同类别，介绍几种黑火药配方，以便在生产、试验中作为参考。黑火药组成及配比见表 3.37。

表 3.37　黑火药组成及配比

类别	黑火药组成及配比		
	硝酸钾/%	硫黄/%	木炭/%
喷花用喷射药	50～60	1～5	35～45
小礼花用发射药	70～75	8～13	10～15
火箭及旋转类动力药剂	65～75	0～10	20～30
延期药（火捻药）	65～75	0～10	10～35
爆竹用黑火药	70～76	8～12	10～15

2. 黑火药制造工艺

根据用途不同，黑火药的制造工艺分为粉状黑火药制造工艺和粒状黑火药制造工艺。

（1）粉状黑火药制造工艺

粉状黑火药制造工艺基本上沿用传统生产方法，其工艺流程如图 3.1 所示。

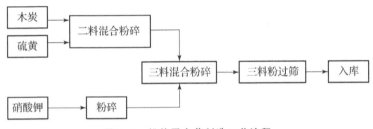

图 3.1 粉状黑火药制造工艺流程

①二料混合粉碎。

黑火药的粉碎不是将三种原料分别单独进行粉碎，而是先将其中两种原料混合起来一同粉碎，其原因有三：一是硫黄属于高绝缘性电阻物质，在单独粉碎时能带有大量静电，容易发生自燃；二是木炭单独粉碎也具有自燃性；三是硝酸钾单独粉碎时，由于产生静电而容易粘在粉碎设备上，从而变得十分容易吸湿。因此，黑火药采用两种原料混合的粉碎方法。其具体方法是先将硫黄和木炭混合起来进行粉碎，这样不但使硫黄失去了带电性能，而且木炭也不会自燃。混合工序是在球磨机中进行的。

按配方比例称取符合质量标准的硫黄和木炭两种原料，放进铁制的球磨机内进行混合。混合原料在青铜球的撞击与研磨作用下得到粉碎，形成具有一定细度的二料混合物。

②三料混合粉碎。

三料混合就是将二料混合物和硝酸钾装入皮革制的木球球磨机内进一步进行粉碎与混合，达到规定的细度和均匀度的要求。

三料混合物必须在筛分机上进行筛分。使用筛孔为 28～32 孔/cm 的绢丝筛网，筛分时要经常检查筛网是否完好，清理筛网上部的杂质（遗留物），确保产品质量符合要求。

（2）粒状黑火药制造工艺

一些烟花爆竹，如高空火箭、地面礼花、吐珠类产品等，为了达到特定效果，需要将黑火药造粒。

粒状黑火药制造工艺流程如图3.2所示。

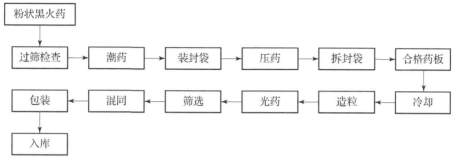

图3.2　粒状黑火药制造工艺流程

①过筛检查。

将粉状黑火药进行过筛检查，除去机械杂质。

a. 潮药：在压药前将药粉装入潮药箱内。这里可按一定比例掺和一些各道工序回收来的药块、药粒混合物（又称回收粉），用喷壶洒入一定量的蒸馏水，将其搅拌均匀。这样才能增大成分的结合程度，便于压制。一般要求潮药后的药粉的总含水量不大于2%。

b. 装封袋：将铝板平放在工作台上，把木制的框形量药器放在铝板上，用铜铲将潮好的药粉铲入量药器内，用木制的刮尺刮平。然后取下量药器，将另一块铝板平稳地放在药面上，再将夹有药粉的两块铝板用帆布或防水布制的封袋包好。

②压药。

将包好的封袋放在400 t的水压机上进行压药（每次只放一个封袋）。操作时先将水压机启动，将热压板的温度调节控制在95～107 ℃，然后将封袋推到热压板上进行压药。

③造粒准备。

压好的药从封袋中取出后，除去四周松散的边沿药（10～30 mm），将合格的药用板槌打碎成80 mm的碎块，进行自然冷却，冬季需冷却8 h左右，夏季需冷却12 h左右；最后送到造粒工序准备造粒，拆下的边沿药送至造粒机制成回收粉。

④造粒。

造粒是在造粒机上进行的，通过多次辊压和机动筛筛分，将小块的药板破碎并筛分出具有一定粒度的黑火药药粒。

⑤药粒加工。

将造粒机造好的粒状黑火药进行再加工，称为药粒加工。

光药是指磨去药粒表面上的棱角，使其变得圆滑光亮，增加流散性，减小易碎性和吸湿性。

将称好的药粒装入光药机中进行光药。机器开动后将称好的蒸馏水分两次喷入药粒中，喷水间隔时间为 20 min。光药结束后，将晾药孔中的木塞拔出进行晾药；晾药完毕后，将药倒入接料箱内，准备筛选。

⑥筛选。

通过筛选可筛除药粒中的细药粉，同时擦净药粒表面所黏结的药粉，选出不同品号的药粒，这道工序是在联合除选机中进行的。

⑦混同包装。

由于生产周期长，不同时间生产的黑火药性能略有不同，需要混同，即把不同时间生产的黑火药组成批，并且将其混合均匀，使其性能尽量均匀一致。

混同常用光药桶混同法、塔式混同法、手工混同法和六穴混同法，混同后要取样分析，用专用吹风机吹去杂质（如木屑、纸屑、线头等），同时可手工翻拣。混同后的黑火药即可进行包装。

3. 黑火药的干燥

黑火药有时因水分过多，需要进行干燥；部分造粒后的黑火药也需要进行干燥。

在黑火药干燥工作方面，各地工作者创造了很多好的经验，较安全的有以下几种。

（1）晒干法

晒干法是将牛皮纸摊在晒坪、木盘或竹制的晒垫上，再将黑火药放在牛皮纸上进行晒干。

（2）温室干燥法

温室干燥法是指在室外烧火，火通过火墙、火道、火管等设施加热干燥室；干燥室内放置木架，用垫有牛皮纸的木盘或者簸盘子置于木架上进行干燥。干燥室不得有任何明火，火墙、火道、火管的表面温度不得超过 55 ℃，室内温度不宜超过 35 ℃。同时，黑火药不得与火墙、火道、火管等直接接触。

（3）采暖干燥法

采暖干燥法多采用锅炉，利用热水或蒸气，通过水暖设备进行干燥，干燥温度不宜超过 40 ℃。这种干燥方法温度容易控制，便于隔绝火源，是一种较好的干燥方法。

（4）热空气干燥法

热空气干燥法是指用蒸气或热水，或者用火室、火道加热空气，利用鼓风机将空气通过水暖设备或火室、火道加热后送至干燥室，再通过黑火药表面。其热空气温度不得超过 40 ℃。如果用火室、火道加热空气，应绝对保证火星不进入干燥室，要达到这一目的，可将热空气进行过滤。

（5）红外线干燥法

红外线干燥法是指用隔热材料建成干燥室，采用红外线加热，再利用反光镜从干燥室顶部和内壁均匀反射红外线到药物上。红外线灯泡与药物的距离应在 1 m 以上，其温度不宜超过 40 ℃。

3.2.3　烟火药制造

通过上述烟花爆竹基础知识的学习，已经知道烟火药是生产烟花爆竹的一道主要工序，也是容易发生燃烧爆炸事故的比较危险的工序。因为生产人员与烟火药发生直接接触，所以在烟火药制造过程中，不能存在任何违章操作，不能有丝毫的疏忽大意。

由于烟花爆竹产品种类很多，因而烟火药的种类也很多，但制造的工艺流程大同小异。烟火药的制造工艺流程如图 3.3 所示。

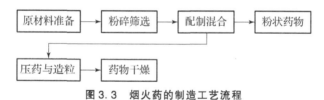

图 3.3　烟火药的制造工艺流程

1. 原材料准备

烟火药制造过程中，所用原材料应符合国家有关烟火药原材料质量标准的要求，以免造成人身、财产、安全事故的发生。烟火药原材料要有生产厂名、产品合格证，进厂后要经过化验（或委托化验）和工艺鉴定后方可使用，不得混入对药物增加感度的物质，以免导致在生产过程中发生事故。进厂后超过一年未使用的原材料，必须重新检验合格后才可使用。对于不符合标准的原材料应坚决不用。除此之外，生产者应严格按照生产操作规程操作。

2. 粉碎筛选

粉碎是为了达到烟火药所需要的粒度，使其混合均匀，保持药物性能的一致性。粉碎应在单独工房内进行。烟火药所用原材料只能分机单独进行粉碎，感度高的物料应采用专机粉碎，切不可将氧化剂与可燃物混合粉碎。粉碎易燃易爆物料时，必须在有安全防护墙的隔离保护下进行。因此，机械粉碎烟火药所用的药料，必须注意以下几个方面：

①粉碎前应对设备进行全面检查，并认真清扫粉尘，必要时用水洗净，并不得使用生锈工具；

②必须实行远距离操作，当操作人员未离开机房时，严禁开机；

③进出料时，应首先停机，然后关掉电源；

④填料和出料必须在停机时间 10 min 后，待热量散发后进行；

⑤应时刻注意室内通风散热，防止粉尘浓度超标；

⑥采用湿法粉碎药料时，应严格防止药料泡沫溢出容器，以免干燥后发生事故；

⑦粉碎的物料必须包装好，并应立即贴上品名标签，以免造成混淆。

筛选是为了阻止药料中有其他金属及硬质杂物，使烟火药料达到所需要的粒度，保障烟火药均匀的燃烧速度。粉碎前后必须过筛，筛选时不得使用铁质等易产生火花的工具，原材料筛选可用铜筛或绢筛。采用机械筛选时过筛设备应加装防护设备装置。

3. 配制混合

烟火药的性能主要取决于配方的准确度和混合均匀度，因此，要求称量要准确，混合要均匀。配制混合是将各种原材料按照配比，通过一定的方法把它们均匀地混合到一起，以满足工艺质量要求。由于烟火药混合后敏感度极高，当充分混匀时其危险性最大，因此烟火药制造工艺中，配制混合是最危险的工序之一，需要指定专人负责。操作时应注意：

①称量药物用的秤盘和秤砣等，要用铜铝制品，不得用钢和塑料制品，以防称量时发生碰撞和静电聚集；

②称量药物时，应根据药物性能分两处进行，即一个配方分两处称量，一处称氧化剂，另一处称可燃剂、黏结剂、着色剂等，然后将称好的药物移至混合配药间；

③必须有专用的配药间、操作间、工具、储药工具和药洞、药房、药库，粉碎筛选后的药物材料，根据产品的配制要求，合理配制成烟火药；

④烟火药各成分的干法混合宜采用木制、纸制或导电橡胶制得的转鼓等设备；

⑤药物混合时要严禁碰撞、摩擦，采取少量多次、勤运走原则；

⑥手工混合应在单独工房内进行，采用导电橡胶工作台或木质工作台操作，用钢网筛和韧性大的纸张，严禁在物料库和其他操作工房内进行配料；

⑦混合时粉尘较大，所以一定要保持清洁，上下班都应打扫和冲洗干净，清扫时应使用排笔等专用工具；

⑧在配制高感度药剂时，必须在专用工房进行，并使用专用工具，同时配备防护设施，其工房工具如需改作他用时，应重新清洗干净方可使用；

⑨湿法配制含铝或铝镁合金粉等烟火药时，应及时做好散热处理；

⑩盛装药物的木箱、木桶严禁有铁钉露出箱或桶平面外，防止搬运和使用过程中发生碰撞、摩擦，产生火星引起燃烧或爆炸；

⑪配制好的药物必须有明确标识，以避免药物混乱造成不必要的损失。

4. 压药与造粒

烟花产品在燃放时，主要是利用烟火药燃烧的有色火焰来达到某种效果，其形式主要有两种：一种是在纸壳内燃烧喷出各色火焰；另一种是将烟火药制成颗粒喷抛到空中燃烧，产生彩色光球或组成彩色花形。为了达到上述目的，需将烟火药制成所需要的各种规格和形状（如柱状、片粒状、球状）的颗粒，并具有一定强度，以达到所要求的效果。这种具有一定抗压强度的颗粒俗称彩珠（又称亮珠）。

彩珠造粒的方法很多，现介绍几种常用的方法。

（1）油压法

油压法比较先进，适合制造大型彩珠，压制出的彩珠颗粒紧密、抗压强度大、规格一致、颗粒呈圆柱状。它是以油压机作动力，以模具成型，油压法造粒模具如图 3.4 所示。

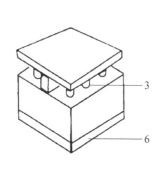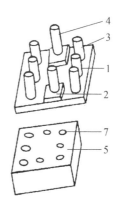

图 3.4　油压法造粒模具

1—上盖；2—控压垫；3—公模（上模）；4—套榫

5—母模（下模）板；6—底板；7—母模（下模）孔

操作方法是通过机械先把溶剂形成雾状，喷洒到已添加黏结剂并混合好的烟火药上，再进行拌和，达到一定干湿度（以手捏成团，但又不结块，松手即散开为宜）；放入铜（或铝）质或不锈钢的模具内，合上公模；打开操作孔，把装有烟火药的公模推入油压机内，关闭操作孔，开动油压机，控制压力不得超过规定限度；最后取出，脱模后即成所需要的彩珠。

造粒模具一定要精密，公模伸进母模的长度要限制在一定范围，避免因压力增大而发生事故。

（2）圆球滚黏造粒

圆球滚黏造粒是利用一个防爆电动机带动一个铜质（或铝质）不锈钢制圆球旋转而成，球形造粒机如图 3.5 所示。在球的外部距直径 1/4 的地方，开一圆口，作加料、出料和观察用；旋转轴可以移动，旋转时与地面呈 40°~50°，转速在 10~20 r/min 为宜。

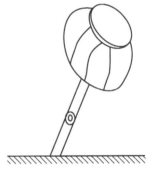

图 3.5　球形造粒机

球形造粒机操作方法是将烟火药放进圆球内，开启圆球转动；用喷雾设备把含有黏结剂的溶剂，或将用面粉制成的一定浓度稀浆洒在烟火药上，粉状的烟火药逐渐形成小球；分多次喷洒溶剂使小球增大到一定大小后，倒出筛选，干燥待用。

为了保证安全，最好采用自动加料、卸料的远距离操作设备。设备要可靠接地，电动机要密封，以防止药剂粉尘掉入。

用这种方法造出的颗粒呈球形，表面光滑没有棱角，结构紧密，强度适中，它适于制造 1.5~8 mm 直径的彩珠。

（3）手工造粒

手工造粒的方法比较简单，但不安全，而且造出的彩珠质量差、规格不一、结构不紧密、有棱角，不宜采用；但有的企业条件受限，还在采用，应加以改进。手工造粒的方法有四种。

①压饼法。将烟火药加液体黏结剂，搅拌和成面团状，再在木板上压成所需厚度，用刀切成一定大小的块状，再置于木盘或竹篾上使之滚动，滚去棱角，晒干即可。

②筛孔法。先按方法①把烟火药揉成团状，然后用木滚子按要求的厚度压滚成薄片，选用一定目数孔径的钢筛，把烟火药薄片铺在筛子上，从筛孔中挤压出去，形成正方形颗粒，最后放到木盘或竹篾盘上摇滚，去掉棱角，晒干即可。这种方法适宜制造较小的颗粒。

③过筛法。加料、配料和加黏结剂的方法与方法①相同，但料要干一些，揉和成用压面机可压的料团即可；将这种烟火药放在铜筛网上，不断揉搓，使烟火剂从筛孔中挤出，并在铝盆中摇滚筛选即可。

④注压法。采用一定内径和长度的铜管，安装铜质芯柱，调节芯柱与管口

的间距，使之符合所制的彩珠规格要求（简易造粒器结构如图 3.6 所示）；也可以不装弹簧，将烟火药把芯柱顶压至顶端。造粒时先将烟火药揉和成过筛法造粒所要求的状态，然后放在木盘内，用简易造粒器对准烟火药向下挤压，使烟火药装满铜管至合适的密度，最后用手推压芯柱使其脱模即成。这种方法适宜制造大型圆柱状彩珠。

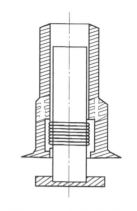

压药与造粒也是非常危险的工序，应在专用工房中进行。上面介绍的压药与造粒方法归纳起来主要是手工和机械两种。

图 3.6　简易造粒器结构

为保障压药与造粒的操作安全，必须做到以下几点：

①机械压药与造粒的工房，每间定机 1 台，手工压药造粒工房定员不得超过 3 人；

②机器造粒机器运转时药物温度不得超过 20 ℃；

③在造粒时除操作人员外任何人不得进入工房内；

④操作人员发现机器运转异常时应立即关闭电源，停机寻找原因；

⑤烟火药造粒采用干法机械生产时，应有防爆墙（板）隔离才能进行操作；

⑥手工造粒时，应采用湿法生产，每间工房药物停滞量不得超过 5 kg；

⑦湿法制成的亮珠必须摊开放置，摊开厚度不得超过 1.5 cm，亮珠直径超过 1 cm 时，其摊开厚度不得超过亮珠直径的 2 倍，这是为了及时散热，以免热量积聚而引起自燃自爆；

⑧黏结剂的 pH 值应为 6～9，偏酸或偏碱都有可能与烟火药发生反应，致使烟火药失效，甚至引起燃烧爆炸事故；

⑨亮珠的筛选分级必须在未干之前进行，每次药量不得超过 3 kg。

3.2.4　新型多元化烟火药配方

近年来，基于安全环保燃放的要求，用于烟花爆竹生产的新型多元化烟火药配方逐渐受到重视。作者及其所在的北京理工大学焰火技术团队针对该问题主要研发了三类安全环保配方，部分产品已经用于生产组合烟花产品，并为 2019 年庆祝中华人民共和国成立 70 周年大会及 2022 年北京冬奥会的大型烟火燃放提供了技术支持。以下对几种新型多元化烟火药配方进行简要的介绍。

1. 环保型无硫发射药

当前烟花类产品采用的发射药配方主体依然为黑火药，但由于硫黄的存在，会在燃放过程中产生大量的二氧化硫等有毒有害物质。针对该问题，作者及其所在团队采用高氯酸钾/对苯二甲酸氢钾为主要体系，通过添加碳粉及酚醛树脂进行改进，通过计算得出了无硫发射药基础零氧平衡配方：高氯酸钾77.2%、对苯二甲酸氢钾13.3%、酚醛树脂7.9%、碳粉1.6%。在此基础上，作者及其团队还通过增加硬脂酸钙及二茂铁等氧化剂改善配方组分，以$p-t$曲线及感度实验作为配方调整依据，最终得到无硫发射药配方。研究人员通过与黑火药的对比，从发射性能、热分解温度、燃烧性能、安全性能及环保性能的相关实验中确定无硫发射药的实用性。得出了以下有关结论。

①在相同粒径下，无硫发射药与黑火药的发射高度相差较小，发射性能可满足实际燃放的需求。无硫发射药非常稳定，粒径越小发射高度越高。

②无硫发射药的热爆炸临界温度T_b比黑火药高，即无硫发射药的热稳定性优于黑火药。无硫发射药表观活化能E_k远远高于黑火药，即黑火药更容易在较低能量刺激下发生反应。无硫发射药的反应过程为高氯酸钾、对苯二甲酸氢钾与碳粉的复合反应。黑火药的反应过程为硝酸钾、硫黄与木炭的复合反应。同时，无硫发射药中各组分相容性良好，不会影响药剂整体功能和安全性，T_{p0}较高，安定性好。

③无硫发射药的燃烧热值6 885 J/g高于黑火药的燃烧热值5 598 J/g，可与$p-t$曲线实验中冲量的计算结果相对应，并能互相验证数据的可靠性。无硫发射药的峰值压力比黑火药高0.81 MPa，燃烧过程中黑火药的冲量小于无硫发射药。点火初期压力较低时，黑火药的燃烧速度大于无硫发射药，但随着压力升高，无硫发射药最大燃烧速度高于黑火药。黑火药的燃烧压力指数小于无硫发射药，无硫发射药燃烧速度对压力变化的敏感度高于黑火药。

④黑火药的水分含量（1.60%）高于无硫发射药（1.15%），同时其平均吸湿率（2.65%）也高于无硫发射药（0.845%），因此在实际装填烟花产品时，无硫发射药的性能更稳定，更易于储存。两种药剂的摩擦感度均为0，但无硫发射药的撞击感度与火焰感度均低于黑火药，因此无硫发射药在制备、装填、运输及储存过程中安全性更高。两种药剂燃烧产物的$PM_{2.5}$与PM_{10}相差不大。

⑤经 X 射线衍射仪（XRD）测试验证，无硫发射药中的高氯酸钾在燃烧过程中完全参与反应，没有高氯酸盐的固体产物生成，不会对环境造成污染。

2. 新型无金属粉开爆药

针对开爆药而言，由于其开爆半径的要求，其配方中往往会添加 Mg、Al 等活性金属粉，从而增大药剂威力，但由于欧美国家禁止在我国采购含金属粉的开爆药产品，因此无金属粉的开爆药剂研发是亟待解决的问题。作者及其团队采用化学腐蚀法对硅粉进行处理得到微纳米多孔硅，并将其作为可燃剂应用于新型无金属粉开爆药中，研制出无金属粉开爆药基础配方：高氯酸钾 75%、对苯二甲酸氢钾 13%、微纳米多孔硅 9%、碳粉 2%、二茂铁 1%。然后，再以 $p-t$ 曲线及感度实验作为配方调整依据，得到最终的无金属粉开爆药配方。研究人员通过与普通开爆药的对比，从开爆半径、热分解能力、燃烧性能、安全性能及环保性能的相关实验中确定无金属粉开爆药的实用性，得出以下主要结论。

①无金属粉开爆药平均开爆半径为 16.13 m，略低于普通开爆药的开爆半径 19.76 m，但都满足国家标准《烟花爆竹　安全与质量》（GB 10631—2013）。两种药剂半径大小的差距与普通开爆药中铝镁合金粉与硝酸钡激烈的燃烧反应相关，虽然无金属粉开爆药不能完全达到含金属粉开爆药的开爆半径，但可通过适当增加药剂量来加大开爆半径。同时无金属粉开爆药开爆半径稳定性高于普通开爆药。

②无金属粉开爆药中参与主要热分解过程的是高氯酸钾、对苯二甲酸氢钾与微纳米多孔硅的复合反应，且这一阶段的无金属粉开爆药热分解瞬间产生巨大能量导致质量反弹。普通开爆药参与主要热分解过程的是高氯酸钾、硝酸钡与铝镁合金粉的复合反应。

③无金属粉开爆药的燃烧热值 6 282 J/g 低于普通开爆药的燃烧热值 11 086 J/g，与热分析实验中的 DSC 曲线对应，意味着药剂在缓慢加热导致产生燃烧反应的过程中，普通开爆药的持续放热能力很强，这是因为铝镁合金粉的燃烧热值很高，这也是普通开爆药开爆半径较大的主要原因。

无金属粉开爆药的 $p-t$ 曲线峰值压力 4.96 MPa 比普通开爆药峰值压力 4.08 MPa 高 0.88 MPa，冲量 0.743 51 MPa·s 也高于普通开爆药的冲量 0.502 39 MPa·s，即无金属粉开爆药点燃瞬间的能量释放率较高。

④普通开爆药的水分含量（2.40%）高于无金属粉开爆药（1.33%），同时其平均吸湿率（3.505%）也明显高于无金属粉开爆药（0.955%），因此在实际使用时，无金属粉开爆药的性能更稳定，易于储存。无金属粉开爆药的撞击感度、摩擦感度与火焰感度均低于普通开爆药，因此无金属粉开爆药在制备、装填、运输及储存过程中安全性更高。普通开爆药产生的 $PM_{2.5}$ 与 PM_{10} 质量高于无金属粉开爆药，因此无金属粉开爆药在实际燃放过程中对环境的负面影响更弱。

3. 多元嵌段聚酯黏结剂型烟火药

黏结剂作为烟火药三大基本组分，其用量与种类的选取与烟火药的燃烧性质紧密相关，传统烟火药多使用酚醛树脂作为黏结剂，其生产过程伴有苯酚等有毒物质产生，对环境破坏严重。针对该问题，作者及其团队创新采用生物法合成了不同种类的多元嵌段聚酯作为黏结剂［主要包括聚衣康酸二丁酯（PDIB）和聚衣康酸单丁酯（PMIB）等］，基于零氧平衡设计配方，采用湿混法制备烟火药。在此基础上，通过摩擦感度、机械感度、吸湿性和热分析表征聚酯黏结剂烟火药的安全性能；通过颗粒硬度和热场扫描电镜表征力学性能；通过密闭爆发器 $p—t$ 曲线表征燃烧性能；通过燃烧颗粒物浓度及气体成分表征环保性能。作者及其团队在这些性能方面对多元嵌段聚酯黏结剂型烟火药与传统酚醛树脂黏结剂型烟火药进行了对比。

结果表明，以生物法制备的聚酯作为黏结剂制备的烟火药，具有良好的机械硬度及安全性能，可以减少烟火药燃烧产生的热量，放缓整体燃烧过程，减少燃烧产生的颗粒物及有毒有害气体。和以酚醛树脂作为黏结剂制备的烟火药相比，以聚衣康酸二丁酯作为黏结剂制备的烟火药燃烧产生的颗粒物降低了 53.51%，CO 降低了 94.53%，NO_x 降低了 71.62%，残渣降低了 40.64%。

在此基础上，作者通过采用 FTIR、XRD、XPS、SEM 等表征手段分析燃烧后的产物，提出了烟火药黏结剂的"网兜"理论。多元嵌段聚酯黏结剂"网兜"缓燃机理图如图 3.7 所示。多元嵌段聚酯黏结剂在烟火药黏结过程中形成"网兜"结构，将烟火药中的可燃剂和氧化剂包裹在每个"网兜"单元中，形成多个独立"燃烧室"。黏结剂侧链越长，其初始分解温度越高，"网兜"壁越厚，每个"网兜"燃烧室之间的传热传质减慢程度越高，使每个"网兜"单元中的可燃剂和氧化剂燃烧得更加充分，从而导致烟火药的整体缓燃，进而增强烟火药的环保性。

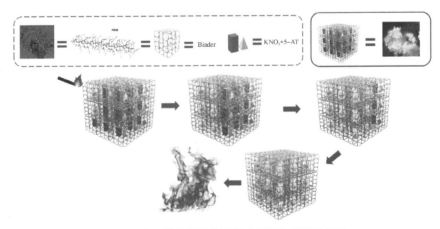

图 3.7 多元嵌段聚酯黏结剂"网兜"缓燃机理图

|3.3　其他功能性部件|

3.3.1　壳体

1. 壳体种类

根据烟花爆竹产品的种类和用途，壳体一般可以分为以下几种类型。

（1）爆炸型壳体

爆炸型壳体用于爆竹类产生爆炸效果。这种壳体不能使用强度太大的纸来卷制筒体，这样可能炸不开而形成冲射，所以只能选用拉力小且比较脆的纸来卷制筒体，爆炸后，壳体炸得越细，响声越大，越清脆。

（2）燃烧型壳体

一般线香类烟花的壳体是选用 50～60 g 薄的白纸或彩色纸来卷制筒体，这种筒体在燃放时要随药物一起烧掉，一般卷 3～4 圈即可，但纸的拉力强度要大。

（3）喷射型壳体

喷花类、旋转类、升空类等烟花的壳体必须选用拉断强度大、稍厚的纸，使其能承受药剂燃烧后喷射出气体的压力。喷射型壳体要求筒体不易破裂，紧密结实，但随着烟花品种不同对纸的要求也不一样，有的要求不易燃烧，有的要求一并烧毁。

（4）配装型壳体

配装型壳体又称套筒，这种壳体主要用于大型烟花中最外层的配装，即在装有烟火药的纸筒外面又套上一个大一些的圆柱筒。

2. 壳体制作

壳体制作大体上可分为手工卷制和机械卷制两种方法。

（1）手工卷制

手工卷制时需根据设计要求选择用纸。对于小鞭炮，由于药量小，要想达到理想的爆破率和破碎纸率，一般应选择纸的定量在 40～50 g/m²，选取厚度小、拉力小及脆性强、均匀性好的纸张，同时还要考虑价格便宜，来源广泛。过去一般采用手工土纸，现在发展到使用机械鞭炮纸。

手工卷制纸筒的工具很简单，用来卷制纸管的模芯一般采用不锈钢棒、铝棒、铜棒或铜管等。选做模芯的金属棒要求表面光滑，目测无加工刀痕，并且要一端稍大、一端稍小，稍类似锥形，这样便于脱模。

手工卷制纸筒在搓凳上进行，搓凳用硬木材料制作而成。一般爆炸型的纸筒，只需把表面上的纸涂浆，用搓凳搓紧即可。用于制作小鞭炮的纸管，由于其纸张较薄，只要用水浸湿纸边，利用水的黏性即可；用于制作吐珠、喷花、火箭一类的烟花纸筒时，则要求在每层纸间涂浆，这种纸筒干燥后强度较大，紧而厚实，不易烧筒、炸筒。

（2）机械卷制

机械卷制是在专用的卷纸管机器上进行的。卷纸管机器最早从日本、德国引进，近几年来，我国湖南省醴陵市东风机械厂已能批量生产，而且该机器性能好，维修操作方便。该机械主要由进料、上浆、卷筒、电控、烘干、冷却、切割等部分组成。

卷制出来的筒体应黏合牢固、不开裂、不散筒、光滑、干燥、无霉变，筒体长度≥100 mm 时，允许的偏差为±2%；筒体长度＜100 mm 时，允许的偏差为±3%。筒体外径允许的偏差为±5%，筒体应黏合牢固。

裁纸是制作烟花爆竹的第一道工序，它直接影响着每个烟花爆竹的长短、大小和质量。按照验收标准的要求，裁纸应符合尺寸规格，无头大头小、无斧头尖、无毛边、无斜口、无油迹等情况。

3. 礼花弹壳体制作

礼花弹的壳体有两半圆球形和葫芦头形两种，其制作方法分为糊制、真空吸铸和冲制三种，简要介绍如下。

（1）糊制

两半圆球形壳的糊制是在球胎上进行的。球胎可以是木球，但最好用空心铝球，表面要求光滑，不得有明显刻痕和凹陷之处。糊制用糨糊用面粉与水按1∶4配制，糨糊应熟透并不得有结块现象。

糊制时先在球胎上打一薄层底纸，然后将几张糊纸粘贴在一起，裁成弧线状纸条交错贴在球胎上。糊几层后在工作台上滚光一次，即用手按住壳体顶部在工作台上往复滚动，使壳体表面光滑，但不应起层和形成皱褶。

糊纸达到厚度后，即可烘干。烘干温度45～65 ℃，烘干时间18～24 h，每隔3～4 h 应滚光一次。烘干后，在糊纸表面上画上记号，将壳体切成相等的两个半圆球壳，配套使用，以保证紧密吻合。

葫芦头形壳体在剖成对称的两半后，再吻合起来，在接缝处缠绕两层纸，于 45～65 ℃温度下烘干 1～2 h，再在外部交错糊上几层纸，每糊一层就需滚动一次，直至全部糊完；然后置于 45～65 ℃下烘干 12～16 h，每烘干 3～4 h 即需滚光一次。画上记号后切口，切口应端正，且尺寸符合要求。

（2）真空吸铸

真空吸铸是在专用的真空吸铸机上进行的。两半圆球形壳体吸铸成一个一个的半球，再两两配套使用，葫芦头形壳体分别吸铸成盖和体，再配套封存待用。

真空吸铸使用的原料是浆料，它是由纸浆、高岭土和水按一定比例配制而成。辅料是胶液，它由高岭土、酪素胶、水按一定比例配成。

壳体吸铸好后需要定型，将一个球胎放入湿壳体内部，再固定于整形模中充气，使湿壳规整后，在温度 65～80 ℃下烘干，一般需 10～24 h，检查合格后，修整口部，使两半球或盖和葫芦体吻合紧密，一一配套后，加盖印记。葫芦头形壳体尚需将盖粘在壳体上备用。

（3）冲制

冲制是将四张冲制成带缺口的圆形纸板交错叠在一起，上下各用糨糊或酪素胶贴上一层牛皮纸，在黏结剂未干时，放入模具中，压上冲头，在压力机上压制定型。壳体在室温下自然干燥后，再经一次压制整形，修整后对壳、糊表纸切口。

不论采用何种方法，壳体壁厚尺寸和强度的大小均需试验确定，即进行填砂弹打炮试验。试验时应加大发射药量，经发射后不产生膛炸和筒口炸即为合格。

3.3.2　引火线

1. 引火线的定义

引火线简称引线，又称药捻、信子、速燃导火线等，它是所有烟花爆竹产品中不可缺少的零部件，主要作用是作为烟花爆竹的传火部件引燃烟花爆竹，引火线的质量直接影响着烟花爆竹的整体质量和燃放安全。

2. 引火线的性能要求

引火线质量的好坏和使用是否得当，直接关系到烟花爆竹产品的质量和燃放安全性。根据国家标准《烟花爆竹 引火线》（GB 19595—2004）已对引火线的质量作出以下技术要求。

（1）一般要求

①外观：外观整洁、无霉变、潮湿、空引、螺纹引、鼠尾引、疵点、藕

节、漏药、散浆、散砂和析硝等现象。

②燃烧速度：必须符合所标示的燃烧速度要求。允许偏差：定时引火线为 ±4%，其他慢速引火线为 ±8%，快速引火线为 ±15%。

③吸湿率：硝酸盐引火线≤5.0%，其他引火线≤3.0%，牛皮纸快速引火线指其内药物吸湿率。

④水分：硝酸盐引火线≤1.5%，其他引火线≤1.0%。

⑤热安定性：(75±2)℃条件下放置48 h后，引火线无自燃、不燃现象。

⑥旁燃时间：安全引火线的旁燃时间≥3 s。

⑦燃烧性：引火线燃烧传火时不允许有熄火、透火、顿火现象，除快速引火线外不得有爆燃、速燃现象。

（2）尺寸要求

①慢速引火线的长度应一致，允许偏差 ±2%，横向尺寸允许偏差 ±4%（手工纸引火线除外）。

②卷式包装引火线的长度允许偏差 ±1%，横向尺寸允许偏差 ±4%。

③快速引火线的长度允许偏差 ±2%，横向尺寸允许偏差 ±10%。

（3）其他要求

①快速引火线：简称快引，快速引火线不允许有药芯断线的现象，且能承受5 000×(1±5%)g的质量。

②纸引火线：能承受50×(1±5%)g的质量。

③定时引火线：两头必须封以防潮剂。允许包缠外层棉线排列不均，但其长度不大于10 cm。外层缠线断线不得超过三根，其连续长度不大于6 cm。

④安全引火线：其牢固性要求其应能承受2 000×(1±5%)g质量，外层缠线排列不均匀部分最长不得超过10 cm，在100 cm内不得超过两处；外层缠线间隔允许 ±0.1 cm。

⑤防潮性：除纸引火线外其余引火线经防潮性试验后，燃烧传火时不允许有熄火、透火、顿火现象，除快速引火线外不得有爆燃速燃现象。

⑥抗水性：定时引火线、安全引火线经抗水性试验后，燃烧传火时不允许有熄火、透火、顿火现象，除快速引火线外不得有爆燃速燃现象。

另外，引火线是黑火药的一种重要制品，属于索类火工品或索类起爆器材。它的作用是传导火焰和实现一定时间的延期引燃烟花制品。根据引火线的用途，还应满足下列要求：

①具有足够的火焰感度和点火能力，即它很易于被火焰点燃，并且也很易于点燃烟花制品；

②燃烧稳定、可靠，即具有均匀的燃烧速度，在传导火焰过程中不断火、

不速燃，均匀燃烧，以保证传导火焰可靠及延期准确；

③需具有一定尺寸，由于它是与其他火工品配合使用，所以引火线的外径必须与之相适应；

④具有一定的防潮能力，这是因为它有可能会在湿度大的地方，甚至在水中使用，同时便于在长期储存下不致因受潮而影响其性能。

3．引火线的分类

（1）按火药的种类分类

按火药的种类引火线可以分为黑药引火线和白药引火线，此外还有礼花弹的专用导火索、炭精引火线等。

（2）按包皮的材料分类

①普通引火线，用砂纸或皮纸包裹黑火药制成。

②安全引火线，用棉纱缠绕包裹黑火药制成。

（3）按直径的不同分类

①皮纸引火线：$\phi 0.8$ mm（加小引火线）、$\phi 1.2$ mm（中等引火线）、$\phi 1.5$ mm（加大引火线）。

②安全引火线：$\phi 1.4$ mm、$\phi 1.6$ mm、$\phi 1.8$ mm。

③包裸快引：一般为 $\phi 4$ mm，其他视产品需要而定。

（4）按燃烧的速度分类

按燃烧的速度分类引火线可分为慢速引火线、纸引火线和快速引火线。

①慢速引火线。

慢速引火线指燃烧速度小于 3.0 cm/s 的引火线，它又分为定时引火线和安全引火线。定时引火线又分为普通型引火线和缓燃型引火线。

a. 安全引火线又称安全引火线，简称安引。它是以烟火药为药芯，以棉线作包缠物，织成外层，外涂以防潮材料制成的引火线。

b. 普通型引火线：以烟火药为药芯，表面为棉线和纸的本色，燃烧速度为 $0.7 \sim 1.0$ cm/s。

c. 缓燃型引火线：以防潮材料包裹烟火药为药芯，外层以棉线为包缠物且有一种绿色线作标识，燃烧速度为 $0.4 \sim 0.7$ cm/s 的引火线。

②纸引火线。

纸引火线分为纸引火线和组合纸引火线。

a. 纸引火线：以烟火药为药芯，用纱纸或皮纸作包缠物，其外浆以专用胶的引火线。

b. 组合纸引火线：用两根以上纸引火线黏合而成的引火线。

③快速引火线。

快速引火线是指燃烧速度≥3.0 cm/s 的引火线，分为牛皮纸快速引火线、防水快速引火线和安全快速引火线。

a. 牛皮纸快速引火线：以棉线包裹烟火药为药芯，并用牛皮纸包裹的引火线。

牛皮纸快速引火线主要作用是快速传火，它的工作原理是管腔增压效应（管道效应）。当芯线燃烧时，产生大量的气体，由于管腔密封，使气体无法排出，管道内气压急剧上升，导致这种高温高压气体沿着管道方向扩散，并将火药的燃烧瞬时波及整个管腔而形成烟火药的爆炸，甚至在极短的时间内形成爆轰，此时燃烧传播速度极快，当管腔内的压力增大到一定程度时，管腔破裂，气体外泄，此为管腔增压效应调整燃烧速度的方式。要利用好这种管腔增压效应，就必须保持其管腔的完整性，这是选择快速引火线和安装快速引火线时要特别注意的，这种管腔增压效应也可以用于礼花弹中心传火管的设计。

b. 防水快速引火线：以牛皮纸快速引火线外层包裹塑料材质或防水免水胶带的引火线。

c. 安全快速引火线：以烟火药为药芯，以棉线为包裹物织成外层，外涂以防潮材料的引火线。

目前使用最多的是牛皮纸快速引火线，它是由一个牛皮纸长管（一般是反向包裹双层牛皮纸）作外壳，其中间放置一个烟火药条（一般是 3~5 根涂药棉纱线），涂药棉纱线燃烧速度本身并不快，在敞开的条件下，一般只有 0.01~0.1 mm/s，但经牛皮纸包裹形成一定管腔后，燃烧速度可达 1~100 m/s。

这种产品实际上是烟花产品中的一个部件，它能将烟花的各部件连接，在燃放时做到几乎同步，即在一定长度内可以不必考虑燃烧时间。在我们的视觉上感觉不到烟花的各部件燃放差异，从而达到一种特殊欣赏效果。这种方式也同时应用于烟花产品与产品之间，如烟花表演、烟火晚会上。快速引火线与定时引火线合理搭配使各烟花产品按其设计要求有序燃放。但另一种最普遍的应用是作为烟花产品点火引火线的延长线，搭配一定长度的慢速引火线（如安全引火线），做到在规定时间内引燃烟花产品。

快速引火线的技术指标有以下几个方面。

①喷火性能：产品点燃后尾部喷出的火焰能将放置在 25 mm 远的黑火药点燃。

②外观：产品外包覆应均匀、严密、无扭折、无变形、无油污等，不允许有断纸、断胶和破裂漏气等缺陷，允许有不超过 1 cm 的开胶。

a. 产品外表呈牛皮纸本色，形状扁平，表面光滑、均匀，允许有轻微的皱纹。

b. 允许每卷产品中有 2 次出现接卷接头，最短索段不小于 2 m。

③性能要求。

a. 燃烧时间：不大于 2 s/m。

b. 燃烧性能：燃烧时炸声均匀，不允许有断火、间熄燃烧等现象。

尽管这些种类的引火线名称和作用各有不同，但在工艺制造、外形规格、质量标准等方面，都与普通引火线、安全引火线的要求相同。

4. 引火线制作工艺

引火线按制作方法分为手工制作和机械制作，按所装的烟火药种类分为白药引、高钾药引和黑药引等。以下以硝酸钾引火线制作为例进行说明。

硝酸钾引火线制作应在专用工房内进行。手工生产时，每工房定员不得超过 2 人，人均使用面积不小于 3.5 m²，每人每次领药限量为 1 kg；机械生产引火线，每间工房不得超过 2 台机组，机组间距不得少于 2 m，工房内药物停滞量不得超过 2.5 kg；盛装烟火药的器皿必须用不产生火花和静电积累的材料制成，严禁敲打、撞击。硝酸钾引火线生产工艺流程如图 3.8 所示。

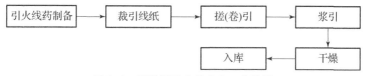

图 3.8　硝酸钾引火线生产工艺流程

（1）引火线药制备

常用的硝酸钾引火线引火线药成分配比：

①硝酸钾 65%~70%、麻秆炭 30%~35%；

②硝酸钾 75%、木炭 10%、硫黄 15%。

传统的生产工艺是将炭倒入硝酸钾溶液里，使硝酸钾渗入炭内，再用石臼杵或石碾碾碎，过筛，锅炒。此生产方法极不安全，常发生伤亡事故，生产率低。为提高硝酸钾引火线的质量，应采用球磨机混药，隔离操作，此法混药均匀，质量好，效率高。

（2）裁引火线纸

引火线纸一般用砂纸（皮纸），按引火线规格裁成纸条或切成纸盘，手工搓引，每 100 条为 1 束。

（3）搓（卷）引

①手工搓引：将一束砂纸条一端固定在工作台上，一手用一根中间带槽的

长条状板（竹篾或木条）水平地插入盛黑药的盒内使药剂落入槽内，另一手拉直砂纸条，将专用装药板平移至纸条上面，对准砂纸条翻转药板将药倒下，并用拇指指甲刮动药板，使药板震动，从而使药均匀地全部倒落在砂纸条上，然后用手搓砂纸条，卷成纸引。

②机制引火线：把切成的纸盘安装到引火线机固定纸盘的轴上，把药剂放入漏药盒内，然后将砂纸条拉出通过引火线药漏斗孔，使之经过引火线机上的U型槽，接到卷引轮上，开动机器，自动卷制成引火线。

③机制安全引火线：由于纸引火线防潮性差，抗拉强度小，目前烟花制品已逐步使用棉纱引火线，即安全引火线。安全引火线的制造与民爆器材产品导火索类似，都在制索机上进行。生产时，用一根棉纱通过药碗、药嘴，将药剂黏附在带下，用内层线7~11根及外层线5~7根缠包而成。

（4）浆引

将搓好的纸引火线卡放在半圆弧的篾弓上并拉直，用蘸有糨糊的刷子或布条在引火线外刷涂。机制引火线把缠有引火线的轮放在倒松轴上，使引火线通过料盒，缠绕在转动的轮上。

目前大多数工厂生产引火线采用淀粉或糯米粉浆引，此法成本虽低，但易吸潮、发霉，空气潮湿时引火线会变软，造成插引困难，应采用聚乙烯醇或硝化棉浆引，使引火线防潮，传火可靠。

（5）干燥、入库

引火线涂浆后，应放到阳光下晒干或送至40~55 ℃干燥室内烘干，干燥后的引火线经检验合格后放入专用盛具内入库备用。

5. 引火线的裁切

裁切引火线是发生事故较多的工序。这是因为裁切时刀具与药剂发生摩擦，加上裁切工作台和刀具，甚至引火线中往往粘有细小的砂石及其他硬质杂质，在裁切过程中，很容易因刀具与砂石等碰撞或摩擦而产生火花，引燃药剂发生事故。所以裁切引火线时，应谨慎操作。

裁切引火线要先将引火线进行整理、捆扎。捆扎引火线工序应与裁切引火线工序分开。裁切和捆扎引火线均应有专用工房，每间工房只许1人单间操作，使用面积不得小于3.5 m²。捆扎引火线的工房药物停滞量不得超过5 kg。裁切硝酸钾引火线的工房药物停滞量不得超过1 kg。工房应保持清洁，残余药粉和引火线头应及时清除。

6. 安全引火线的制作

烟花爆竹生产中，安全引火线的使用越来越多，其特别应用于大型烟花表演中。安全引火线的特点是防潮防霉性能好，抗拉强度大，坚挺而坚韧，不容易断裂、断火，能够在水中燃烧而不熄灭，难于从引火线侧向点燃，制造简单，功效高；其不足之处是成本过高，难以做成直径很小的规格，当引火线截面掉药后，不容易再点燃。

安全引火线是机械生产的，其生产方法与导火索差不多，是导火索的小型化。它是用一根棉纱通过漏药孔，把药漏下来，再包上 7 ~ 11 根（或更多根）棉纱，经胶粘（上漆）、干燥而成。将着色剂（如红、绿）加入引火线漆中混合均匀，可以制成各种颜色的安全引火线。

现在一些皮纸引火线也按安全引火线的制作方法生产，其工艺类似，即将砂纸代替面纱，表面不着色上漆，但需上胶。除此之外，也有用传统的手工制作方法来生产皮纸引火线的。

安全引火线的质量要求如下。

①外观。

a. 不许有扭折、变形、严重污垢、发霉等现象。

b. 每卷引火线中，外层不得有短线、浮纱或黏结现象。

c. 剪断后不得有散头现象。

d. 在 45 ℃时外皮不应发黏。

②规格。

a. 外径：普通花炮用 1.4 ~ 2.5 mm，特殊要求除外。

b. 每卷长度：200 m。

③性能。

a. 燃烧速度：正常状态下为 100 ~ 125 cm/s，特殊要求除外。

b. 燃烧性：在燃烧过程中应无爆声、中途熄火及"跑火"。

c. 安全性：不侧向传火，用引火源从引火线旁边不易点燃。

d. 防潮能力：在常温水中浸泡 2 h 后，应符合燃烧性要求并且燃烧速度大于 10 mm/s。

3.3.3　效应部件

烟花中各种产生观赏效果的效应部件，能使烟花千姿百态、绚丽多彩。效应部件种类繁多，本节就其效应本质对各部件进行分类介绍。

1. 发光效应部件

能产生有色发光火焰的物质称为发光体。将块状发光体称为药块；圆柱形发光体称为药柱；圆球状发光体称为彩珠，又称亮珠；粒状发光体称为药粒。

它们均为发光效应部件。

发光体的基本要求：

①能产生一定的观赏效果；

②有一定的燃烧时间；

③有一定的强度；

④点燃可靠，且能连续燃烧；

⑤有一定的储存期。

（1）药块

药块规格大小不一，一般为 3 ~ 12 mm，也有更大的。药块加工所用药剂略有差异，此处仅介绍一般方法。

①根据设计配比称好药剂，干混均匀后，加入黏结剂湿混。混药可用手工或机械方法。

②压药工作在铜模中进行。模槽底部呈平面，槽深为药的厚度。压药时在模槽中铺一块湿布，然后将湿混药加在模中，一直加到高出槽面 1/3 为止，再将湿布的四角拉起来覆盖在湿混药上面，置于压力机上，上面盖一块平面铜板加压。当另一铜板平面相接触时停止加压，取出模具，倒出药片。

③将压制成的药片放在铺有橡皮的工作台上，用锋利的钢刀将药块切成所需大小。

④切好的药块放入木盆（铝盆或搪瓷盆）中，轻轻晃动，磨去药块棱角，再加入一些引燃药，晃动木盆，使药块蘸上一层引燃药，然后过筛。

⑤将药块在室温下自然晾干 24 h 左右，再在适当温度下烘干，直到含水量达到要求为止。药块干后先在室温下降温，再在药块表面蘸上一层点火药（金波和白波药除外）并置于 35 ~ 45 ℃下烘焙，降温后即可使用。

（2）药柱

药柱也是在模具中压制而成的。一般药柱直径为 7 ~ 12 mm，也有更大的。药柱结构如图 3.9 所示。压药模具为不锈钢组合模，由模子、底座和冲头组成。

压药时先将引燃药倒入模具中，再将基本药倒入模具中，放在压机上压制，压力一般控制在 1 500 ~ 3 500 kg/cm²。

药柱的密度比药块大，燃烧时间也比药块长。有的药柱在使用时尚需在引燃药端部抹上黑药腻子。

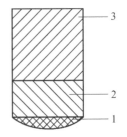

图 3.9　药柱结构

1—黑药腻子；2—引燃药；
3—基本药

用于礼花制作时，还要在药柱表面用虫胶作黏结剂滚上一层黑药粉，晾干或烘干后即可使用。

（3）彩珠

彩珠是球状药，燃烧时呈球面燃烧，时间比药柱的燃烧时间要短，光色变化迅速，加工方便，在空中能形成独特风格的花形，广泛应用于烟花中。

彩珠制作有手工滚药和机械滚药两种方法。

手工滚药与滚元宵相似。先制成药芯放到盆内，用喷雾器喷洒上稀的黏结剂，使药芯表面润湿，再加入配制好的干药粉，轻轻晃动，使所有的药芯上蘸上一点药粉，再喷稀黏结剂，再撒干药粉，再晃动滚药，这样反复进行，直至药珠达到所需尺寸为止。

机械滚药是用机械代替手工滚动。所用设备称为滚球机，它有一个圆形的铝质或铜质空心球体，球体的一头固定在转轴上，另一头开一圆孔作加料、出料和观察用。滚球机的转速一般控制在 40 r/min。与手工滚药一样，它也是边滚边喷洒黏结剂或酒精。

滚好的彩珠要筛去药粉，在室温下晾干。晾干的简易测验法是用手捏不碎为合格。再在适当温度下烘干，烘干后在室温下降温。为了容易点燃，还要在彩珠表面滚上点火药。滚药后还需再烘干。

（4）药粒

尺寸小于 3 mm 且形状规格不一的颗粒，统称药粒。多数用于地面烟花或小的空中礼花制作。

药粒制造方法很多，但一般是将按配比干混好的药粉加入适量的黏结剂，混合均匀并揉成药团，压成薄饼，用刀划成小块，或在筛网上强行挤压，或在筛上揉搓成粒状；然后在铝盆或滚球机中滚动，磨去棱角；最后晾干或烘干即可使用。造粒时要轻要慢，严防静电火花和摩擦着火。有的药粒不易点燃，需再粘上一层引燃药。含有金属粉的药剂如用糨糊作黏结剂，造粒后应立即干燥，以免自燃。

2. 分星类部件

分星类部件在空中点燃后，能形成一朵朵小花形状，或喷出小彩星，同时还可伴有清脆的爆竹声。

这类部件有球形、椭球形和筒形等，它们分别称分星球、分星包和分星筒。随着包内药剂成分的不同，它们产生的效应各异，观赏效果也别具一格。

分星类部件除应具有某种烟花效应，有一定的延期时间外，还需要能被抛出一定的距离。以下举两种典型结构供参考。

（1）分星包

分星包结构如图 3.10 所示。

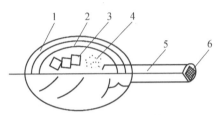

图 3.10　分星包结构

1—缠纸；2—内包纸；3—药块；4—黑火药；5—引火线；6—黑药头

内包纸为美浓纸，在纸中央钻一小孔，穿入引火线，用棉线将纸和引火线扎牢，然后包入一定量的药块和黑火药的混合药。在内包纸的外面用牛皮纸条缠紧，使其成椭球状，纸条尾部用糨糊粘住。再用一焖湿的非常柔软的牛皮纸排满糨糊，缠裹在外层并烘干。将露在后部的引火线端面处切开，抹上用胶水配制的黑药腻子，使其成锅状，再沾上适量黑药粉烘干。引火线和包纸接缝处可用胶腻缝，以免蹿火。

（2）分星筒

制作时按设计选择纸筒，在一端筒口处安放一块纸板（其外径和圆筒外径相等）作为封口纸垫，再用两张封口纸满挂糨糊将筒口和纸垫糊住。干燥后在中心处钻一小孔，插入引火线，用蘸有胶水的棉线缠绕在外露引火线的根部，以固定引火线并封闭缝隙，防止蹿火。从纸筒的开口端倒入计量好的稻壳炸药（或小粒黑火药）和小药块（或药粒），轻轻摇晃使药剂填密，药剂加到与纸筒口平齐，盖一张封口纸垫，外糊两层封口纸，干燥后即可使用。为使点火容易，有时将外露引火线的头部抹上桃胶黑药腻子，分星筒结构如图 3.11 所示。

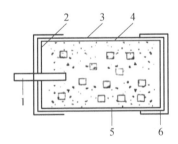

图 3.11　分星筒结构

1—引火线；2—封口纸垫；3—纸筒；4—药块；5—稻壳炸药；6—封口纸

3. 仿声类部件

在烟花中能产生声响的部件称为仿声类部件。随着药剂和填装方式的不同，仿声类部件可以产生哨子声、笛子声、鸟鸣声、闪电、雷鸣等不同声响效果，增添烟花观赏效果。

常用的仿声类部件是哨子，其结构如图 3.12 所示。

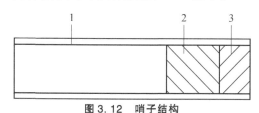

图 3.12　哨子结构

1—纸管；2—哨子药；3—泥堵

选择恰当的纸管，在其一端捣上黄泥底，在靠近黄泥底的筒内壁涂一层虫胶漆，借以提高药管强度，以便获得悦耳的哨子声；待虫胶漆干燥后即装入一定量的哨子药，烘干后即可使用。制作空中礼花的哨子，需要在哨子药上边再放一些药捻药，并放一根药捻，用纸塞住。

哨子的音质与药剂配方、纸管空出部位长度、纸管强度、药剂密度、纸管直径等有关，制作时要通过试验确定。

其他仿声类部件，如嗡子、雷子等，请参考其他资料，此处不再一一介绍。

4. 运动类部件

在烟花中能产生各种运动轨迹的部件称为运动类部件，依其运动特点可分为窜跑类、旋转类、飘浮蠕动类等。

（1）窜跑类

窜跑类部件是利用烟花点燃后喷出的火焰成气体的反作用力，推动壳体作无规则的窜跑，根据装填药剂不同可分为各色光曲率和各色波曲率，按喷射方式可分为药捻曲率、收口曲率和泥喷口曲率。药捻曲率是将药捻穿在封口纸垫中；泥喷口曲率是将药捻穿在泥喷口上，或不用药捻，只在喷口上涂上黑药腻子；收口曲率是将纸管收成喷口，不用捻子。以下仅介绍药捻曲率。

药捻曲率结构如图 3.13 所示。

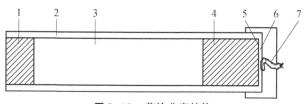

图 3.13　药捻曲率结构

1—泥堵；2—纸筒；3—药剂；4—引燃药；5—封口纸垫；6—封口纸；7—药捻

装配时在纸筒的一端装一圆形纸板作为封口纸垫，再糊两张封口纸，干燥后在其中心处钻一小孔，将药捻双折从小孔穿入筒内，在内部靠近封口纸垫处结一个扣。从另一端先后装入适量的引燃药和基本药剂，分次装填，分次用铜冲捣实，口部留出适当空间加盖黄泥堵捣实，干燥后即可使用。

窜跑类部件的质量取决于纸筒强度、药剂的燃烧残渣和喷口。纸筒应有足够的强度，保证药剂燃烧时不会炸裂；药剂燃烧后残渣要少，否则灼热的残渣会将纸管烧穿；喷口大小和位置也都直接影响效果。这些因素在设计、制作窜跑类部件时要充分注意。装药时要密度均匀，否则容易产生断火。

（2）旋转类

烟花中利用药剂燃烧时喷出的火焰或气体，使部件做旋转运动的部件称为旋转类部件。旋转类部件按装药不同可分为光色型旋转类部件、喷波型旋转类部件和光波混合型旋转类部件；按纸筒数目可分为单管型旋转类部件和多管型旋转类部件，它们多用于空中礼花。此处仅以单管型旋转类部件为例。

单管型旋转类部件结构如图 3.14 所示。

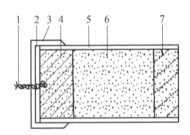

图 3.14　单管型旋转类部件结构

1—药捻；2—封口纸垫；3—封口纸；4—引燃药；5—纸筒；6—药剂；7—泥堵

该结构的特点是纸管粗短，强度不需要过大，泥堵厚，否则不产生旋转，如用易燃的金波药、银波药可不加引燃药。

（3）飘浮蠕动类

烟花中能飘浮在空中呈蠕动状态的部件称为飘浮蠕动类部件，其结构如图 3.15 所示。它的作用原理是借助固定在玻璃布带上的若干药筒点燃后喷出的强度不同的火焰或气体，在产生的反作用力和自身重力的双重作用下，延缓部件的下落时间，并使其在空中呈飘浮蠕动状态。药管可装单色药，也可装多色药；既可喷波，又可吐星。

飘浮蠕动类部件的药管中装有各种效应药剂，头部穿有药捻，其尺寸大小根据用途决定。药管底部压扁，用丝线绳将若干个药管穿在一起，再夹在两层玻璃布带中间，用缝纫线扎牢在玻璃布带上。

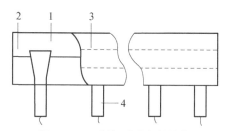

图 3.15　飘浮蠕动类部件结构

1—玻璃布带；2—丝线绳；3—缝纫线；4—药管

要想取得理想的效果，药管的间距要大于 30 mm，以免喷出的光色相互干扰，玻璃布带宽度应不小于 50 mm。这类部件是折叠起来装于烟花中，为使玻璃布带能顺利展开，在其表面要撒上滑石粉。药捻头要足够长，折叠起来摆在一起并沾上混有酚醛树脂的黑药粉，再滚上一层黑火药，以利点燃，但药捻不能太长，否则点火慢，导致玻璃布带落地后才喷光色。

5. 药纸片类部件

将有色药剂涂在纸片上，边上蘸上引燃药，再切成片状或条形，在空中点燃后，缓慢降落，状似雪花、落叶、闪星，这类部件称为药纸片类部件。

采用闪烁药的药纸片结构如图 3.16 所示。

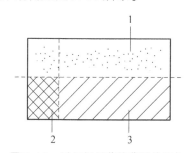

图 3.16　采用闪烁药的药纸片结构

1—带孔牛皮纸；2—引燃药；3—闪烁药

闪烁药采用药块用药的干组分。将引燃药和闪烁药分别用浓度为 20%、40% 的糨糊混合均匀，刷在一张不带孔眼的牛皮纸的设计位置上，然后上面再盖一张带孔牛皮纸，放在压板下加压 10 min（压力不需要太大，保持黏合即可），在室温下晾干 12 h，再将纸片撕成若干小片，经干燥后即可使用。如引燃药不可靠，可将引燃药一端浸在拌有黑药粉的低浓度的酚醛树脂漆中，取出后稍经晾干再蘸上一层黑药粉，经晒干或烘干即可使用。

6. 吊伞悬挂类部件

烟花发射到空中后，能产生各种观赏效果的部件在下落时被与它相连的吊伞悬挂在空中，此时引火线引燃，产生各种观赏效果，这类部件称为吊伞悬挂类部件。

吊伞悬挂类部件实质是由吊伞和各种效应零部件组装而成的，有单伞悬吊和双伞悬吊等不同形式。

吊伞是由伞衣和伞绳组成。伞衣用纸或丝绸制成，一般呈多边形，周边穿上丝绳，伞绳固定在每个角上。伞绳一般使用棉丝绳、丝线绳及棉纶线绳等。装配时，将伞折叠好与悬挂物一起装在烟花中，为使吊伞便于打开，折叠时需在伞面上撒上滑石粉。

吊伞悬挂类部件悬挂形式多种多样，以下举三个例子供参考，如图3.17、图3.18和图3.19所示。

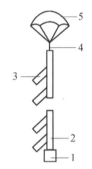

图 3.17　单伞悬吊

1—砂袋；2—玻璃布带；3—彩星药管；4—联结绳；5—吊伞

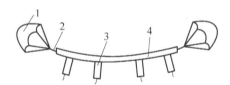

图 3.18　双伞悬吊方式一

1—吊伞；2—联结绳；3—药管；4—玻璃布带

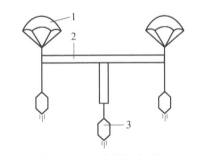

图 3.19　双伞悬吊方式二

1—吊伞；2—玻璃布带；3—彩灯或红灯

|3.4 不同烟花爆竹的特殊制备工艺|

3.4.1 爆竹制备工艺

1. 爆竹的定义与分类

在纸筒内装火药，点燃后，由于气体的膨胀产生压力的作用，使纸筒产生爆炸，并伴有音、光现象的发生，这种以听觉效果为主的产品叫爆竹。鞭炮是将单个爆竹产品串联在一起，点燃后能产生连续响声的产品。

鞭炮是烟花爆竹中结构最简单最重要的一种产品，千百年来，它是我国优秀的、生命力强的民族产业，肩负着传承中华优秀传统文化，为百姓喜庆节日增添欢乐的重任。

爆竹产品的分类方法也有多种。按产品制作结构可分为单个爆竹和连接爆竹；按规格不同，可以分为加花、顿鞭、红炮、雷鸣等；按爆炸效果不同，可分为花皮炮、电光炮、地雷炮等；按含药剂成分不同，可以分为黑药炮和白药炮及其他炮类。此处着重按照药剂成分不同进行分类介绍。

（1）硝酸盐类爆竹

硝酸盐类爆竹是指以硝酸盐为氧化剂制作而成的产品，通常以硝酸钾、硫黄、木炭为原料，又称黑药炮，如以前的加花快引、电光快引、大顿鞭、彩炮、四季红、雷鸣、礼炮等。因其采用硝酸钾为氧化剂，所以安全性能比氯酸盐类鞭炮相对要好。另外，含金属粉的硝酸盐类爆竹又称硝光炮。

（2）氯酸盐类爆竹

氯酸盐类爆竹是指以氯酸钾为氧化剂制作而成的产品，如花皮炮、全红炮、排炮、礼炮、电光炮等。氯酸盐类爆竹在 2002 年以前一直是我国主要的爆竹产品，但由于氯酸盐类冲击感度和摩擦感度高，是爆竹生产中影响安全问题的关键所在。因此 2002 年 9 月 30 日国务院办公厅颁发了第 52 号文件《关于进一步加强民用爆炸物品安全管理的通知》，通知规定禁止使用氯酸盐类作烟花爆竹中的氧化剂。

（3）高氯酸盐类爆竹

高氯酸盐类爆竹是指以高氯酸盐为氧化剂制作而成的产品。因高氯酸盐类较氯酸盐类感度要低，安全性能高，效果好，因此常用于花中炮的制作。但高氯酸盐的价格比氯酸盐要高，因此，目前用高氯酸盐制成的鞭炮较少，但使用高氯酸盐是未来的发展趋势。

（4）其他爆竹

其他爆竹指以其他非禁用药剂制作而成的产品。

2. 典型爆竹制备工艺

（1）鞭炮

鞭炮简称鞭，又称小炮，是烟花爆竹中最简单、最基本的一种产品。小炮的单个装药量为：硝酸盐类黑火药不超过 0.2 g，高氯酸盐类白药不超过 0.15 g。将多个小炮通过引火线和纱线捆扎连接在一起，就结成鞭炮，目前市场上常见的规格有 100 响、200 响、500 响、1 000 响、2 000 响等。

①鞭炮的结构。

黑药鞭炮爆竹的结构如图 3.20 所示，在筒壳内装满黑火药，两端用泥土封口，在泥头端部中间有一个小孔，插入药捻。

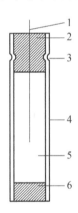

图 3.20　黑药鞭炮爆竹的结构
1—药捻；2—泥头；3—引口；4—筒壳；5—黑火药；6—泥底

②鞭炮的制造工艺流程。

不管是硝酸盐类爆竹制成的鞭炮，还是高氯酸盐类爆竹制成的鞭炮，或是其他类爆竹制成的鞭炮，它们的制造工艺流程大致相同。鞭炮的制造工艺流程如下：

选纸→切纸→卷筒→贴彩纸→腰筒→刮底→干燥→糊筒口→开筒口→选药→粉碎→配料→混合或粉碎→装药→裁引→封口→结鞭→封装→装箱→入库。

a. 选纸和卷筒。

爆竹是利用烟火药在密闭的纸筒中产生爆炸而发出声响的。纸筒炸得越细碎，响声越大、越清脆。当纸筒壳的强度太大时，就会因炸不开而形成冲射，所以生产爆竹只能选拉力小、比较脆的纸来制作卷筒。

将选好的纸按爆竹的大小规格进行切纸和卷筒。目前卷筒都是采用机械卷筒，机械卷筒比手工卷筒的质量要好，卷得紧，厚薄均匀，两头大小一致，生产效率高。

b. 捆筒和腰筒。

捆筒是把卷好的散纸筒整理好，按一定的数量捆扎成正六角形的筒饼，为下道工序的生产提供方便。

腰筒一般是对规格小的爆竹而言，因规格小的爆竹都是两个爆竹的长度卷一个筒，这样就要把它腰切成两个。腰筒大多手工捆成正六角形纸筒饼。并平均切成两饼，在腰筒中应使筒饼平整光滑、长短一致。

c. 刮底和干燥。

刮底就是将腰切好的纸筒的筒口一头封闭紧，即用铁制齿形刮子刮划糨糊涂抹筒口的一头，将其封闭紧。刮底后进行干燥，以便装药。

d. 糊筒口和开筒口。

将留有筒口孔的一端刷上糨糊，再贴上一张纸粘牢。干燥后用竹签将筒口纸戳破，使筒口平整光滑，以备装药。

e. 装药。

装爆竹药应特别注意安全，不能拍打，更不能摔打。应用木质或铝制小瓢将药物轻轻舀取，倒入开好筒口的纸筒饼上轻轻摇动几下，使药沉入纸筒内，观察药剂厚度是否平整均匀，是否按控制的药量装药。

f. 裁引和封口。

鞭炮裁引一般都是将引火线插入筒内深度 1/2 处。传统采用挤引方法，但因其在生产中经常发生事故，所以现在都采用封口剂来达到爆竹的封口作用。此方法是在裁引好的药饼中装入封口剂，并让它在室内停放几个小时，药剂自动吸潮后再封紧爆竹口。目前所使用的封口剂大都是由氯化镁、氧化镁等原料制成。

g. 结鞭和封装。

将符合质量要求的单个爆竹通过带引和纱线捆扎紧连接成鞭，使之燃放保持连续性。结鞭应紧凑、平整、牢固，单个爆竹不掉落。结好鞭的爆竹可按照客户的要求，用红油蜡纸进行包装，其规格一般有 100～2 000 响。花皮炮结鞭如图 3.21 所示。

h. 装箱和入库。

将包装好的鞭炮按规定的数量装入纸箱中，用薄膜胶带封好，即为成品，最后搬进仓库存放。入库后，应堆码整齐，留出通道，并注意防火、防鼠、防日晒、防潮等。

（2）双响爆竹

双响爆竹俗称"二踢脚"，双响爆竹是指单个爆竹产品的装药量大于 0.5 g 的，或者单个黑药爆竹的装药量为 2.0 g 的，或者单个爆竹的内径大于 5 mm 的产品。

①双响爆竹的种类。

目前市场上均以双响爆竹内径大小为标准，将其分为以下 8 种规格，见表 3.38。

按药剂成分不同双响爆竹分为以下 5 种。

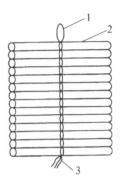

图 3.21　花皮炮结鞭
1—挂线；2—筒壳；
3—外炸引

表 3.38　双响爆竹内径大小标准

序号	内径/mm	外径/mm	高度/mm
1	8	12	100
2	12	18	120
3	14	20	125
4	16	22	130
5	18	28	140
6	20	30	150
7	25	35	180
8	30	40	200

a. 黑药双响炮。黑药双响炮是传统产品，其黑火药由硝酸钾、木炭粉和硫黄按一定配比组成，既作为升空发射药剂，又作为爆响药剂，因此称为黑药双响炮。

b. 白药双响炮。白药双响炮是以由高氯酸钾、铝镁合金粉、硝酸钡组成的药剂作为升空后的爆响药剂，并黑火药作为发射药剂。

c. 绣花双响炮。装药无论是黑药还是白药，升空时出现旋转带尾效果的双响炮都称为绣花双响炮。

d. 炮打满天星双响炮。双响炮升空后爆炸出现海绵钛火花效果的，称为炮打满天星双响炮。

e. 双响礼花炮。升空后爆炸时出现红、绿、黄、蓝、白彩色效果的双响炮，称为双响礼花炮。

②双响爆竹的制造工艺流程。

双响爆竹制造的基本方式有两种。

a. 传统生产方式。

传统生产方式在全过程均采用手工操作。卷管的方法是按不同规格要求，把纸卷在一根铁轴上，用吊板把纸管压紧、粘牢、晒干备用。

打中土方法是单管操作，中土经过锅炒，除去水分，中土颗粒要均匀。

封顶方法是用线绳捆扎，俗称"捆头"，底部用自制马蹄刀压花，以防止升空时发射药剂洒漏，同时增加升空动力。

b. 现代生产方式。

现代生产方式是手工操作与机械生产相结合的方法。卷管是用卷管机，每次可卷长度是手工卷制的 4～5 倍，然后根据设计要求，用切管机分切，这样就大幅提高了生产效率。

机械打中土的方法是利用一台转盘机，把纸管插在转盘上，机械自动装土、自动压固。

封顶方法是用固引剂、玻璃胶或砂土封顶，底部拨花是压纸塞或塑料塞。

综上所述双响爆竹制造工艺流程如下：

纸张准备→卷管→切管→穿长引火线→打中土→装上部爆响药剂→封顶→装下部发射升空药→拨花→封皮→装箱。

3. 爆竹制备过程中的安全和质量

在节日庆典中，爆竹类产品是广大人民群众不可缺少的一种娱乐用品，但也是易燃易爆危险品，稍有不慎，在燃放过程中就能发生或大或小的事故。为了保障生产人员生命和财产的安全以及消费者的燃放安全，在生产和燃放过程中，相关人员应该熟悉爆竹产品的质量和安全性能。根据《烟花爆竹　安全与质量》（GB 10631—2013）的技术规程，应掌握以下一些要求。

①爆竹产品根据按照药量及所能构成的危险性大小，分为 C、D 两级。

②产品应保证完整、清洁，文字图案清晰。表面无浮药、无霉变、无污染，外型无明显变形、无损坏、无漏药。筒标纸粘贴吻合平整，无遮盖、无露头露脚、无包头包脚、无露白现象。筒体应黏合牢固，不开裂、不散筒。

③点火引火线应具备一定的引燃时间（2～8 s），应保证燃放人员安全离开，且在规定时间内引燃主体。

④爆竹产品不应使用氯酸盐，（结鞭爆竹中纸引和擦火药头除外，所用氯酸盐仅限氯酸钾，结鞭爆竹中纸引仅限氯酸钾和炭粉配方），微量杂质检出限

量为 0.1% 。产品不应使用双（多）基火药、不应直接使用退役单基火药。使用退役单基火药时，安定剂含量≥1.2% 。产品不应使用砷化合物、汞化合物、没食子酸、苦味酸、六氯代苯、镁粉、锆粉、磷（摩擦型除外）等，爆竹产品、爆竹类产品不应使用铅化合物，检出限量为 0.1% 。

⑤C 级黑药炮最大允许药量为 1 g/个，C 级白药炮最大允许药量为 0.2 g/个。

⑥产品应有符合国家有关规定的标志和流向登记标签。产品标志分为运输包装标志和销售包装标志。标志应附在运输包装和销售包装上不脱落。运输包装标志的基本信息应包含：产品名称、消费类别、产品级别、产品类别、制造商名称及地址、安全生产许可证号、箱含量、箱含药量、毛重、体积、生产日期、保质期、执行标准代号以及"烟花爆竹""防火防潮""轻拿轻放"等安全用语或图案。销售包装标志的基本信息应包含：产品名称、消费类别、产品级别、产品类别、制造商名称及地址、含药量（总药量和单发药量）、警示语、燃放说明、生产日期、保质期。

⑦跌落试验：将成箱产品从 12 m 高处自由落在平整的水泥地面上，观察产品是否发生燃烧、爆炸和漏药现象。

⑧产品储存应按 GB 11652—2012 要求存放在专用危险品仓库。仓库和储存限量应符合 GB 50161—2022 规定。

⑨产品从制造完成之日起，在正常条件下运输、储存，保质期三年（含铁砂的产品保质期一年）。

3.4.2 烟花制备工艺

烟花爆竹类产品中，烟花产品的种类要比爆竹的品种多很多。根据结构与组成、燃放运动轨迹及燃放效果，可分为喷花类烟花、旋转类烟花、升空类烟花、吐珠类烟花、玩具类烟花、礼花类烟花、架子烟花类烟花以及组合烟花类烟花共 8 大类。

1. 喷花类烟花

喷花类烟花是指燃放时以直向喷射火苗、火花、响声（响珠）为主的产品，其又分为地面（水上）喷花和手持（插入）喷花。

喷花类烟花是利用黑火药作发射药，由引火线点燃黑火药，黑火药再点燃亮珠，通过黑火药的喷射作用，把已点燃的彩珠从喷射口抛出筒外一定高度，产生各种色、光效果。

这类烟花的生产工艺一般是扎好纸筒后，先筑黏土喷射孔，再安装引火线。为了防止引火线脱落，最好将引火线打结，使之不能脱出。安装好引火线后，用木模具或纸团抵住黏土喷射孔的黏土层，再装喷花药（发射黑火药和彩珠的混合物）；采取多次装药，分层压紧，以保证有足够的燃烧时间，并防止产生速燃。压药过程中要注意不可用力过度，否则容易使喷口受到破坏或将彩珠压碎，影响燃放效果。装满药后，打好黏土底并封死，黏土厚度一般不少于筒壳内径的 3/5，黏土应压紧，再加一块圆纸板，以防掉泥。地面喷花和手持银菊花烟花结构如图 3.22 和图 3.23 所示。

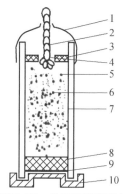

图 3.22　地面喷花烟花结构

1—纸；2—引火线；3—黏土；4—喷射孔；5—发射药（黑火药）；6—彩珠；

7—筒壳；8—黏土底；9—纸板隔层；10—塑料底座

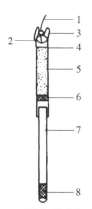

图 3.23　手持银菊花烟花结构

1—中号引火线；2—喷花筒壳；3—护引砂纸；4—压引纸团；

5—喷射花药；6—泥底；7—手持筒壳；8—手持泥头

2. 旋转类烟花

旋转类烟花是指燃放时主体自身旋转但不升空的产品，其分为有固定轴旋转烟花以及无固定轴旋转烟花。

旋转类烟花是指燃放时烟花主体自身旋转的产品。这类烟花是利用烟火药燃烧后喷出的气体产生反推力，推动烟花主体绕轴心旋转，同时靠喷出的彩色火焰产生优美的视觉效果。旋转类烟花品种繁多，按燃放方法划分有地面旋转、线吊旋转、钉挂旋转和手持旋转四种；按旋转方式划分有无轴旋转和有轴旋转两种。几种旋转类烟花结构如图3.24所示。

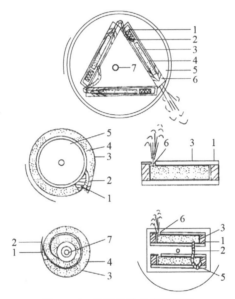

图3.24　几种旋转类烟花结构

1—泥头；2—传火引火线；3，4—效应药剂；5—纸板壳；6—喷射孔；7—中心轴

旋转类烟花产品纸筒一般选择拉力较强的纸张，如瓦楞纸、牛皮纸等，纸筒要求紧密结实，但是品种不同对纸筒的要求也不一样，例如有的产品安装时纸筒弯成圆圈，燃放时纸筒随着火焰喷射一起烧掉，所以这种产品纸筒是很薄的。

旋转类烟花要求药物逐层燃烧，同时要保证燃放时有足够的气体从喷口喷出，从而推动产品旋转，这就要求筑药要达到合适的密度，密度过大药物燃烧速度减慢，单位时间喷射出的气体量就更少，产品旋转就慢，甚至转不起来，反之则容易产生爆燃、炸筒等缺陷，筑药密度也并非千篇一律，随着产品不同而有很大差别。例如上面所提到的纸筒与喷射火苗一起烧掉的产品，因纸筒内径很小，药物燃烧截面小，产生的气体量少，推动主体旋转的力也就小，且安装时药筒要弯曲成圆圈状，所以药物不能装得太紧，否则不但影响产品旋转，甚至在弯曲成圆圈时药筒很容易折断。

旋转类烟花产品在点火端均需装筑一定量的启动药，这种药一般是燃烧速度较高，产生气体量较大的黑火药，它的作用主要是燃烧后短时间内产生大量的气体并从喷口喷出，从而推动产品旋转，并由此产生一定的旋转惯性，另一作用是引燃主体烟火药。

旋转类烟花需要钻孔后插引火线，靠引火线点燃药物。钻孔方法一般有三种：横钻法、直钻法、切线钻孔法。横钻法就是在靠近纸筒泥底的位置，横向朝中心钻孔，要注意不能将纸筒钻穿；直钻法一般是用很小的动力钻药筒喷射孔，这种药筒钻孔一端不筑黏土底塞，而是将纸筒加工成缩口状态，钻孔位置在纸筒中心线上，注意钻孔不能太深，否则容易冲头或炸筒；切线钻孔法是在纸筒内径的切线位置钻孔，一般适用于无轴地面旋转或无平衡杆旋转升空产品。钻孔过程中要注意防止孔眼儿偏中、夹纸、夹绳。

旋转类烟花如果由多个效果药筒组成，则要用传火引火线连接，如果采用砂纸传火引火线传火，则应套上保护纸套，以防传火引火线被火星在中途引燃。

3. 升空类烟花

升空类烟花是指燃放时主体定向或旋转升空的产品，又分为火箭、双响以及旋转升空类烟花。

升空类烟花是指燃放时由定向器定向升空的产品，按升空的方式不同，可分为火箭升空和旋转升空类烟花两种，前者是靠尾翼稳定，靠动力筒喷射的高压气体推动产品升空；后者是靠旋翼旋转产生空气张力使产品稳定升空。

（1）火箭升空类烟花

火箭升空类烟花产品的生产关键是使推进剂形成逐层燃烧效果，要求推进剂达到较大的装药密度，并且在储存过程中药柱不能产生裂纹，与筒壳不能产生空隙、脱壳等缺陷，否则产品在升空过程中易产生爆炸。

火箭升空类烟花产品的动力纸筒要求选用拉力较强的纸张，筒壳要紧密结实。

大型火箭升空类烟花产品一般用钢模具加工燃烧室和喷气孔。燃烧室的作用是增加火箭动力药柱的燃烧面积，以便在单位时间内有更多的气体产生，形成较大的推动力。特别是在火箭启动的瞬间，要使火箭克服重力作用并产生大的上升速度，就必须有足够的气体量和较大的喷射速度。但要注意燃烧室不能太长，否则启动后容易爆炸；太短则火箭不易启动，或启动后速度慢，升空高度受到影响，并且容易产生火箭斜飞或横飞。喷孔大小对火箭上升也有较大影响，喷孔小则喷射气体速度大，火箭上升速度就快，喷孔太大火箭上升速度就慢。

中、小型火箭升空类烟花产品一般不用钢模具而用钻孔的方法加工燃烧室，钻孔时要注意控制深度，孔径也要恰当。

为了达到较大的装药密度，装动力药应分多次进行，每装完一层药压紧密后再装第二层，在装最后一层药时应先安装上效果药和传火引火线，装筑完最后一层药后，装一层黏土作隔离层。

　　稳定杆的安装要牢固并与动力筒壳轴线基本平行，防止歪斜、松动、掉杆。稳定杆长度一般应保证火箭的重心在喷口附近，同时要符合规格要求。火箭升空类烟花产品结构如图 3.25 所示。

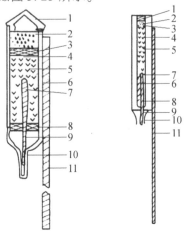

图 3.25　火箭升空类烟花产品结构

1—火箭帽；2—效应药；3—黏土隔层；4—传火引火线；5—黑火药推进剂；
6—纸筒；7—燃烧室；8—黏土层；9—引火线；10—护引罩；11—稳定杆

（2）旋转升空类烟花

　　旋转升空类烟花产品纸筒及装筑药的技术要求与旋转类烟花产品类似，要使产品稳定升空，药物配方和原材料质量是关键，要求有较快的燃烧速度，在单位时间内能产生足够的气体量。旋转气孔钻孔要求与有固定轴旋转烟花产品类似，但要注意气孔不能向上倾斜，否则会产生向下的俯冲力，影响产品升空。直升式产品（靠喷出的气体使产品垂直升空的旋转升空类烟花产品）的升空气孔一定要与产品旋转平面垂直，并注意孔径大小要合适。孔眼儿太大，喷射的气流速度慢，产品升空速度就慢；孔眼儿太小，一方面插引火线困难；另一方面，气流速度过大，使产品升空不稳定，甚至无法升空。

　　旋转升空类烟花产品旋翼及平衡翼安装要正确，螺旋式旋转升空类烟花产品旋翼与旋转水平逆气流应呈上倾角，就像飞机的螺旋桨一样，旋翼高速旋转后产生提升力使产品平稳升空。如果旋翼安装不当将影响产品升空高度、稳定性、方向等，甚至无法升空。直升式旋转升空类烟花产品平衡翼安装应使两翼平面与旋转平面基本平行，并与上升气孔垂直。旋翼及平衡翼均应安装牢固。旋转升空类烟花产品剖面图如图 3.26 所示。引火线安装应牢固，为了防止引火线脱落，最好是用玻璃纸或红油蜡纸将药剂引火线固定在筒体上。

（3）双响升空类烟花

　　双响升空类烟花是指圆柱形筒体内分别装填发射药和爆响药，点燃发射竖

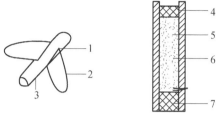

图 3.26　旋转升空类烟花产品剖面图

1—护纸；2—羽翼；3—引火线；4—上泥底；5—旋转药筒；6—效果药；7—下泥底

直升空（产生第一声爆响），在空中产生第二声爆响（可伴有其他效果）的升空类产品。

①双响升空类烟花的分级。

双响升空类烟花分为 C 级、B 级两个级别和一号、二号两种型号，具体见表 3.39。

表 3.39　双响升空类烟花的分类

级别	型号	最大装药量/g			筒体尺寸/mm		
		单个药量	发射药	爆响药	外径	壁厚≥	长度
C	一	8.0	5.0	3.0	28~35	2.5	145~155
B	二	15.0	9.0	6.0	38~45	3.2	195~205

②双响升空类烟花的技术要求。

a. 引火线。

引火线表面整洁干燥，无破损漏药、无空引、无霉变，应在 3~6 s 引燃主体。引火线应安装牢固，应能吊起产品的自身质量，并持续 60 s 不脱落。引火线安装部位与燃放说明应在同一视面，点火处应有明显标志。

b. 筒体。

筒体材料宜用板纸，禁止使用草板纸、金属材料、塑料配件。筒体应黏紧牢固，正常条件下装卸、运输、储存过程中不开裂，不散筒。筒体外径、壁厚和长度应符合表 3.40 的要求。筒体底面应平整，筒体直立于地面不得倾倒。

c. 封头、封底。

封头、封底宜采用手工钉头、拨底工艺，封头、封底应使用密度小于 0.75 g/cm³ 的轻质品或易碎品，禁止使用不散开的硬质品。封头、封底要紧密，不得漏药。

d. 药种、药量和安全性能。

双响升空类烟花的单个最大装药量、发射药和爆响药最大药量应符合

表 3.40 的规定。单个产品最大装药量在 10 g 或 10 g 以上的允许偏差为 ±10%，在 10 g 以下的允许偏差为 ±15%。

4. 吐珠类烟花

吐珠类烟花是指燃放时从同一筒体内规律地发射出多颗彩珠、彩花、响炮等的产品，有地面吐珠烟花和手持吐珠烟花两种。地面吐珠烟花是插（或立放）在地上燃放，手持吐珠烟花是用手握持燃放，手持吐珠烟花必须有手持部分，手持部分长度应不少于 10 cm，手持部分不得装药。立放在地面燃放的吐珠产品应安装底座，底座外径或边长应大于发射管长度的 1/3，且至少超过筒外径 10 mm。

吐珠类烟花是利用发射药将效果药从发射管中发射出去，一发接一发，有的吐出一颗颗彩色光珠，有的爆发出许多彩珠，有的带有哨声或爆炸音。

手持吐珠烟花制作工艺如下：

切纸→纸筒加工→干燥→筑黏土底塞→插引火线
药物筛选→配料→混合→制亮珠 　　　　　　　　　　} →装发射药和粒状亮珠→黏
土封头和封底→粘筒标→包装→装箱入库

吐珠类烟花纸筒因要承受发射压力，所以要求选用拉力较强的纸，并且要耐烧，一般采用箱板纸或高瓦纸加工，加工后要求不出现大头小尾，不鼓肚，不散口，结构紧密，规格尺寸符合要求，否则将影响燃放效果。吐珠类烟花纸筒在装药前要经过烘（或晒）干，保持纸筒干燥，在干燥过程中要防止纸筒弯曲变形。

吐珠类烟花是以珠（或波）为单位装药、装泥的，每一珠都是先装发射药，然后装效果药，再装隔泥。发射药用量应根据产品设计要求预先试验确定，在发射药质量有变化时应重新测定。在装药过程中要确保定量准确一致。隔泥一般是筛选无砂的颗粒黏土，粒度 16～24 目，黏土在使用时必须经过烘干（或炒干）。隔泥主要起隔离和闭压作用，隔泥装填量要通过试验确定，装填时使用定量工具，确保每珠均匀一致。吐珠类烟花如果黏土隔离不好，容易产生连发现象。装填黏土隔离层和发射药一般使用定常铝瓢灌装，更好的办法是用控量填药装置。萍乡市焰花鞭炮科学研究所发明的吐珠类产品控量填药装置效率高、操作简便、装填质量好。

吐珠类烟花彩珠发射远近与发射行程（彩珠发射时在纸筒中通过的距离）有关，在一定的范围内发射行程短则彩珠发射近，反之则发射距离远。所以，通常第一珠总是发射较近，因为它离筒口的距离短。发射距离还与发射药质量、装药量、隔泥厚度及紧密度、彩珠直径都有一定关系。黏土底一定要牢固，否则在发射时容易冲底。

　　吐珠类烟花连续发射是靠引火线传火来保证的，现在一般是用绵纸捻成长度在 1.4~1.6 mm 的引火线（俗称安全引火线），从筒口一直插到底，然后在筒口外用纸条将引火线固定好；另一种传火方法是不用引火线，采用延期药传火，即将上述隔泥换成延期药，延期药不但起延期传火作用，它燃烧后的残渣还起闭压作用。采用这种方法传火要在装完最后一次发射药时插一根引火线，然后装一颗彩珠，再装一层颗粒黏土。

　　图 3.27 所示为手持吐珠烟花结构示意图。

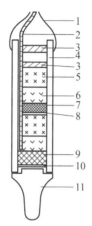

图 3.27　手持吐珠烟花结构示意图

1—护引线；2—引火线；3—封口纸坨；4—纸筒壳；5—彩珠（或效应药结构）；6—发射药；
7—泥隔层；8—纸板隔层；9—黏土底；10—纸底板；11—塑料手柄

　　图 3.28 所示为地面吐珠烟花结构示意图。纸制筒壳的底部装有压实的泥底，泥底上方混装着彩珠和发射药，顶端用泥头封口，在泥头的中央留有喷火孔，供插引火线和喷花用。

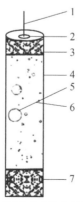

图 3.28　地面吐珠烟花结构示意图

1—引火线；2—喷火孔；3—泥头；4—筒壳；5—彩珠；6—发射药；7—泥底

　　地面吐珠烟花的纸筒用 180 g/m² 瓦楞纸和 60 g/m² 条纹包装纸卷制而成。在台柱上打泥头，厚度要适当，中心部位留出直径约 0.7 cm 的喷火孔。将引火线由喷火孔插入，前部打一结，然后将多余的引火线盘绕起来放在泥头部的空穴内。装药时，泥头朝下，将配制好的混合药剂由底部倒入筒壳，用打条木棒排压紧密，分四次排压紧密后加盖泥土压牢；粘贴商标，包装入库。

　　地面吐珠类烟花的典型产品为哨响全家乐。

　　①哨响全家乐产品结构简介。

　　哨响全家乐实质是两个烟花的组装件。中间的一个小烟花称为叫筒，其结构示意图如图 3.29 所示。在纸筒中由下到上顺次装有笛声药、喷花药、压引纸团、点火引火线，纸筒两端贴上白筒口纸封口。哨响全家乐组装图如图 3.30 所示。整个产品外部的一个纸管底端打有泥堵口，由下到上顺次装有引燃药、小鞭炮、彩珠、锯木屑，压气圆纸板，护引纸。当点燃引火线后，先喷花，接着发出笛声哨音，瞬间小鞭炮齐鸣，同时喷出各种彩珠，声色效应同时展现，使欢庆气氛更加浓郁。

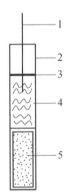

图 3.29　叫筒结构示意图

1—点火引火线；2—筒壳；3—压引纸团；4—喷花药；5—笛声药

　　②哨响全家乐制作简介。

　　外筒用 180 g/m² 瓦楞纸卷制，叫筒用 80 g/m² 牛皮纸卷制。

　　叫筒下部用白筒口纸糊牢固，装入笛声药（装半筒即可）再装入喷花药，轻轻摇晃，使药充填密实，插入引火线，压上纸团，将引火线固定，用白筒口纸封口，留出引火线。

　　在外筒底部打上泥底，装入引燃药适量，将叫筒安置在中心处，周围用彩珠填充，彩珠表层放入若干个小电光炮，填入适量锯木屑，压一层用箱板纸制成的圆形纸板（中心开孔，孔的直径等于叫筒外径）。筒口周边贴有护引彩色砂纸，将其扭成一朵花形，贴商标，入库即可。

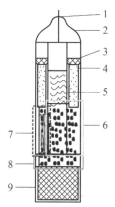

图 3.30　哨响全家乐组装图

1—点火引火线；2—护引纸；3—压气圆纸板；4—锯木屑；5—叫筒；
6—彩珠；7—小鞭炮；8—引燃药；9—泥底

5. 玩具类烟花

玩具类烟花是指形式多样、运动范围相对较小的低空产品，燃放时产生火花、烟雾、爆响等效果，可分为玩具造型、线香型、摩擦型、烟雾型产品等。

①玩具造型产品。

玩具造型产品是指外壳制成各种形状，燃放时或燃放后能模仿所造形象动作，或产品外表无造型，但燃放时或燃放后能产生某种形象的产品。前者属工艺美术品与烟火的结合，如手枪烟花、台灯烟花、鸟笼烟花、坦克烟花等；后者则是具有魔术性质的烟火，如烟火蛇等。

前者制作的工艺要求较高，做工要精细，设计要逼真、生动、形象、美观、大方。效果筒可采用喷花、叫声、吐珠等，其制作可根据喷花类烟花、吐珠类烟花等各类别烟花的制作工艺，安装效果筒时应注意防止效果筒喷射火苗时将造型外壳烧损。对于可行走的烟花要求转轮安装牢固、转动灵活、重心适中，以免行走受阻或行走时不稳定，甚至翻倾。这种玩具造型产品要有较好的纸盒和纸箱包装，以免运输、装卸过程损坏造型。

以手枪烟花为例，用纸板制成手枪状物体，枪管中插入喷药药管，引火线朝前，点燃引火线后，由枪口连续喷出美丽的火花。

手枪壳用 300 g/m² 板纸印成手枪图案折叠成设计枪型，用胶粘牢，要力求与真枪相似，枪口内径与长度要与子弹长度和外径对应。子弹插入不能松动脱落，子弹壳用 180 g/m² 瓦楞纸卷制，一头要较小，用牛皮纸做筒壳包面。手枪烟花结构示意图如图 3.31 所示。

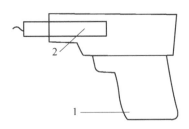

图 3.31　手枪烟花结构示意图

1—纸壳手枪；2—喷药药管

将筒壳小头压泥土 1 cm，放发射药适量，发射药上层放一颗带响彩珠，彩珠上面用一纸团压平，装适量白色花药，安放引火线，塞一纸团将引火线压牢，用油蜡纸封闭孔口，将子弹插入枪管内。手枪烟花立体结构如图 3.32 所示。

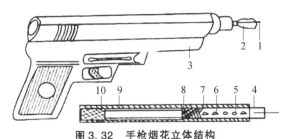

图 3.32　手枪烟花立体结构

1—引火线；2—护引纸；3—造型；4—发射筒；5—彩珠；6—传火药；

7—发射药；8—发射筒泥底；9—套筒；10—套筒泥底

②线香型产品。

线香型产品是用装饰纸或薄纸筒裹装烟火药，或在铁丝、竹竿、木棍或纸片上涂敷烟火药形成的线香状产品。

线香型产品一般由裹药部分、手持（或手提）部分、装饰部分组成。

涂敷型线香型产品是将配好的烟火药加入一定量的黏合剂调成糊状，用平底铝盆盛装药浆；用专用夹具将固定好的铁丝或竹竿、木棍垂直浸入药浆中，过程中注意每根浸药的长度应一致，这样才能保证每一根涂敷的药物一样长；浸药后提起夹具，搁在木架上，让多余的药物滴入药槽内；涂敷的药物稍干后再浸入药浆中，如此反复多次，直至达到要求为止。调配药浆为合适的浓度，太浓会导致涂敷后产品表面不光滑，药物容易局部堆积，外径不一致；太稀则增加涂敷次数，增大药物收缩量，增加干燥时间，且容易形成头大尾小。同时注意药物混合要均匀，细度要在 120 目以下，黏合剂要过滤，药物中的金属粉在涂敷过程中不得产生水花现象。涂敷完药的产品要送入烘房烘干，干燥后充分冷却即可包装成箱。

薄纸筒型线香型产品需制作薄纸筒，这种纸筒在燃放时要随药物一起烧掉，因此纸筒用 $50 \sim 60 \ \text{g/m}^2$ 标重的白纸或彩色纸卷制，一般卷 $3 \sim 4$ 圈，封好底即可，其结构如图 3.33 和图 3.34 所示。

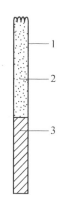

图 3.33 纸壳式线香型产品结构
1—纸壳；2—烟火剂；
3—实心纸卷（手持处）

图 3.34 蚊香式线香型产品结构
1—烟火剂；2—竹竿或钢丝

装药时一般先装少量黏土，然后再装效果药，如果有几种花色效果则要分层装药。药物应轻轻震紧，使药物均匀下沉，余留 1 cm 左右的空位，再装少量引燃药。在引燃药面上插入一根 4 cm 左右的中引，塞一个纱纸团以防药物漏出、引火线脱落。

用染好色的斜长条纸将涂胶染色竹竿伴随药筒一起从头端开始斜向滚扎，将药筒全部包有砂纸后，剩余少许砂纸包在竹竿上粘牢即可。

③摩擦型产品。

根据《烟花爆竹 安全与质量》（GB 10631—2013）相关规定，其他类烟花主要是指摩擦类烟花。

摩擦型产品燃放时，只要稍微用力拉动或拍打，即可使摩擦药燃烧并发出响声，同时产生绚丽多姿的火花，令人陶醉，深受人们的喜爱。

a. 基本结构。

摩擦型产品的基本结构有摩擦机构、外筒、效果机构，如图 3.35 所示。

摩擦机构是指表面粗糙的、可通过摩擦药而爆响的摩擦元件。常用的摩擦元件有玻璃丝线，粘有赤磷或玻璃粉的棉线头，粗糙表面的铜丝或木棍等，也可将摩擦药黏结在棉线或其他丝线或杆件上，使其通过小孔时发生摩擦，引起爆响。

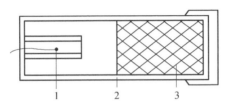

图 3.35　摩擦型产品基本结构

1—摩擦机构；2—外筒（纸质圆筒）；3—效果机构

外筒为纸质圆筒，要求具有一定的强度，需确保不发生崩裂伤人。

效果机构是指在摩擦药爆响的同时产生各种效应的机构，需设计巧妙，可造成声响、彩球、彩带等各式各样观赏效果，悦人耳目。若在其中放置彩纸，则可在爆响同时飞出五彩缤纷的彩带；若在其中设置连响小炮，则可形成连续响声；若在其中设置彩珠，则可形成五光十色的闪光在空中闪烁。

b. 制造注意事项。

摩擦型产品所使用的药剂感度高，生产时易发生事故，需要严加管理，注意使用安全，制造要小型化、安全化，生产时要严格遵守国家有关规定，确保生产、使用中的安全。

④烟雾型产品。

烟雾型产品是指以产生烟雾效果为主的产品，这种产品不产生光、色、声响等效果。烟雾型产品外形有圆柱形、球形、锥形等多种形状，图 3.36 所示为球形烟雾型产品立体结构；也有不用外筒或其他介质包覆而做成药柱、药饼的，类似灭蚊片，不管哪种形状的烟雾型产品，制作关键是药剂配方为发烟剂，是一种单组分或多组分烟火药，可以是无机物质，也可以是有机物质，按照产生烟雾的途径可以分为物理成烟和化学成烟两种。物理成烟就是将易挥发的物质加热使其挥发，形成发烟粒子，如萘和蒽即易挥发的固体，受热后挥发出很多的碳颗粒，形成黑色烟。化学成烟是通过加热使物质分解或发生化学反应生成液体或固体的微粒，产生烟雾视觉效果，例如磷的燃烧生成五氧化二磷而产生浓密的白色烟。

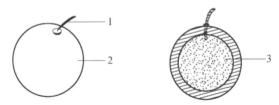

图 3.36　球形烟雾型产品立体结构

1—引火线；2—发烟球体；3—发烟剂

彩色发烟剂一般均应用物理成烟原理，所用原料有发热剂和颜料。发热剂由氧化物和可燃物组成。

高质量的彩色发烟剂应满足如下技术要求。

a. 用于彩色发烟剂的氧化剂分解温度要低，燃烧物发热量要小，使发烟剂能在低温下点燃，并且能在较低的温度下稳定地燃烧。如果发烟剂燃烧温度太高，会使颜料分子分解，降低成烟效果。这种发烟剂既要保证有低的点火温度，又要保证在较低的温度下稳定持续地燃烧，满足这种要求的氧化剂只有氯酸钾。对于可燃物则不能使用发热量高的金属粉。

b. 要有足够的热量来蒸发颜料，否则很难产生理想的彩色烟。

c. 要能产生足够的气体使颜料分散到周围空间，才能产生较好的烟幕效果。

d. 这种发烟剂在储存过程中性质必须稳定。

e. 所选择的颜料要有较好的耐热性，必须在发烟剂燃烧反应温度下不分解，且易于升华。

f. 不含有毒物质，所产生彩色烟也必须是无毒或低毒的。

6. 礼花类烟花

礼花类烟花是指燃放时弹体、效果件从发射筒（单筒，含专用发射筒）发射到高空或水域后能爆发出各种光色、花形图案或其他效果的烟花。分为小礼花和礼花弹两类。

（1）小礼花

小礼花是指弹体从发射筒中发射到一定高度后，爆发出各种珠花、声响以及图案等效果的产品。这种产品与礼花弹的结构和效果有相似之处，但规格却小得多，按照国家标准规定小礼花直径不应大于 38 mm，如图 3.37 所示。

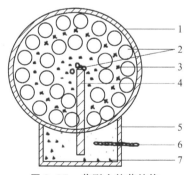

图 3.37　花型小礼花结构

1—球壳；2—亮珠；3—爆炸药；4—导火线；5—发射筒；6—引火线；7—发射药

发射筒的制作要保证筒子有足够的强度，要能连续发射多个（一般是6～12个）弹体且弹体不变形，发射筒应不散口、不松筒、不炸筒。所以应选择拉力强的纸张加工，筒子要有足够的壁厚，一般不得少于 4 mm。纸张的内搭口要涂胶 3 圈以上，筒子要紧密、结实。各层卷纸叠合无明显缝隙，外圈搭接口，胶合要牢固。底塞可用黏土、木塞等，黏土应有较好的黏性，筑压应紧密结实，厚度应达到内径的 5/7 左右，木塞应安装牢固，并用小铁钉钉牢。

亮珠制作要注意外径均匀一致，结构紧密，只有这样才能达到亮珠燃放时间一致，并且延长效果时间，松散的亮珠燃烧速度快，同时在弹体爆炸时容易产生散珠。要增加亮珠的着火率应在配方中加入低燃点的药物，或在亮珠表面覆盖一层火焰感度较高的黑火药，同时可在黑火药中加入适量的合金粉。

小礼花的弹珠壳可以是塑料的，也可以是纸板压制的。塑料应稍有脆性，否则弹体爆炸后会因球壳不碎使花形效果受到影响；但如果脆性太大，则其在加工制作弹体的过程中容易破损。

导火线一般用牛皮纸捆扎多根绵纸引火线制成，要求紧密无隙，否则安装后容易串火产生低炸。导火线燃烧速度要均匀，不能用快速引火线，加工后按照弹体从地面发射到空中最高点所需的时间确定每个弹体导火线的长度，然后裁切。

将上述裁切好的导火线插入球壳导火线安装孔中，在球壳外导火线根部用小棉绳缠绕固定并用清漆或溶剂胶粘牢，注意不能有缝隙。

在球壳内导火线上套上一个小纸筒并粘牢，在小纸筒中插入 8～10 根绵纸引火线。

在球壳中装入亮珠和黑火药，将两半球壳合拢（其中半个球已安装导火线）。注意球壳中药物要装紧，不应有活动空间，然后用一条约 10 mm 宽的胶带将两半球搭接口粘牢。

用 80 g/m² 牛皮纸切成条形，长度为球周长的 1/2，宽为球周长 1/8 左右，两端呈尖形，在这些条形纸上涂胶，然后粘在球壳上，一张接一张粘贴紧密，纵向、横向错开粘贴，共粘 6～10 层。将球晒干。在导火线外露部分套上一个小纸筒并粘牢，小纸筒应比导火线长 12 mm 左右，在小纸筒中插入棉纸引火线，绵纸引火线应外露 5 mm 左右。

安装发射药盒时，用厚纸板卷成筒状，内径约 30 mm，再将牛皮纸滚在筒表，将药盒与球壳粘牢，然后装入发射药，在底部塞好纸板，再用纸将药盒底端封牢。干燥后，在药盒上粘贴标签，横向钻孔，插入外导火线，然后用一条玻璃纸将外导火线固定好。注意钻孔时不可损坏内导火线。产品做好后即可装盒成箱入库。

（2）礼花弹

礼花弹是将弹体从专用发射筒发射到高空后，爆发出各种花色、花形图案或其他效果的产品。

礼花弹是大型高空烟花类，是现代烟火技术和造型艺术巧妙结合的艺术品。是目前烟花爆竹中水平最高的一类产品，是我国焰火晚会燃放中不可缺少的品种。它需使用一定规格的发射筒并由专业燃放人员。

①礼花弹的分类。

礼花弹分类方法很多，本节主要介绍两种分类方法，分别为按发射筒内径不同分类和按燃放的背景不同分类。

按《烟花爆竹　礼花弹》（GB 19594—2015）规定，礼花弹按发射筒内径不同可分为表 3.40 中的规格。

表 3.40　礼花弹的分类

型号	3	4	5	6	7	8	10	12
发射筒内径/mm	76.2	101.6	127	152.4	177.8	203.2	254	304.8

礼花弹按燃放的背景不同可分为白天用礼花弹和夜间用礼花弹，又称日景礼花弹和夜景礼花弹。

a. 日景礼花弹燃放效果分为以下类型：

（a）声响型（雷弹）：发射高空后，爆发响声，无其他效果，分为单响、多响和连响产品；

（b）烟幕型：发射后在空中产生各色（彩色）烟雾效果的产品；

（c）悬挂型：发射爆发后，用降落伞悬挂标语、商标、广告条幅的产品；

（d）图案型：发射爆发后，能在空中造型出多种图案的产品；

（e）混合型：发射爆发后，既有响声，又有标语、广告或造型的产品。

b. 夜景礼花弹燃放效果分为以下类型：

（a）菊花型：弹体在空中爆发后，呈现火焰曳拖尾射向四方，绽放出菊花形状效果的产品；

（b）牡丹型：弹体在空中爆发后，呈现彩色圆球形图案效果的产品；

（c）带芯型：弹体在空中爆发后，呈现中心部位有异色花芯的产品；

（d）变色型：弹体在空中爆发后，呈现色彩、光波产生交替变换的产品；

（e）垂冠型：弹体在空中爆发后，呈现从高空倒垂下来的柳状效果的产品；

（f）图案型：弹体在空中爆发后，呈现由焰火彩光组成不同造型图案的产品；

（g）飘浮型：弹体在空中爆发后，呈现出用纸张、绸布等制成的造型物体，并在空中飘浮，产生特定效果的产品；

（h）爆裂型：弹体在空中爆发后，亮珠燃烧时带有声响效果的产品；

（i）抛物型：弹体内有不同效果零件，弹体在空中爆发后，在空中抛射出来后由不同零件组成图案的产品；

（j）带物上升型：弹体上升时带有小花、笛音、光柱的产品；

（k）花束型：以亮珠、响子等效果用发射花一次性发射，呈现光束状的产品；

（l）其他型：未列入上述类型符合《烟花爆竹 礼花弹》（GB 19594—2015）的产品。

②礼花弹的结构。

礼花弹按其形状分为圆球形和圆柱形两种。我国和日本礼花弹主要生产的是圆球形，欧洲各国和美国主要生产的是圆柱形。圆柱形礼花弹内部装填的零部件较多，烟花效果浓郁，但发射升空时弹道偏移过大，且发射高度明显低于圆球形礼花弹。

擦火的礼花弹结构示意图如图3.38所示。

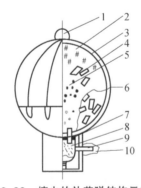

图3.38 擦火的礼花弹结构示意图

1—提绳；2—填充物；3—弹壳；4—药柱；5—稻壳炸药；6—分量包；7—中心管子；
8—小粒黑火药纱布袋；9—导火索；10—护引纸帽

礼花弹不论规格尺寸大小，不论是圆球形还是圆柱形，其整体结构都是由弹体和抛射部分组成。

弹体是由壳体、导火索、炸药以及具有各种效应的效果部件和填充物组成。

抛射部分一般有三种结构：第一种由发射药包袋、发射药、导火索以及发射药盒组成；第二种由发射药包袋、发射药、导火索组成，有的还有发射药盒；第三种由发射药包袋、发射药、电点火头组成。

各主要零部件的作用如下：

a. 壳体用于装填炸药，填充物和各种效果零部件，随强度不同可调节内部零部件被抛射的距离；

b. 炸药用于爆裂壳体并点燃、抛射弹体内零部件，一般采用棉籽、稻壳或谷壳滚上黑药粉制成；

c. 填充物用来塞紧固定弹体内零部件，可采用棉籽；

d. 发射药采用小粒黑火药，易点燃且能产生需要的推力，将弹体抛射到高空；

e. 导火索是弹体在空中引燃爆裂的延期、引燃部件，它的长短和燃烧速度决定了弹体的爆裂高度；

f. 引火线用于点燃发射药的部件；

g. 发射药包袋用于包装发射药，由棉纱布制成；

h. 发射药盒用来固定引火线或导火索，并能避免发射药与外界接触，一般用马粪纸制成；

i. 提绳用棉线、尼龙丝等制成，用手提绳索可将弹体装入发射筒。

③礼花弹的制造工艺。

礼花弹生产厂家很多，各家生产的规格和品种可能不同，但大体上制作工艺流程是一致的。

礼花弹生产制作流程由下列工序组成：制作礼花弹壳体；壳体配合上中心管；制作各种光、色效应的亮珠；配制稻壳炸药；组装（将亮珠、稻壳炸药及填充物按要求装入壳体）；糊球；干燥；安装抛射部件；安装提弹绳；成品入库。

7 寸①葫芦头菊花型夜用礼花弹的结构示意图如图 3.39 所示。

花形图案设计为空中爆炸后能形成各色带穗花形。

壳体内装填物为 ϕ9 mm 红色光药柱 50 g，ϕ9 mm 绿色光药柱 50 g，ϕ12 mm 红色光药柱 200 g，ϕ12 mm 绿色光药柱 200 g，ϕ12 mm 黄色光药柱 250 g，ϕ12 mm 白色光药柱 250 g。

---

① 1 寸 ≈ 0.033 m。

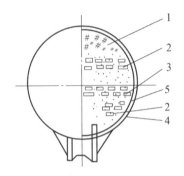

图 3.39　7 寸葫芦头菊花型夜用礼花弹的结构示意图

1—棉籽壳；2—中号红色光药柱和绿色光药柱；

3—小号红色光药柱和绿色光药柱；4—药包袋；5—稻壳炸药

礼花弹的装填方法如下。首先制作药包袋：所谓药包袋即在礼花弹中盛装部分稻壳炸药的纸袋，所用材料一般为桑皮纸，用糨糊黏合，尺寸大约为170 mm×170 mm、170 mm×230 mm 或 170 mm×300 mm 等（23 cm 礼花弹用）。在其一端剪几个口，将有剪口的一端朝下装入口部为 65 mm 带导火索的葫芦头型壳中，并套在导火索上。取 30 g 左右稻壳炸药撒在药包袋周围压住药包袋，在药包袋中装入 80 g 左右的稻壳炸药。然后将各色药柱混合并取其一半，装在药包周围的稻壳炸药上。在药柱上边均匀地撒上 40 g 左右的稻壳炸药，按住药包袋，震动壳体使稻壳炸药紧密装填。将红、绿色光药柱混合装在稻壳炸药上，再均匀地撒上 40 g 左右的稻壳炸药，再次震实。将剩余的各色药柱装在稻壳炸药上，并将所剩稻壳炸药全部均匀地撒在药柱上，第三次震实。最后将壳体上部的空隙处全部用棉壳塞紧，盖上壳盖，用手晃动，装填物不晃动时加上提绳，送去糊外皮。

在装好效应物后，要糊多层桑皮纸或牛皮纸，特别是菊花型的礼花弹，强度高的球壳才能使炸药在礼花弹爆炸时完全燃烧，使星体尽可能快速飞散，达到好的燃放效果。

最后装配发射装药、导火索及提弹绳，将制成的礼花弹成品进行包装、入库。

④礼花弹的发射筒和燃放。

礼花弹使用的发射筒又称礼花炮，口径小的礼花弹使用纸制礼花炮，口径大的礼花弹用无缝钢管或玻璃钢筒制成的礼花炮，其结构类似迫击炮。

礼花弹是纸制壳体，外形规则度较差，弹和弹之间的尺寸偏差较大。其发射药是小粒黑火药，因此发射后炮垢较多。弹体靠自重下落到筒底，其阻力越小越好，故弹体和炮管之间的间隙较大，如 130 型礼花弹弹径同发射炮臂内径相差 10 mm。

炮筒的材质、加工工艺、壁厚、长度等对发射均有显著影响，要精确计算实地试验确定。

燃放礼花弹前要做好准备工作，检查并清理礼花弹和炮筒，检查周围情况，距炮位 5 m 范围内的上空不得有树枝或其他障碍物，在 200 m 以内不得有易燃物品，炮身应牢固固定。

燃放时如有发射药盒，则需手提礼花弹上的提绳，将礼花弹置于炮口上，将发射药盒一端放在炮筒中。有导火索的礼花弹用擦火板摩擦导火索上的擦火药，有的用电点火器点燃。一经点燃，立即将礼花弹投入炮筒内。如果是使用引火线的礼花弹，需在引火线上加一根绳，并和引火线拧在一起，用手将弹慢慢放入炮筒中，用火线点燃引火线。燃放者应立即离开炮位并隐蔽。15 min 后弹体未射出才可以按瞎炮处理，将炮筒放倒用钩子钩出瞎弹，注意不要将炮口对准人群。

如果燃放礼花弹使用的是玻璃钢发射筒，则必须一弹一筒，严禁在同一场焰火晚会燃放作业中重复使用玻璃钢发射筒。

⑤礼花弹产品的技术要求。

a. 礼花弹的型号要求。

礼花弹弹径、引火线长度应符合表 3.41 的要求，特殊型号则需定制。

表 3.41　礼花弹的型号

型号	3	4	5	6	7	8	10	12
发射筒内径/mm	76.2	101.6	127	152.4	177.8	203.2	254	304.8
弹径/mm	72	92	122	147	172	196	246	296
弹径允许误差/mm	+2	+2	+3	+3	+3	+3	+4	+6
	−5	−5	−6	−8	−10	−10	−12	−12

b. 外观要求。

（a）产品整洁，表面无浮药、无霉变、无污染。

（b）弹形端正，外表光滑、清洁、不变形、标志清晰，纸张黏合牢固，不得分层起泡。

（c）提环牢固，安装在弹体正上方，发射药盒与弹体结合牢固。

（d）发射药盒密封不漏药、不变形、不开裂。

（e）安装在弹体外的效果零部件应牢固、合理，不妨碍弹体发射。

c. 引火线要求。

（a）引火线安装应正确牢固，质量应符合引火线标准的要求。

（b）点火线与快速引火线应连接牢固，不得脱落和漏药，点火线应有防火护引纸，点火头处应有保护套。

（c）引火线引燃时间应在 6 ~ 12 s（电点火、擦火除外）。

（d）电点火和擦火装置应符合相应的技术要求。

d. 药物要求。

（a）发射应为颗粒状黑火药，绽放药（开球药）应在松软物（如谷壳、棉籽等）上蘸有黑火药或高氯酸钾药剂。

（b）禁限用药物要求。

a）礼花弹产品中禁止使用氯酸盐。

b）礼花弹产品中禁止使用汞化合物、没食子酸、苦味酸、磷、镁粉（含镁合金除外）、砷化合物。

c）未干燥或发霉变质的零部件不准装入弹内，药物的水分低于 1.5%。

d）所用各种药物必须达到《烟花爆竹　安全与质量》（GB 10631—2013）所规定的热安定性要求。

e. 产品结构和零部件要求。

（a）导火管必须牢固地安装在弹壳上，不许有缝隙，导火索与导火管安装必须牢固。直径大于 100 mm 的产品应用两根导火管。

（b）提弹绳与提环或点火线应牢固安装在弹面正中处，7 号以上的产品应安装提弹绳，提弹绳长度以能将弹体放到发射筒底部为准。提弹绳强度应能承受礼花弹自重一倍以上的质量。

（c）不能被炸碎烧尽的零部件不许有坚硬锐利的部分。

（d）雷弹应有危险标记。

（e）弹体内部应装填紧密。

f. 燃放性能要求。

（a）产品的燃放效果必须与产品设计效果相符，伞形烧成率不小于 96%，其他产品烧成率不小于 98%。

（b）燃放中不可出现膛炸、低炸、筒口炸、哑弹、殉爆、火险、瞎火、散盆等致命缺点。

（c）爆炸高度不大于 500 m。

（d）最低爆炸高度应符合表 3.42 的要求。

（e）爆炸覆盖直径不得超过爆炸高度。

g. 燃放要求。

（a）必须由专业人员燃放。

（b）必须用合格的专用礼花弹发射筒燃放。

（c）礼花弹发射规格应符合相应的弹体规格要求。

（d）礼花弹发射筒应符合相应的要求。

（e）燃放场地应符合中华人民共和国公共安全行业标准《焰火晚会烟花爆竹燃放安全规程》（GA 183—2005）要求。

表 3.42　最低爆炸高度

项目	型号							
	3	4	5	6	7	8	10	12
最低爆炸高度/m	50	60	80	100	110	130	140	160

7. 架子烟花类烟花

架子烟花类烟花是指以悬挂形式固定在架子装置上燃放的产品，燃放时以喷射火苗、火花形成字幕、图案、瀑布、人物、山水等画面，分为瀑布、字幕、图案型等。

8. 组合烟花类烟花

组合烟花类烟花是指由两个或两个以上小礼花、喷花类烟花、吐珠类烟花同类或不同类烟花组合而成的产品。分为同类组合烟花和不同类组合烟花。

（1）组合烟花类烟花的种类及分级

①种类。

组合烟花类烟花分为同类组合烟花和不同类组合烟花两种。

同类组合烟花由小礼花、喷花类烟花、吐珠类烟花同类组合，小礼花组合包括药粒（花束）型、药柱型、圆柱型、球型以及助推型。

不同类组合烟花仅限由喷花类烟花、吐珠类烟花、小礼花中两种组合。

②分级。

根据国家标准《烟花爆竹 安全与质量》（GB 10631—2013）的要求，组合烟花类烟花分为 A、B、C、D 四个等级。这是从燃放安全角度来考虑的。其中 A、B 级产品是由专业燃放人员在特定的室外空旷地点燃放、具备一定危险性的产品；C 级产品则是适于室外开放空间燃放、危险性较小的产品；D 产品是适于近距离燃放、危险性很小的产品。

（2）组合烟花类烟花的技术要求

①外形及外观。

产品的外形无明显变形、无损坏，应保证完整、清洁，文字图案清晰。产品表面无浮药、无霉变、无污染，外型无明显变形、无损坏、无漏药。筒标纸粘贴吻合平整，无遮盖、无露头露脚、无包头包脚、无露白现象。筒体应黏合牢固，不开裂、不散筒。

②引火线。

a. 引火线表面整洁、干燥，无破损、无漏药、无霉变。

b. 点火引火线应为绿色安全引火线，安装位置必须醒目或有明显标记，有护引装置。

c. 个人燃放类产品，点火引火线应安装在烟花主体的侧面，带外包装箱进行点火燃放的产品及第一发是喷花类、吐珠类效果的除外。

d. 第一发为小礼花效果的个人燃放类产品引燃时间为 5~8 s，其他类型产品引燃时间应符合 GB 10631—2013 的要求。

③筒体。

a. 小礼花单个筒体规格。

A 级：内径 >51 mm，圆柱型、药柱型内径≤76 mm、圆球型、药粒型内径≤102 mm，壁厚≥3.0 mm；

B 级：30 mm < 内径≤51 mm，壁厚≥2.5 mm；

C 级：20 mm < 内径≤30 mm 时主体高度≤300 mm，壁厚≥2.0 mm；内径≤20 mm 时主体高度≤260 mm，壁厚≥1.5 mm。

b. 喷花类、吐珠类筒体规格。

喷花类：个人燃放类圆柱型内径≤52 mm，圆锥型内径≤86 mm；

吐珠类：个人燃放类筒体内径≤20 mm。

筒体应黏合捆扎牢固，不发生变形。在正常条件下，装卸、运输、储存及燃放过程中不开裂、不散筒。

④主体稳定性。

a. 产品放置在与水平面呈 30°夹角的斜面上不应倾倒。

b. 产品筒体或主体高度与底面最小水平尺寸或直径的比值：C、D 级≤1.5；A、B 级≤2.0。

⑤总药量和单发药量。

单个产品允许最大装药量、单筒药量及开包药药量要求应符合《烟花爆竹组合烟花》（GB 19593—2015）的要求，组合烟花类烟花药量见表 3.43。

表 3.43　组合烟花类烟花药量

产品级别	组合类型	小礼花单筒内径/mm	单筒(发)最大允许总药量/g			单筒开包药最大允许药量/g			产品最大允许总药量/g
			小礼花	喷花	吐珠	黑火药(误差±10%)	硝酸盐与金属混合物(误差±10%)	高氯酸盐与金属混合物(误差±10%)	
D 级	喷花组合			10					50
C 级	小礼花组合 小礼花、喷花组合 喷花组合 小礼花、吐珠组合 吐珠组合 喷花、吐珠组合	≤30	25	200	≤20 (≤2 g/珠)	10	4	2	1 200
B 级	同 C 级	≤51	50	350	80 (≤4 g/珠)				3 000
A 级	同 C 级	≤76(圆柱型、药柱型)	100	500					8 000
		≤102(圆球型、药粒型)	320	200	400 (≤20 g/珠)				

|3.5 烟花爆竹自动化生产工艺|

近些年来，随着自动化工艺的不断发展，以及"黑灯工厂"理念的提出，烟花爆竹这一传统行业也逐渐由纯手工生产开始转型至自动化生产，采用机器代替手工生产不仅可以提高工作效率且可大幅度降低生产中意外燃爆事故。为进一步了解当前烟花爆竹行业自动化生产情况，作者及其团队进行了实地调研，本节将进行详细介绍。

3.5.1 烟花爆竹生产机械设备研发应用现状

1.组合烟花类

目前，烟花爆竹行业研发应用的生产机械设备有组合烟花全流程生产线、内筒生产线、组装生产线。

组合烟花全流程生产线实现了开包药制作、内筒装药（装药和封口）、组装的连续化生产；内筒生产线实现了开包药制作、内筒装药和封口的连续化生产；组装生产线实现了组装工序连续化生产。

此外，组合烟花生产中，还应用了卷筒机、切筒机、模压制筒机、盘引封胶机、内筒筑底安引机、造粒机、混药机、包装机等机械设备。

表3.44～表3.46为各大烟花爆竹生产企业组合烟花部分自动化生产线分布情况。

表3.44 组合烟花全流程生产线相关参数

组合烟花全流程 生产线	生产建筑面积/m²	定员/人	产能/（个·h⁻¹）	生产线售价/万元
湖南中洲科技 有限公司	3 200	11	260	2 000
河北任丘骏兴 机械制造有限公司	800	11	500	250
浏阳华冠出口 花炮集团有限公司	800	8	3 840	550

表 3.45　内筒生产线相关参数

组合烟花内筒生产线	生产建筑面积/m²	定员/人	产能/（盘·h⁻¹）	生产线售价/万元
北京惠众智通机器人科技有限公司	180	3	250	200
百特（福建）智能装备科技有限公司	360	4	400	200
浏阳荷花精工机械制造有限公司	400	4	700	100
江西上栗安科精工机械有限公司	180	4	120	50
醴陵市红天智能机械厂	540	6	800	

表 3.46　组装生产线相关参数

组合烟花组装生产线	生产建筑面积/m²	定员/人	产能/（个·h⁻¹）	生产线售价/万元
浏阳五一科技机械有限公司	180	3	695	50

2. 爆竹类

目前，爆竹生产已全部实现了上料、混药、装药、封口的连续化生产，人药隔离操作，但仍采用瀑布式装药，装药间粉尘较大，"炸机"事故率高，且均未连接插引、结鞭、包装工序，连续化自动化程度较低。近年来，正在研发连续化爆竹生产线。此外，爆竹生产中，还研发应用了卷筒机、切筒机、装盘机、插引机、混药机、结鞭机、包装机等机械设备，爆竹类产品自动化生产线实物图如图 3.40 所示。连续化烟花爆竹生产线相关参数见表 3.47。

3. 升空类（双响）

目前，行业研发应用的双响产品生产线实现了定量上料、混下响药、装下响药、封下口、翻转、定量上料、混上响药、装上响药、封上口的连续化生产。此外，双响型产品生产中，还研发应用了卷筒机、过节按引机等机械设备。

表 3.48 为河北任丘骏兴机械制造有限公司研发的双响自动化生产线相关参数。

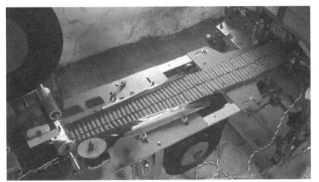

图3.40 爆竹类产品自动化生产线实物图

表3.47 连续化烟花爆竹生产线相关参数

连续化爆竹生产线	生产建筑面积/m²	定员/人	产能/(饼·h⁻¹)	生产线售价/万元
中国五洲工程设计集团有限公司	390	4	900	110
上栗熠辉自动化设备有限公司	210	—	360	300

表3.48 双响自动化生产线相关参数

双响自动化生产线	生产建筑面积/m²	定员/人	产能/(盘·h⁻¹)	生产线售价/万元
河北任丘骏兴机械制造有限公司	1 080	7	206	200

4. 黑火药

目前，黑火药生产普遍应用了硝酸钾粉碎机、二味球磨机、三味球磨机、热压机、破碎机、筛选机、抛光机等机械设备。近年来研发应用了三味混合、潮药、装模制片连续化生产线，黑火药自动化生产线相关设备如图3.41所示。

图3.41 黑火药自动化生产线相关设备

表 3.49 为浏阳真工机械制造有限公司研发的黑火药生产线相关参数。

基于黑火药在烟花爆竹产品中的重要性，此节对其进行详细阐述。

（1）基本情况

①2019 年 9 月 17 日，该生产线通过了湖南思龙科技评估有限公司组织的科学技术成果评价；2020 年 8 月 12 日，通过了湖南省安全技术中心组织的安全论证。YBJ – IZ – HSZZJ 型黑火药自动混合、潮药、装模、制片一体机已在浏阳市昌泰烟花材料制造有限公司安装使用。

表 3.49　黑火药生产线相关参数

黑火药生产线	生产建筑面积/m²	定员/人	产能/（kg·h⁻¹）	生产线售价/万元
浏阳真工机械制造有限公司	80	2	240	40

②生产线可实现化工原材料自动定量进料、自动混药、自动潮药、自动装模、自动制片，并具有将制成的黑火药包片放置在运输小推车上的功能。预计生产线销售价格 30 万元。

③生产线总人数为 2 人，总长度为 10 m，总宽度为 8 m，每小时产量 240 kg，生产线上工作间数为 2 间。

④生产线上黑火药药量为 160 kg。

（2）生产线特点

①使用机械设备代替危险程度较高的人工潮药、装模、制片工序，降低了安全风险。

②三味粉（硝酸钾、硫黄、木炭）混合采用搅拌方式代替了球磨方式，提高了生产率（注：旧工艺二味球磨 7 h，干法三味球磨 1 h；新工艺二味球磨 13 h，湿法搅拌方式代替干法三味球磨，搅拌 0.17 h）。

③采用非电传感器，降低了安全风险。

5．其他

除以上四类产品外，吐珠类、玩具类产品及引火线、亮珠等生产线也已经逐步实现了自动化生产。表 3.50 为其他产品自动化生产线相关参数。

表 3.50　其他产品自动化生产线相关参数

产品	企业	生产建筑面积/m²	定员/人	产能/（个·h⁻¹）	生产线售价/万元
药粒型吐珠	湖南中兵天马科技有限公司	12	1	48	5

产品	企业	生产建筑面积/m²	定员/人	产能/（个·h⁻¹）	生产线售价/万元
玩具类 （糖果烟花）	浏阳市万鑫出口 花炮厂	36	1	108 000	—
摩擦型 （砂炮）	长沙市邦威包装 机械有限公司	9	2	4 800	8
线香型 （晨光花）	湖南中兵天马 科技有限公司	—	—	—	—
引火线	上栗县龙风科技 研发机械制造厂	300	3	20 000	40
亮珠	湖南库珀睿德股份 有限公司	—	—	—	—
亮珠	湖南浏阳市鸿安机械 制造有限公司	—	—	—	—
新型发射药	浏阳市凯达昌盛 烟花有限公司	—	—	—	—

3.5.2 现有自动化生产线存在的主要问题

烟花爆竹品种、规格多样化，生产工序复杂，部件差异较大、工艺技术落后，严重制约机械化发展。当前烟花爆竹生产机械化自动化主要存在以下问题。

1. 生产线及机械设备研发应用水平不高

一是现有生产线及机械设备普遍存在不足。组合烟花内筒生产、组装自动化程度不高，设备均未设置数据接口，不利于模块化集成形式生产线；生产线的隔爆措施、安全联锁、涉药选材等技术有待提高。爆竹插引漏插率较高，口对口装药与快速封口的技术不成熟。黑火药热压工艺操作温度、压力较高，缺少安全边界的基础数据，破碎工艺中原料回炉比例偏高。

二是与生产线配套的基础设施不完善。生产单位均未编制生产线工艺流程图以及机械设备平面布局和抗爆结构图，安装与施工建设不规范，生产线建设安全等级不高。组合烟花自动化生产线缺少成品中转库、黑火药与亮珠的中转库，双响自动化生产线缺少成品中转库。组合烟花内筒生产过程中，人工转运亮珠，作业频次高、风险较大。

三是与生产线配套的安全措施不到位。研发试验过程基础数据积累和生产线说明书、维保手册编制普遍未能得到足够重视，绝大多数生产线无说明书和维保手册，个别生产线说明书编制不规范，导致使用企业在安装、调试、运行、维护和保养机械设备时作业不规范，"炸机"和检维修环节事故多发。

四是设计理念未摆脱传统工艺思维定式。投用的烟花爆竹生产线大都仅以简单力学机构代替手工作业，虽然实现了生产过程的基本功能，但缺少工艺技术创新突破，信息化、智能化技术应用不足，距离现代工业生产水平相差甚远。

2. 连续化、自动化发展缺乏技术创新引领

一是自动化研发与实践融合不足。部分行业从事烟花爆竹生产机械化自动化的研发力量，未能深度理解烟火药的爆炸危险性等工艺技术特点，研发成果片面追求生产效率，投用后将产生新的安全风险隐患。如浏阳真工机械制造有限公司的黑火药热压工艺采用油温 152 ℃、压强 19 MPa，缺少安全边界的基础数据，风险认知不足；上栗熠辉自动化有限公司的爆竹自动化生产线封闭的混药、装药金属盒中药量为 115 g、445 g，均未设置泄爆口。

二是安全技术标准要求严重滞后。现行烟花爆竹机械标准仅覆盖了通用电器要求及造粒机等个别设备；现行《烟花爆竹工程设计安全审查规范》（AQ 4126—2018）在企业布局、建筑结构、电气安全等方面要求，较多考虑手工作业生产环境；《烟花爆竹作业安全技术规程》（GB 11652—2012）对机械设备安装、使用、维修等方面安全要求有待完善；机械设备安全论证方面技术标准仍处于空白状态。现行技术标准内容滞后，不适应烟花爆竹生产全流程自动化、信息化、智能化的发展要求。

三是示范线建设正面引导有待强化。一方面，目前尚无烟花爆竹生产机械化自动化示范线建设基本要求，示范目标尚不明确，各地示范线建设标准不统一；另一方面，现有研发以企业自发为主，政府奖励、补贴及政策优惠不足，研发技术和投入能力均有限，甚至存在研发团队各自为政、相互保密问题，制约了行业机械化、自动化发展。

第 4 章

大型焰火燃放技术与编排

|4.1 烟花爆竹燃放装置|

烟花爆竹的燃放装置在焰火整体燃放过程中起到至关重要的作用，主要涵盖了点火传火器具、燃放控制器、其他燃放辅助装置等。

4.1.1 点火传火器具——电点火头

1. 概述

电点火头在大型焰火燃放中起着重要的作用，它在某些情况下可以直接影响大型焰火燃放的成败，因此其性能原理至关重要。

2. 电点火头的点火原理

电点火头通电时，电流流过桥丝，桥丝发热升温，热量传给桥丝周围的药剂，使其升温，达到发火点，引燃药剂。电点火头的发火过程由桥丝预热阶段和药剂发火阶段组成。

（1）有药型电点火头

有药型电点火头的核心是一种极细超薄的电极板，在电极板周围裹上一层点火药物，构成点火头，当通过电流时，电发热材料产生高热，引燃药物形成高温火球，从而达到点火的目的。

（2）无药型电点火头

无药型电点火头又称安引电点火头，是利用瞬间电流通过电阻丝，令电阻丝发热而点燃安引，达到点火的目的。

电点火头的基本要求有以下几方面。

①合适的感度。

电点火头作用时所需的能量称为感度，感度高则要求输入的能量小，反之感度小，则要求的输入能大，否则不能保证作用。输出的能量一般由使用单位提出。为了可靠发火必须有足够的感度，但感度过高则会导致产品在不应发火时发火。因此应规定最小发火电流和最大安全电流。

②足够的威力。

电点火头作用时输出的能量应满足使用单位提出的要求，威力过小不能引燃（起爆），威力过大会使保险机构失去作用，因此要求威力应保证足以完成所要求的任务。

③使用的安全性。

电点火头是一个比较敏感的元件，在生产、运输和使用的各种环境下必须是安全的，应具有良好的安全性。

④长期储存的稳定性。

电点火头需单独储存，只有在使用前才可装入烟花产品中。因此要求在长期储存过程中不变质不失效，并应规定储存条件，主要的外界条件有温度、湿度、盐分等。储存年限：军品为 15 年；工程爆破为 2 年；烟花爆竹中使用的电点火头按《烟花爆竹　安全与质量》（GB 10631—2013）的规定执行，即储存年限为 3 年。

⑤其他特殊要求。

由于使用条件不同，对电点火头可以提出一些特殊要求，如作用时间、时间精度、体积大小、抗高压、安全电流、发火电流、抗静电等。

3. 桥丝式电点火头的发火过程

桥丝式电点火头是大型焰火燃放最为普遍的一种电点火方式。其发火过程一般分为桥丝预热、药剂发火和燃烧三个阶段。

（1）桥丝预热阶段

在桥丝预热阶段里，主要的问题是解决桥丝温度和电能量之间的关系。假如知道桥丝温度，就可知道电点火头是否引燃。敏感的电点火头能在小能量下使桥丝温度升高。桥丝温度的计算关系到电点火头的感度问题和安全问题，也就是电点火头的最小发火电流和最大安全电流这两个参数的问题。

桥丝升温需要时间，在这个时间内电能转换为热能，桥丝上有了热能就有热量向药剂以及导线的传递。计算桥丝温度时应考虑能量损失，而这种损失的计算是极其困难的。为了简化过程，采用近似假设，忽略热损失计算桥丝温度。计算结果虽然存在误差，但与实际情况相差不大。

桥丝温度的计算是基于能量守恒定律，即供给桥丝的电能等于桥丝加热所用的能量，计算过程中不考虑脚线、药剂的传出能量损失，实际上这部分的热量损失是存在的。

设供给桥丝的电能为 q_1，在恒定电流 I 作用下

$$q_1 = 0.24 I^2 Rt \qquad (4.1)$$

式中　q_1——供给桥丝的电能，即电流热效应的热量，cal[①]；

　　　　t——通电时间，s；

　　　　R——桥丝的电阻，Ω；

　　　　I——通过的恒定电流，A。

由于电流的热效应，桥丝被加热，设在药剂发火时桥丝由 T_0（初温）升至 T_1，假定桥丝的状态此时未变化，其所需热量为 q_2，即

$$q_2 = V\delta C(T_1 - T_0) \qquad (4.2)$$

式中　q_2——将桥丝温度由 T_0 升至 T_1 所需要的热量，cal；

　　　　V——桥丝体积，cm^3；

　　　　δ——桥丝材料的密度，g/cm^3；

　　　　C——桥丝材料的比热容；

　　　　T_0——桥丝的初温；

　　　　T_1——桥丝被加热后的温度。

假设不计热损失，则

$$q_1 = q_2$$

即

$$0.24 I^2 Rt = V\delta C(T_1 - T_0)$$

由电阻

$$R = \frac{\rho}{S} L = \rho \frac{4L}{\pi D^2}$$

桥丝体积

$$V = SL = \frac{\pi D^2}{4} L$$

式中　L——桥丝长度，cm；

　　　　ρ——比电阻，$\Omega \cdot cm$；

---

① 1 cal = 4.186 8 J。

S——桥丝断面积，cm^2；

D——桥丝直径，cm。

可得

$$I^2 t = 2.56 \frac{\delta C}{\rho} D^4 \left(T_1 - T_0 \right)$$

因 $T_0 \ll T_1$，故简化为

$$I^2 t = 2.56 \frac{\delta C}{\rho} D^4 T_1 \tag{4.3}$$

$$T_1 = 0.39 \frac{\rho}{C \delta D^4} I^2 t \tag{4.4}$$

从式（4.4）中看出 t 反映了桥丝的预热时间，T_1 反映了桥丝的预热温度，也就是预热到药剂发火时桥丝的温度。

从式（4.4）中还可以看出，一定的发火冲能时 $I^2 t$ 桥丝材料的比电阻越大，桥丝比热容、密度和直径越小，则桥丝预热温度 T_1 越高。

式（4.3）的值称为发火冲能，它代表单位电阻所消耗的能量，也是衡量桥丝放热的尺度，同时也是衡量桥丝加热到 T_1 时，电桥在单位电阻上所消耗的能量。它还可以作为电点火头感度的参数，即此值越小感度越高，此值越大越低。桥丝的粗细一般是直径 10^{-2} mm，因此药剂和桥丝的接触面还小于这个数值，故药剂的点火原理应属于热点起爆的学说范围，即化学反应首先开始于直径为 $10^{-5} \sim 10^{-3}$ cm 的热点处，然后扩大到整个药剂，热点很小，且热点维持时间很短，一般发火温度约 500 ℃。

（2）药剂发火阶段

药剂发火阶段包括桥丝把热量传给药剂以及药剂本身发生化学反应。随着通电时间的增长，桥丝温度上升，附在桥丝周围的药剂也随之升温。如果不考虑桥丝和药剂界面上的热阻力，那么传给药剂的热量以及被加热的药层厚度将和药剂的导热性质有关。当桥丝加热时，热源很小，但供给热能的速度很快，功率大。除了和桥丝接触很紧的药层温度较高以外，大部分药剂仍然保持原来的温度，当桥丝和药剂界面温度达到药剂的自燃温度时，药剂发生燃烧。药剂发生燃烧应具备一定的药量（或药层厚度）、达到一定温度（自行燃烧温度）和经过一定的时间，这就是药剂燃烧的三要素。按热点学说，燃烧的形成需要具备热点的体积、热点温度和在该温度下保持一定的时间。

药剂自行分解与选用的药剂有关。电点火头中所用药剂可以是起爆药，如三硝基间苯二酚铅，也可以是氧化剂和可燃剂的混合物，如 $KClO_3$ 和 $Pb(CNS)_2$ 的混合物，药剂的选择要注重它自身的热感度（发火点）和点火能力。

药剂发火阶段的延迟期和反应温度的关系根据化学反应动力学的概念，应符合经典的阿伦纽斯方程式

$$\tau = Ke^{E/Rt} \tag{4.5}$$

对其两边取对数得到

$$\ln\tau = \ln Ke^{E/Rt}$$
$$= \ln K + E/Rt$$

式中　τ——延迟时间，s；

E——药剂的活化能；

t——药剂的加热温度，K；

R——气体常数1.986；

K——系数，取决于药剂性质。

（3）燃烧阶段

电点火头的药剂发火后，火焰先从内层开始燃烧，然后烧穿药头，把火焰扩大并喷入需要点燃的烟火药内，引燃烟火药，致其爆炸。

4. 影响电点火头感度的因素

根据计算桥丝温度的基本方程式（4.3）来分析影响电点火头感度的因素，在式（4.3）中，发火冲能 I^2t 越小，感度越高，而发火冲能与 $\delta C/\rho D^4$ 有关，同时与桥丝和药剂性能有关，分别讨论如下。

（1）桥丝的影响

①桥丝材料的影响。

常用的桥丝材料有康铜、镍铬合金、铂铱合金。在选用桥丝材料时首先应考虑它的 $\delta C/\rho D^4$ 之值是否最小，是否可以得到高的桥丝温度。其次应考虑它的力学性能和材料的来源，铂铱合金（85% Pt + 15% Ir）有良好的力学性能，能拉出直径既细又匀的桥丝，但价格最贵。而康铜的桥丝直径均匀性较差，但价格便宜。现代军用上采用钮钛合金，工程爆破上采用康铜或镍铬合金。

②桥丝直径的影响。

从式（4.4）中可以看出，桥丝加热温度在一定电流范围内与桥丝直径 D 是四次方关系，因此桥丝直径对桥丝温度的影响很大，也就是对电点火头感度的影响很大。从理论上分析选择桥丝越细越好，但从生产工艺上讲不可能太细，因为太细的桥丝制造十分困难，质量不够均匀，易被折断。一般镍铬合金丝直径为 0.009 ~ 0.035 mm，康铜丝直径为 0.024 ~ 0.050 mm。

③桥丝长度的影响。

从式（4.3）本身看不出桥丝长度对温度的影响，这是因为推导公式未考

虑能量损失。实际上桥丝温度会沿着与电桥焊接着的脚线导走，造成桥丝温度不均匀，桥中心温度高，而靠脚线的两边温度低。若桥丝的长度过短，会导致桥丝的最高温度受到损失，达不到预定的温度，电点火头的感度就会受到影响。实验表明，桥丝直径为 0.035 mm 时，桥丝越长，热损失越小，所需发火电流越小，即感度越大。

（2）药剂成分的影响

药剂成分对电点火头感度影响的试验条件：发火电流为 500 mA，桥丝材料为 Ni－Cr80/20，桥丝直径为 0.035 mm，桥丝长为 3 mm。药剂成分不同对发火冲能的影响如下：

①四羟甲基氧化磷（THPC）发火时间为 4 ms，发火冲能 I^2t 为 1 A²·ms；

②$KClO_3$：$Pb(CNS)_2$ 配比为 50：50，发火时间为 39 ms，发火冲能 I^2t 为 9.75 A²·ms；

③$KClO_3$：C 配比为 80：20，发火时间为 186 ms，发火冲能 I^2t 为 46.5 A²·ms。

由此可见，不同的药剂其最小发火冲能相差很大。

（3）药剂的粒度的影响

药剂的粒度越细感度越好，这是因为与桥丝接触的点越多，传热面积也就越大。为了保证桥丝对点火药剂的热传导，药剂应满足下列要求。

①药剂必须有很细的粒度，以保证足够的传热面，粒度越细与桥丝接触点越多，单位时间内传给药剂的热量就越多。

②药剂必须紧密地附着在桥丝周围，以保证接触良好，这就要求药剂的密度要大，不应有空隙存在，保证更多的桥丝热量被药剂直接吸收。

③选择摩擦感度小的药剂，以保证使用安全。

④药剂应有较小的导热系数和热容，以保证传热损失小，感度大。

⑤生成的气体应少，以确保药剂能够平稳地燃烧。

⑥选择良好的黏合剂材料，保证药剂易于加工，并具有足够的强度。

⑦电流强度的影响。假设加热药剂到发火温度所需要的能量一定，则发火电流越大，单位时间内电能转变得热能越多，即通电速度越快，桥丝温度上升越快，相对热损失就越小，电点火头发火时间就越短，发火冲能 I^2t 越小，其感度越好。

5. 影响电点火头点火能力的因素

（1）点火药剂的选择

焰火是通过点火药剂燃烧时所放出的热量以及燃烧所产生的气体建立起来的压力来保证烟火药被点燃以及正常燃烧。因此，电点火头点火药剂应满足以下三个条件。

①具有一定的点火温度，即具有一定的热量。

点火药剂点燃烟火药所需的传热量 q 按式（4.6）计算。

$$q = \alpha (T_g - T_s) t_{ig} \qquad (4.6)$$

式中 q——点火药剂传给被点燃药的热量，cal；

         α——传热系数；

         T_g——点火药剂燃烧产物的温度；

         T_s——被点燃药燃烧的表面温度；

         t_{ig}——点火药剂燃烧产物包围被点燃药表面的时间。

式（4.6）说明点火药剂传给被点燃药的热量 q 同 $T_g - T_s$ 温度差成正比，与传热系数 α 成正比，同 t_{ig} 成正比，由此看出 T_g 越高，越容易点燃烟火药。

②形成一定的点火压力。

③点火温度和点火压力要持续一定的时间（即点火时间）。

（2）点火药剂的药量确定

点火药剂的药量多少是决定点火过程是否可靠、点火延迟时间长短等的重要因素。药量过多，会造成很大的点火压力峰，壳体难以承受；药量不足，会造成点火延迟时间长，甚至不能点燃烟火药。

（3）点火药剂粒度的选择

点火药剂的粒度大小对燃烧速度有一定的影响，粒度小，燃烧快，粒度大，燃烧慢。粒度太大燃烧速度过慢，延迟期长；粒度太细，燃烧速度过快又会造成过大的局部瞬时压力峰，不利于点燃烟火药。

（4）点火药剂中杂质及水分的影响

点火药剂的惰性杂质和水分都会直接影响火焰感度和燃烧速度，特别是水分危害更大。

6. 点火药剂常用配方

①氯酸钾 50%、硫氰酸铅 50%、硝棉胶 3%～4%（外加）。

②硫氰酸铅 45%、氯酸钾 55%、松香 2%（外加）。

③氯酸钾 50%、硫氰酸铅 47%、铬酸铅 3%、硝基胶 4%（外加）。

7. 电点火头的技术要求

（1）有药型电点火头主要性能与参数

①单个点火头在 21 ℃（70 °F）时的桥丝电阻（1.3±1）Ω。

②并联组或单一额定点火电流 0.50 A，需要的点火时间为 20 ms。

③串联组额定点火电流 0.80 A，需要点火时间为 5.0 ms。

④电流为 1 A 时点火时间为 2 ms。

⑤安全电流 0.25 A。

⑥测试电流 0.50 mA。

（2）无药型电点火头主要性能与参数

①4 V4 W，使用 12 V 点火器，每一串联组可点燃 3 支。

②1.0 A 时，点火反应时间（从通电到点火时间）为 20 ms。

③1.2 A 时，点火反应时间为 15 ms。

④点火燃烧时间 0.5 s（保持通电状态 0.5 s）。

4.1.2　燃放控制器

目前市面上已经存在的燃放控制器分类的方式很多，有按照传统点火器和程控点火器分类的，有按照有线点火器和无线点火器进行分类的，还有按照音乐点火器和非音乐点火器分类的。随着燃放控制设备的不断改进，采用以上划分方法已经很难体现设备之间的差异，如传统点火器已经可以提供简单的编程功能。因此，本书按照燃放控制设备的点火电源输出方式和通信方式进行分类，一类是集中型燃放控制器，一类是网络型燃放控制器。

传统的集中型燃放控制器通常是采用 220 V 交流电或者采用 12 V 蓄电池升压到较高的电压，通过点火开关阵列输出点火脉冲（20 芯电缆最多可实现 $10 \times 10 = 100$ 次点火）。其特点就是控制台与点火阵列电路集中在一起，通过多芯电缆连接到燃放场地的烟花，电缆直接传输点火电流，因为传输距离较远，线路会产生损耗，所以必须使用较高的电压才能实现点火。

网络型燃放控制器就是控制器与点火阵列分离，每个点火阵列内置处理器，一个控制器可以通过网络控制多个点火阵列，每个点火阵列有唯一地址码，控制器通过地址码访问每个点火阵列，网络的组网方式可以是星形组网，也可以是树状组网，也可以是菊花链组网。这种点火方式通常使用 24 V 直流电，通过总线由控制器直接给点火阵列供电，点火阵列内部通常带有电容器，保证输出点火脉冲的电流需求。

1. 大型焰火燃放对燃放控制器的要求

由于大型焰火所覆盖的区域通常地貌环境相对复杂，各个燃放场地之间存在楼宇、河流、山坡、公路等各种障碍，同时总点火次数很高，如北京奥运会就将近 8 万次点火，广州亚运会也有 6 万多次点火，采用传统集中式燃放控制器做到这么多燃放次数是很难想象的，因此必须采用网络型燃放控制器实施点火。鉴于这些需求，当前大型焰火燃放的燃放控制器应满足如下要求。

（1）专业的编排设计软件要求

烟花的编排设计也遵循着一般工程实施的方法，涉及场地的布局，创意实现，焰火画面的构造，产品的选择，产品在场地的分布，产品燃放顺序安排，燃放控制设备的连接，烟花产品的生产情况，装箱情况，其他器材情况等。对于一场大型焰火燃放，以上这些数据的产生和整理，如果采用人工的方法去做，将是一项浩大的工程，而且容易出错，所以必须拥有一套专业的焰火设计软件来完成这项工作。

（2）同步燃放要求

一个主燃放控制器控制的点火阵列有限，尤其是大跨度、多区域的情况下，主燃放控制器必须通过组网方式允许被统一控制。这样，多燃放控制器才能通过通信方式实现跨区域地协同工作，接受控制中心的统一指挥及控制。这对大型焰火燃放中的多区域协同燃放来说是很必要的。

目前同步控制的方案有三种，一种是时间码同步机制，一种是网络远程控制机制，一种是定时机制。时间码包括 MTC、FSK 时间码、STMPE 时间码。网络控制机制通常使用 Wi – Fi 或者 Internet，定时机制采用 GPS。

（3）精确时间点火要求

主燃放控制器需要支持多达 100 个的点火阵列的通信要求，能够检测与各个点火阵列的连通性，对各个点火连接头进行检测，同时还需要支持快速的点火响应，时间精度在 10 ms 以内。对于单一燃放控制器区域内的多个点火阵列同时点火的问题，主燃放控制器可要求第一次点火和最后一次点火的时间间隔在 30 ms 以内。

（4）网络可靠性要求

由于燃放控制器与点火阵列采用有线的方式进行连接，系统必须支持灵活的组网方式，通常建议使用菊花链连接方式，可对总线区域故障进行隔离，防止局部故障影响到其他区域的正常工作。

（5）紧急停止要求

出现意外情况时，燃放控制器可紧急停止全部或局部的焰火燃放，在排除故障后，可恢复燃放。

（6）复杂工作环境要求

焰火燃放是对可靠性要求特别高的一项活动，尤其是在大型活动的一些特殊环境下，因此设备必须对各种环境具有一定的适应性。

①根据季节影响：– 45 ~ 70 ℃。

②根据天气影响：防潮、防腐蚀。

③根据燃放环境：抗震、抗摔。

（7）时间码介绍

①SMPTE 时间码。

SMPTE 是美国电影与电视工程师协会（Society of Motion Picture and Television Engineers）的首字母缩写。它是目前在影音工业中得到广泛应用的一个时间码概念。SMPTE 在 MIDI 和数码音频领域是不可或缺的。多个设备和软件被连接后，互相之间必须使用一个统一而高效的时间标准，从而得以在一台主控设备上（通常是一台计算机）控制所有软件和硬件，并使之协调地工作。SMPTE 时间码有 4 种格式，分别是 30 NonDrop、29.97 Drop、24 fps 和 25 fps。

②MTC。

MTC 是 MIDI 时间码（MIDI time code）的首字母缩写，是由 SMPTE 时间码改编而成的，可由 MIDI 线进行传送（或计算机上两个支持 MTC 格式的软件之间进行传送），是 DSP（数字信号处理）的一种类型，其方式就是在不失真的前提下将声音信号波形的振幅尽可能地放大，用以在计算机音频系统中充分体现声音的动态范围。波形充分化实际上并没有提高已经录制的声音信号的信噪比，但其可以保证在声音播放时能使输出电路的工作状态处于最佳。

③FSK 时间码。

FSK（frequency – shift keying）中文名为频移键控，就是用数字信号去调制载波的频率，是信息传输中使用较早的一种调制方式。

FSK 时间码信号的主要优点是实现起来较容易，抗噪声与抗衰减的性能较好。因此其在中低速数据传输中得到了广泛应用。它是利用基带数字信号离散取值特点去键控载波频率以传递信息的一种数字调制技术，最常见的是用两个频率承载二进制 1 和 0 的双频 FSK 系统。在技术上的 FSK 有两个分类，非相干的 FSK 和相干的 FSK。在非相干的 FSK 系统中，瞬时频率之间的转移是两个分立的状态，分别命名为马克和空间频率，而针对相干的 FSK 系统，则是没有间断的持续输出频率信号。

在数字化时代，计算机通信在数据线路（电话线、网络电缆、光纤或者无线媒介）上进行传输，就是用 FSK 时间码信号进行的，即把二进制数据转换成 FSK 时间码信号传输，反过来又将接收到的 FSK 时间码信号解调成二进制数据，并将其转换为用高、低电平所表示的二进制语言，这是计算机能够直接识别的语言。

当音频播放设备或调音台输出的同步时间码格式为 SMPTE 时间码信号、MTC 信号或同步时钟信号时，不支持语音命令和 FSK 时间码信号的输出，因此需要提供一级时间码信号转换，将 SMPTE 时间码信号或 MTC 信号转换为需要的同步控制信号。

2. 燃放控制器的一般原理

按照前面所述，燃放控制器按点火电流的输出方式可划分为两种形态，一种是集中型燃放控制器，一种是网络型燃放控制器。

图4.1为带有编程功能的集中型燃放控制器原理框图，描述的是一个3×3阵列输出的9组点火器，共有三个接线板，每个接线板提供3组输出。通过选择红色线和黑色线进行组合导通，从而实现多路点火输出。图4.2是带有编程功能的集中型燃放控制器实物图。

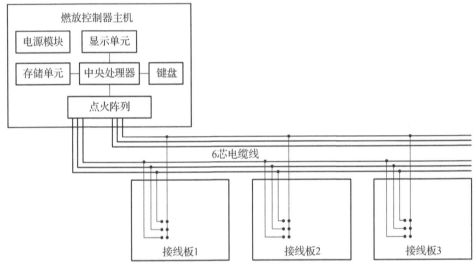

图4.1　带有编程功能的集中型燃放控制器原理框图

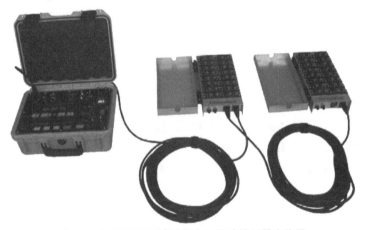

图4.2　带有编程功能的集中型燃放控制器实物图

图4.3为网络型燃放控制器原理框图，燃放控制器由燃放控制器主机和点火模块组成，点火模块与燃放控制器主机通过通信总线进行连接。目前市场上

存在的通信总线有 2 线、3 线或 4 线几种形态。通信总线除了传送信号，还要传送点火电源。点火模块也有中央处理器，其接受燃放控制器主机的点火指令或测试指令，进行点火或测试应答。图 4.4 是网络型燃放控制器实物图。

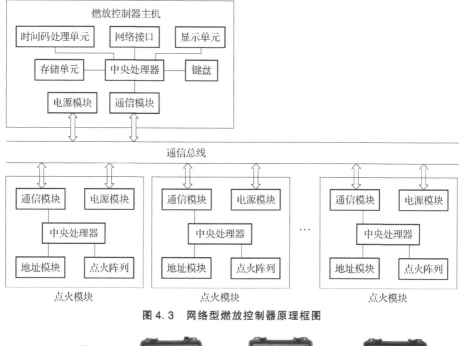

图 4.3　网络型燃放控制器原理框图

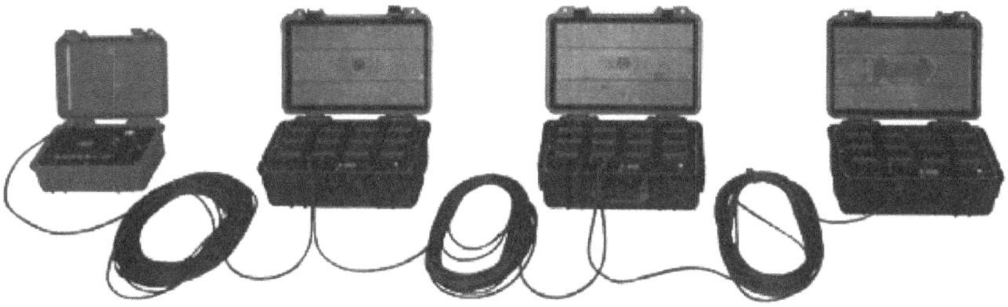

图 4.4　网络型燃放控制器实物图

3. 大型焰火燃放控制器简介

大型焰火由于场地跨度大，场地多，各个场地的燃放需要同步控制，因此只能选择网络型燃放控制器，采用安全电压点火（24 V 直流电），通信方面采用冗余通信连路设计，最大程度地减少线路故障导致的系统问题。

大型焰火燃放控制系统一般由三个部分组成，即主控中心、备份控制中心和燃放控制区域。主控中心包括主控设备和系统监控设备，可对整个燃放实施控制，并监控整个区域的设备状态，包括无线设备、燃放控制器主机以及每个点火点的连接状态，出现异常将立即报警。主控设备提供音频接口，通过获取音乐同步信息，控制整个燃放系统实施燃放，保证燃放节奏和音乐节奏的一致，也可不通过音乐，直接控制整个燃放系统，并保证各个燃放控制器主机的同步。这三个部分之间的连接支持 TCP/IP，可通过现有的有线网络、无线网络或卫星网络通信，大型焰火燃放控制系统如图 4.5 所示。

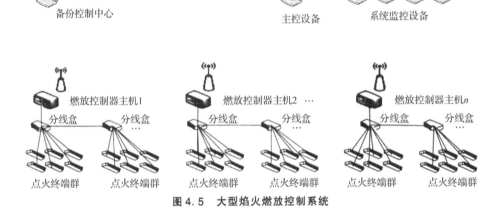

图 4.5　大型焰火燃放控制系统

综上所述，大型焰火燃放遵循两个控制、一个协同的工作模式，结合"安全第一，精准燃放"的理念。大型焰火对控制器的选择依据大致如下：

①性能稳定、可靠；

②采用低压安全的点火方式；

③支持多种控制方式；

④支持多种信号源；

⑤支持跨区域多设备的协同控制。

图 4.6 为迪拜棕榈岛亚特兰蒂斯大酒店开幕式焰火控制系统场地示意图，场地直径约为 10 km。本次燃放由 Fire One 和 Fire Pioneer 设备协同完成，活动经费达 800 万美元，施工历时约一个月。如此规模浩大、地形复杂、多种设备参与、多种信号等协同完成的焰火燃放对于控制设备的性能要求很高。

注：

①蓝色方块代表主控制器。

②黄绿圆点代表高空布点区域。

③红色区域代表盆花布点区域。

④紫色圆点为时间码（信号）发射点（总控台）。

⑤高空布点区域为五个点一台主控制器。

⑥红色区域由若干浮台构成，每个浮台若干点火终端。

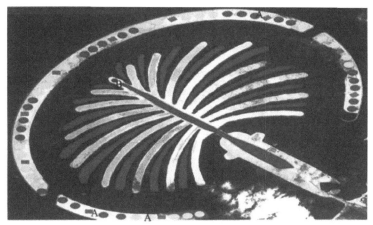

图 4.6 　迪拜棕榈岛亚特兰蒂斯大酒店开幕式焰火控制系统场地示意图（附彩插）

4. 国内外大型焰火燃放控制器综合性能分析

国外主要的焰火燃放控制器品牌包括 PyroMate、Firelinx、PyroDigital、Fire-One、Monetti、Q–fire、PyroDigit 等。其中 PyroDigital 和 FireOne 公司的燃放控制器占有主要市场。国内公司有 Fire Pioneer 系列焰火燃放控制器，产品目前远销法国、美国、意大利、俄罗斯、印度尼西亚、埃及、泰国等国家。

（1）PyroDigital

PyroDigital 软件编排功能强大，支持音乐编排和手动点火编排，主控制器支持 SMPTE 时间码、MTC 和 FSK 时间码的接收，液晶屏显示，可直接操作主机进行点火模块的检测，以及对点火通道的检测，支持编排数据的修改和增减，最大点火速率为每秒 30 发，单一主机下最大支持 40 个点火模块同时点火。控制主机与点火模块的连接采用 3 芯连接电缆，每个点火模块有 64 组点火输出，采用 24 V 点火电压。

（2）FireOne

FireOne 是专业的编排软件，支持音乐编排和手动点火编排，主控制器不支持编排的修改和增减，不支持 MTC，需要连接计算机进行设备的检测和点火，控制主机与点火模块的连接采用 2 芯平行线或双绞线，采用 24 V 点火电压，不需要连接头，方便连线，每个点火模块支持 32 组点火输出，支持多个点火模块同时点火。

（3）FirePioneer

FirePioneer 是图形化的编排软件，适合中国人的编程风格，支持音乐编排和手动点火编排。主控制器支持 SMPTE 时间码、MTC 和 FSK 时间码的接收，液晶屏显示，可直接操作控制主机进行点火模块的检测，和对点火通道的检测，支持编排数据的修改和增减，最大点火速率为 300 发/s，支持所有点火模块无误差同时点火。控制主机支持 Internet 连接，可实现对其他控制主机的状态监测，并可控制其他控制主机点火。控制主机与点火模块采用 4 芯屏蔽电缆。电源中继设备支持线路分割保护，可保证线路故障自动隔离。图 4.7 为 FirePionner 主控制器。

图 4.7　FirePionner 主控制器

5. 大型焰火燃放控制器的调试与使用

以下以浏阳格信的 FirePioneer 燃放控制系统为例介绍设备燃放控制器的调试。

（1）设备安装

①时间码传输线路的安装。

大型活动中，由于焰火的燃放通常与舞美、灯光音响、LED 等进行联动，因此，必须有一个同步控制机制，目前比较广泛使用的是 SMPTE 时间码信号。由于焰火点的分布通常在室外，通常需要借助电信部门等通信网络进行信号的传输。如果使用电信的通信网络，需要电信部门提供通信终端，目前使用的是电信的程控电话网络系统，通过电话网络传输 SMPTE 时间码信号给各个燃放控制点。目前国内焰火燃放中常见的时间码传输系统有微波系统和对讲系统；而对于超大型焰火更多的是借助通信服务商的通信系统，例如，北京奥运会开闭幕式以及广州亚运会开闭幕式，皆采用电话会议系统来实现时间码的传输。

②燃放控制器与点火模块的安装。

为了确保技术人员的安全，燃放控制器通常处于离实际烟花燃放点比较远的地方，通常在 100～150 m 远的安全掩体内。燃放控制器通过带 4 芯卡龙接头的通信电缆连接到各个点火模块，连接方式可以是直联。在要求高可靠性的情况下，需要使用电源中继或分线盒对网络进行分割，以保证局部故障不会影响到其他区域。

③点火模块与烟花产品的连接。

点火模块通常布置在燃放场地内，在保证设备和线路安全的前提下尽可能地靠近烟花产品，每个点火模块提供 32 个输出接口，操作人员对照编排表上每个烟花产品的地址码，根据地址码的数值连接烟花上的点火头导线到对应的点火模块的输出端口上；在点火头接入输出端口时，应对点火头接入点采用弯曲处理，以增加点火头与输出端口的接触，直至连接完毕，并确认连接方式正确。

（2）设备调试

①时间码信号传输调试。

确认燃放控制器主机处于关机状态，确认燃放控制器主机没有连接到点火模块，打开燃放控制器主机电源，选择燃放控制器主机需要接收的时间码信号格式，如 SMPTE，在锁定模式下，激活时间码按键，选择 SMPTE 即可切换到时间码监测模式，控制中心发送时间码信号，燃放控制器主机接收到时间码信号后，将显示收到的时间，确认燃放控制器主机可以稳定地接收到时间信号。时间码测试时，应遵循主线分立方式进行测试，即将主线从主控制器上拔掉。将时间码信号传输线接入主控制器对应的端口并打开主机电源，根据指令进行测试。一般测试有两种模式，即锁定模式和点火模式。锁定模式下可清晰地从主控制器的显示屏上了解到时间码信号传输的连续性；点火模式下可知道时间码信号对主控制器的启动是否正常，以及主控制器内的点火编排是否正确。

②燃放控制器调试。

当现场施工完毕，须对整个设备进行调试。调试时应根据燃放时的要求将无关人员撤离到安全区域，设备操作时应确认燃放控制器主机处于关机状态，确认燃放控制器主机已经连接到点火模块。测试时打开燃放控制器主机电源，打开点火模块供电开关，进入点火模块连通性检测模式，等待 30 s 左右以确保点火终端有足够的时间给内置蓄电装置充电。按步骤分别对点火终端及点火头进行检测，检测是否所有点火模块已经连通，发现不连通的点火模块，关掉点火模块电源，关闭燃放控制器主机电源，排除故障后按照上述步骤继续测试，直至所有点火模块连接成功。点火模块连接成功后，选择点火头测试模式，进一步测试每个点火模块的输出通道是否已经正确连接到点火头，未连通的点火头将显示在主机屏幕上，关掉点火模块电源，关闭燃放控制器主机电源，排除故障后按照上述步骤继续测试，直至所有点火头连接成功。

（3）点火控制

确认主控设备电源处于关闭状态，点火模块电源处于关闭状态，将时间码信号传输线和连接到点火模块的通信电缆连接好。打开燃放控制器主机电源，在燃放前 5 min 系统进入到点火模式；在燃放前 3 min，打开点火模块电源，进入预备点火状态，让燃放控制器主机收到时间码信号，燃放控制器主机将自动启动燃放。如果没有收到燃放控制信号，将由人工立即启动。如遇到突发情况或威胁公共安全，应立即关闭点火模块电源，停止点火输出，确认安全后可再次燃放。

燃放结束，关闭点火模块电源，关闭燃放控制器主机电源，断开通信线缆和时间码信号连接线。

（4）设备布局注意事项及常见故障排除方法

设备布局注意事项如下。

①所有设备，包括电源中继、燃放控制器主机、点火模块、通信线路全部采用锡箔纸包裹，不能裸露出来，点火终端到燃放控制器主机的线路也必须包裹严实。

②通信线路的走线尽量远离强电走线槽和强电设备。

③由于冬天气候干燥，在将点火头接入引火线时身体任何部位均不能处于发射筒上方；对于若干数量串接的高空烟花，点火头一律从串弹的最后一段接入，以免静电点火立即发射造成事故。

线路故障检测及排除方法如下。

①连续性的点火模块检测不通。锁定模式下将点火模块电源打开先观察故障点火模块地址码是否调整正确或指示灯是否正常，如正常则观察指示灯闪烁是否为正常，一般 2~3 s 闪烁一次，增快说明供电不足；如指示灯不闪烁，应立即更换级联线缆或前一级故障点火终端。

②大批量点火地址不通，即端口检测不通。关闭燃放控制器主机电源开关，拔掉主线，对照编排表进入场地检查是否为点火头误接、点火质量问题以及接线不牢等，否则立即更换点火头。

6. 点火电源

（1）点火电源的分类

①交流模式：直接使用 220 V 交流电进行点火，目前已很少使用。

②交流变直流模式：使用 220 V 交流经变压后整流成直流进行点火。

③蓄电池直流升压输出点火：通常由 12 V 升压到 100 V 左右。

④蓄电池直接输出直流电点火：一般是 24 V 直流，这是网络型燃放控制器主要的供电方式。

（2）不同的点火电源对焰火燃放的影响

最先出现的是用在手动控制系统上的交流模式或交流变直流模式，这两种模式用在焰火燃放领域有近 10 年的时间，目前依然有个别厂家或燃放公司在使用。它的优点是直接使用外部交流电控制点火，燃放控制器不需要内置电池，设备重量减轻，同时因为电压高，所以输出点火电流很大；缺点是由于输出电压高，电流大，对人身安全存在威胁，另外，由于没有电源保护，很可能由于瞬间电流过大导致电源开关跳闸，影响后续点火。

蓄电池直流升压输出点火方式的设备比较多，这种方式可使燃放不再受到电源的限制，在不存在交流电的情况下也能实施点火；缺点是由于采用升压方式，输出功率有限，连续点火的情况下，可能出现电压不足的情况。

　　蓄电池直接输出直流电点火，由于每个点火模块内置大容量电容，开机后，燃放控制器主机对电容充电，点火过程中，点火模块输出电脉冲点火，由于点火模块靠近烟花，因此，电脉冲输出在线路上基本上没有什么损耗，点火过程中放电，不点火过程中充电，可始终保证充足的点火电源。焰火系统连接示意图如图4.8所示。

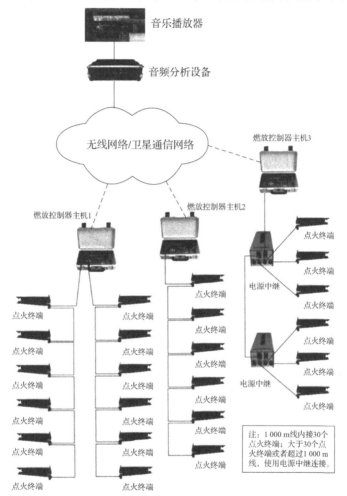

图 4.8　焰火系统连接示意图

4.1.3　其他燃放辅助装置

1. 大型焰火燃放的主要装置

（1）礼花弹发射炮筒

①礼花弹发射炮筒规格。

礼花弹发射炮筒规格根据礼花弹规格确定，礼花弹的规格一般分为3号、

4号、5号、6号、7号、8号、10号、12号等（此处的"号"即英寸，1英寸=2.54 cm）。而礼花弹规格则应小于礼花弹发射炮筒规格才能发射。

②礼花弹发射炮筒材质。

礼花弹发射炮筒按材质分为玻璃钢炮筒、金属炮筒（如钢管筒、铸铁筒）、纸筒等。目前一般多采用玻璃钢发射炮筒，玻璃钢发射炮筒的特点是轻巧、造价低，万一炸筒对外界危害小，但易老化。

③礼花弹发射炮筒质量要求。

选择礼花弹发射炮筒应符合《烟花爆竹 礼花弹发射炮筒》（GB 20208—2006）质量要求，筒壁光洁且与底座平面垂直，筒体无变形、裂缝、破损，底座牢实、平整与筒壁成整体，其技术参数应符合表4.1要求。

表4.1 礼花弹发射炮筒技术参数

规格	内径/mm	筒壁厚/mm			内筒高度/mm	筒底厚/mm		压强/MPa
		玻璃钢	金属	纸		纸筒、玻璃钢	金属	
3号	76 + 4	≥3.0	≥2.0	≥5.0	428 ± 20	≥28	≥4.0	≥0.4
4号	101 + 4	≥3.5	≥2.0	≥6.0	524 ± 20	≥30	≥4.0	≥0.4
5号	127 + 4	≥3.5	≥2.0	—	767 ± 20	≥37	≥4.0	≥0.6
6号	152 + 6	≥4.0	≥3.0	—	859 ± 30	≥43	≥6.0	≥0.6
7号	177 + 6	≥4.0	≥3.0	—	956 ± 30	≥46	≥6.0	≥0.8
8号	203 + 6	≥5.0	≥3.0	—	1 049 ± 50	≥50	≥6.0	≥0.8
10号	254 + 8	≥6.0	≥5.0	—	1 141 ± 50	≥69	≥10.0	≥1.0
12号	304 + 8	≥7.0	≥5.0	—	1 242 ± 70	≥73	≥10.0	≥1.2
14号	356 + 8	≥9.0	≥5.0	—	1 300 ± 70	≥75	≥12.0	≥1.4
16号	406 + 10	≥10.0	≥7.0	—	1 400 ± 70	≥78	≥14.0	≥1.6

礼花弹发射炮筒（见图4.9）需经检验合格，使用期超过4年应重新检验合格后方可使用。

（2）组合烟花发射管及组盘

组合烟花发射管一般由纸涂胶卷制而成，图4.10所示为2022北京冬奥会组合烟花发射管及组盘。发射管要求有一定的强度，应足以承受发射时的发射压力而不破碎。

图 4.9   礼花弹发射炮筒

图 4.10   2022 北京冬奥会组合烟花发射管及组盘

组合烟花的组盘一般根据产品效果的图形要求，分为 Z 形、W 形、V 形、S 形、扇形等。

①烛光、花束产品的发射装置。

烛光、花束产品发射管一般由强度较强的纸涂胶卷制而成。

②架子焰火的装置。

架子焰火的装置由金属丝网和丝网的固定架组成。一般情况下，架子焰火的固定架要与地面固定在一起，能在六级风以上的情况下稳定而不摇晃。

2. 其他新型焰火燃放装置

①脚印焰火的发射装置。

脚印焰火的设计图、现场布置图及发射装置如图 4.11 ~ 图 4.13 所示。

大脚印从小到大发射方法

膛压车载装置

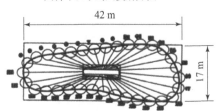
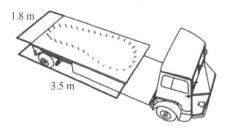

图 4.11 脚印焰火设计图

图 4.12 脚印焰火现场布置图

图 4.13 脚印焰火发射装置

②五环焰火发射装置（其中一环）。

五环焰火发射装置（其中一环）如图 4.14 所示。

图 4.14　五环焰火发射装置（其中一环）

③空气发射芯片焰火装置。

　　该装置的发射高度要根据气缸内气体压力和炮管高度来确定，当压力 0.9 MPa、炮管高度 400 mm、炮管内径 40 mm 时，发射高度为 50 m。空气发射芯片焰火装置如图 4.15 所示。

图 4.15　空气发射芯片焰火装置

④一种新型研发的焰火图形、字形发射装置。

　　该系统由发射装置组件、图形字形计算机绘制编程、燃放点火控制三部分组成。发射装置组件由 102 个发射管组成，发射管根据计算机图形的设置可调角度并构图。图形、字形计算机绘制编程可绘制出图形、字形并向发射系统发出点火发射指令。

　　该装置所用的烟火弹与膛压发射所用烟火弹相近。发射药采用集中发射装药方式，发射药的点火采用类似军用电点火机构，发射装置是一极，发射点火机构是另外一极。点火时电点火点燃发射装药，经闭气升压点燃烟火弹，烟火弹从炮管发射至空中形成所需要焰火图形。焰火图形、字形发射装置如图 4.16 所示。该发射装置可以在 60°～90°（与地面夹角）内调节发射角度。该装置发射高度约 100 m，使用该装置成功打出了"中国"两个字，在上海世博会开幕式焰火燃放点泸浦大桥上成功打出了"EXPO"字样。

图 4.16　焰火图形、字形发射装置

　　⑤上海世博会 logo 发射装置。

　　图 4.17 所示是另外一种发射装置，也在上海世博会上得到应用，该装置由多个发射单元组成，每个发射单元上固定发射炮管，发射炮管可在 45°～90°（与地面夹角）内调节。该装置发射高度约为 100 m，烟火弹为普通的球形烟火弹。

图 4.17　上海世博会 logo 发射装置

3. 大型焰火燃放必备的辅助器材与装置：固定架（管）材

用于固定礼花弹发射筒和架子烟花的固定架，分为预制固定架和现场搭架两种，现场搭架一般采用建筑用钢管架材。无论采用哪种固定架，都要求必须具有足够的抗击力和稳定性。固定装置如图 4.18 和图 4.19 所示。

图 4.18　固定装置（一）

图 4.19　固定装置（二）

|4.2　烟花爆竹燃放技术的发展|

4.2.1　烟花爆竹燃放产品技术的发展

无残渣、无垃圾的环保焰火是高端焰火燃放科技创新的关键技术之一，它以燃放的焰火制品基本实现无残渣飘落物、无公害垃圾、无危险品垃圾为宗旨，其研究开发既满足观众的需求，又具有现实意义。目前的关键问题是无残渣产品受到工艺的影响，与传统产品相比，在花形和颜色上受到一定的限制，因此，还需要对现有的无残渣工艺技术进行改良创新。

1. 微烟焰火技术的发展

微烟焰火效果予以人们美的享受，对空气不产生严重污染，适用于环境要求比较苛刻的场合。微烟化的焰火既满足大型场馆无污染燃放需求，更开拓出了家庭室内燃放焰火新技术，其研究开发意义重大。但微烟产品的关键原材料在生产渠道和存量方面受到严重制约，也导致了它的价格比传统产品高很多。此外，微烟产品在颜色上多年来没有大的改进，因此，如何突破传统思维，以更宽广的视野寻求新材料、新配方是问题关键。

传统焰火的效果药在燃烧后会产生大量的金属残渣和浓烟，而且残渣温度高达 100 ℃以上，因此首要的攻关项目就是对药物进行改良。

①对药物中重金属物质的改良替代。在实验室科研试验和样品试放过程中发现，镁、汞、铅等重金属物质是焰火燃烧后产生金属残渣的主要来源。使用高质量铁钛合金等轻金属粒子、氧化铋氧化剂替代镁、汞、铅等物质，通过严格控制颗粒的目数，可有效防止或减少残渣和杂质的产生。

②对药物中硫黄的改良替代。千百年来，硫黄都是传统焰火产品必不可少的药物。但硫黄生产的焰火不但多烟，还会产生二氧化硫等有害物质，无法满足燃放的环保要求。采用硝基化合物、羰基化合物这些可燃物质替代硫黄，燃放后产生的是二氧化碳、水蒸气等物质，可满足环保要求，而且新材料产生的烟少、观赏效果好。

2. 无纸屑环保焰火技术的发展

在一些舞台、建筑顶部或有特殊要求的燃放中，不允许出现纸屑残渣，但纸垫压力舱是吐珠类、花束类焰火必不可少的零部件，缺少了这一个小小的纸垫片，焰火就打不高，花形就不好，也无法控制精确度，达不到设计效果要求。

因此，在没有纸垫片的前提下如何解决压力舱，是生产无纸屑焰火产品最大的问题。替代材料既要足以形成压力舱，又要在燃放时全部燃烧或完全分解。

北京奥运会期间，负责鸟巢顶部焰火燃放的研究人员成功研制出无纸屑残渣环保型烛光花束产品，主要是在两个方面做了技术创新。

①采用新型材料。采用一种新型热塑性环保材料作替代品，实现爆发效果高于纸垫压力舱，并能够在焰火点燃的瞬间全部分解燃尽，不留下任何纸屑和残渣。

②采用新安装工艺。由于新型材料无法按照传统方法直接灌注效果药,科研人员以创新思维,借鉴了大规格柱型礼花的安装工艺,在小口径纸筒类焰火中创造性地引入了内筒概念。反复测试材料的厚薄与压力之间的关系,过厚容易产生分解不完全现象,过薄会导致压力不够。最后在反复试验过程中,发现分层多次覆盖工艺能很好解决这一矛盾,最后终于成功实现了焰火燃放的无纸片残渣要求。

4.2.2 烟花爆竹燃放点火技术的发展

空气发射芯片弹项目是国际燃放界最具前瞻性的研究课题之一。用压缩空气代替传统发射药,用计算机芯片代替普通定时引火线,使精确度更高,弧线更为流畅,同时不存在环境污染,符合当今环保理念要求。

空气发射芯片技术涉及空气发射器的制作、气压性能参数测试、计算机芯片制作、芯片控时参数测试、芯片防震性能测试、焰火产品模具制作、点火工艺改良等多项技术含量极高的工艺。

1. 芯片定时点火

智能芯片控制焰火弹是高端燃放科技创新关键技术之一,它具有安全、环保和可以打出精确控制图案三大特点。智能芯片控制焰火弹已经应用于北京奥运会、北京残奥会开、闭幕式上,并取得了巨大成功。但是目前芯片价格较高,往往是焰火本身成本的数倍,导致了消费者往往在精确度与价格的选择过程中宁愿牺牲精确度来降低成本。因此,针对未来高端燃放对特效造型焰火的具体需求,还需要对智能芯片控制焰火弹进行进一步深化研究、试验,在提高安全性、稳定性的同时,大幅降低芯片成本以确保被广大消费者使用。

2. 膛压发射和空气发射

膛压发射及空气发射是两个高端焰火燃放科技创新关键技术,它以解决传统火药发射中存在的安全与环境污染问题为目的。空气发射装置使用压缩空气,通过电磁阀控制压缩空气释放焰火弹,它具有比传统的焰火发射更安全、可靠、环保的特点,且可以打出精确控制的造型图案。空气发射系统的开发研究突破了焰火仅用火药的传统发射方式,对花炮科技提升意义重大,与此同时也避免了火药发射给主会场带来的安全隐患,同时它不会产生烟雾及刺激性气味,充分体现绿色环保理念。但目前的空气发射及膛压发射还局限于小口径焰火产品发射,大口径开炸类产品的超高定点空气发射是未来的研发方向。同时,降低发射设备的成本也是市场化的关键。

未来的高端焰火燃放将以特效造型、安全、环保需求为背景,通过进一步的科技创新，把相关技术成果市场化、产业化，从而彰显中国作为发明火药和焰火的故乡在焰火现代科技方面的成就。

由于相关的技术创新研发涉及焰火专业技术、军工技术乃至国防高科技，因此焰火技术研发的关键在于整合资源。如果能以大型有实力的焰火企业牵头，组成科研单位，联合军工、航天、计算机专业人才，将有希望在未来的3~5年内把目前的空气发射、智能芯片等高端科技市场化并形成规模化生产。同时为焰火产业培养出一批科研人员，全面提高我国焰火企业的科技实力，为世界各地的盛典增添绚丽的中国焰火艺术光彩。

3. 同步点火指挥系统

同步点火指挥系统使用尖端的 CAN（控制器局域网总线）现场总线技术、以太网技术、无线网桥技术，采用独创的嵌入式 CAN——无线以太网网关互连系统的设计方案，可成功地实现以太网和现场 CAN 总线网控制数据的直接传输。该方案采取主从系统结构模式：以主燃放场的计算机中央控制系统为中心进行统一管理，保证各个燃放分场、燃放点的协调性、同步性和时序性；各个燃放分场则采用基于嵌入式智能控制系统管理的燃放控制器主机，分场管理燃放控制器主机通过 WLAN 无线以太网桥技术，实现与主燃放场中央控制系统的远距离无线通信连接，同时使用高清晰度、大尺寸液晶屏构成的图形管理界面提供燃放现场的实时状态监控。

4. 创新的可视化燃放编排技术

伴随着数字技术、信息技术的发展，焰火燃放设计越来越人性化，并富有创新精神。高科技为设计师的创作提供了一个很好的平台，设计师们拥有了极大的创作和想象空间，这表明了未来设计的发展趋势。设计已成为一门多元素、多学科交叉的学科。依靠数码技术设计师们可以不必花很多时间来制作成品，而把大部分精力都花在设计的构思和创意上，可以说数码技术是设计史上具有跨时代意义的一次革命。

计算机加上与其相配合的设备，如数码相机、数位板、图形图像处理软件、数码光盘处理设备等，为设计添加了一对想象的翅膀。设计师们可以依靠数码设计对字体进行放大、缩小、旋转、扭曲、夸张、特效处理、重叠、打散、重构等设计，使文字具有一种新颖独特的感觉，从而吸引人们的眼球。

利用数码技术可以把不同时空、不同地点、不同性质的图像元素拼贴在一起，让人在短时间内接收到丰富的视觉印象，并在其头脑中进行整合，形成一个完整的概念。伴随着信息技术的发展，产品设计越来越智能化，这种高科技产品和人的距离越来越近，特别是计算机辅助设计 CAD、3DS Max、Maya、

ShowSim – XL、PyroDigital 等技术和软件的运用，极大地提高了焰火设计的质量和速度。由于微电子技术的发展，对新材料、新能源的开发和应用开始增加，使完成单个产品功能所需要的时间和成本都在下降，多功能集成成为可能。在信息时代，焰火设计综合运用了光色、音乐、电、计算机芯片等现代高科技多媒体技术，营造出了一种四维动态视觉效果。

4.2.3　烟花爆竹燃放技术与艺术相结合的多样化发展

1. 多媒体在焰火表演中的运用

大型室外综合多媒体音乐焰火晚会以独树一帜的艺术手法，将音乐、激光、焰火、彩色喷泉、动画、水幕电影、歌舞与音乐完美地融为一体，场面壮观、气势恢宏、声光共舞、水火交融，已成为现代焰火燃放的一个新发展方向。

（1）激光射灯的运用

激光与焰火一起表演，配合相得益彰，因为焰火除自身缤纷之外，还能给激光布下烟雾。而烟花绝大部分往上发射，偏重于在空中展示效果，所以往往上面花红柳绿，下面却漆黑一片。如果增加激光效果，低空各色激光交叉重叠并与烟花融合，犹如画笔在黑暗天空描绘美丽的图案。

超大功力的艺术激光就像一位高明的画家，在水面上画出种种几何图形、人物漫画、太空幻境、时空隧道，生花之笔，令人叹服。再加上绚丽的音乐烟花，时而单发升空，如繁星点点；时而成群升空，似万箭齐发；时而轻歌曼舞，无声似有声；时而泼墨淋漓，大气磅礴。各种烟花伴随不同的主题有节奏地在夜空绽放华丽的光芒，壮观的场面，磅礴的气势，声光共舞，水火交融。

（2）水幕电影的运用

水幕电影是通过高压水泵和特制水幕发生器，将水自下而上高速喷出，水雾化后形成扇形"银幕"，由专用放映机将特制的录影带投射在"银幕"上，形成水幕电影。扇形水幕与自然夜空融为一体，其人物出入画面，好似腾起飞向天空或自天而降，给人一种虚无缥缈和梦幻的感觉，令人神往。伴随着流畅的音乐旋律，水幕电影展示出的主题画面与绚丽焰火造型相互映衬，柔美变幻的色彩，将世界文化经典之作与人类梦想交相辉映。

（3）音乐喷泉的运用

烟花与喷泉、声、电共同构成"协奏曲"。随着音乐的强烈震撼，万千烟花"喷薄"而出。夜色里，绚丽多彩的焰火在空中不断变化着各色图案；在美妙的音乐声中，在数字计算机的程序控制下，各种水管喷出的水柱或密或细，或宽或窄，或高或低，并随水中灯光的变化幻化出红黄绿蓝。水柱一会儿螺旋上升，一会儿瀑布下挂；这边激扬直上，凌空百米之高；那边层层相叠，状若莲花宝座。在烟花的映照下变换各种姿态，如梦如幻。神奇的光影变奏，浪漫的水火交响，激光烟花、水幕电影、音乐喷泉融为一体，张弛有度，五彩缤纷，让观众回味陶醉，热情瞬间点燃。

2. 现场音乐演奏焰火表演

现场音乐演奏焰火表演是指邀请一支交响乐队或演奏乐队，在燃放主观赏区进行现场演奏，在乐队演奏的同时，焰火随着演奏的乐曲同步表演。这种焰火表演形式偶尔可见于一些有影响力的国际音乐焰火大赛或某些大型宣传推广活动上。但这种现场音乐演奏焰火表演中音乐演奏与焰火表演还做不到完全同步，主要是存在以下几点难题。

①录音与现场演奏不一致：大型音乐焰火表演必须事先编排好程序，即便编程时采用的音乐是由现场演奏的乐队提供的，但大多是在录音条件良好的场所录制的，与观看焰火的现场有差别，因此难以保证现场演奏的效果与录制的效果完全一致。

②难以做到完全同步启动：焰火要与音乐同步，必须依赖时间码的控制，但现场演奏音乐无法实现时间码控制，所以在启动时就有可能出现较大误差。

此外，尽管这种形式的初衷可能是为了让观众得到双重的艺术享受，但实际上，焰火的声、光会干扰乐队的指挥与演奏，另外，观众在欣赏焰火的同时经常分心去看乐队演奏，也会令大型焰火燃放效果大打折扣。但其作为焰火表演艺术多样化发展的一种形式，还是让人有种新颖的感觉。

3. 情景剧焰火表演

情景剧焰火表演与普通音乐焰火表演存在以下几点区别：

①情景剧焰火表演偏重于故事情节和故事画面的表现，会刻意设计一些非对称性的造型画面；而普通音乐焰火表演着重音乐节奏、旋律和情感的表现，比较讲究画面的对称性和布点、角度的精确性；

②情景剧焰火表演一般需要在每个篇章前辅以简单的解说，或在关键画面加上旁白，引导观众理解焰火所描述的情景；而普通音乐焰火表演几乎纯粹是通过音乐本身的感染力去引导观众的情绪。

情景剧焰火表演对设计者的综合艺术能力要求极高，除了懂烟花、音乐，还要具备一定的编剧、舞美、镜头语言及视觉特效艺术，才有可能用烟花表达情感、叙说故事。在第八届中国（浏阳）国际花炮节上，法国一家公司用焰火演绎了经典童话故事《海的女儿》，从美人鱼与王子一见钟情到自我牺牲化为泡沫，无一不是用烟花来讲述，陶醉了在场的所有观众。而这家公司正是集合了多个从事电影艺术的设计师。目前国内的很多焰火企业也纷纷模仿这种形式创作了一些作品，但完善和进步的空间仍然巨大。

|4.3　音乐焰火燃放设计与赏析|

4.3.1　音乐焰火的概念与特征

1. 音乐焰火的概念

烟花最开始只是民间用于迎春纳福和婚丧嫁娶等活动，随着烟花产品的不断丰富和产品规格的不断扩大，有组织的大型焰火燃放活动开始出现。这些大型焰火燃放活动主要用于大型的庆典活动、大型群众性活动、各种节假日团体庆祝活动等场合。很长一段时间，这种大型焰火燃放活动只是将各种焰火产品按照一定的顺序，或按照一定的编排方法依次释放出来，追求的只是焰火燃放的快慢节奏、整体画面、焰火色彩、燃放气势等效果，燃放过程中并没有音乐的参与，这是大型焰火燃放最为传统的方法。采用这种燃放方式的大型焰火称为传统焰火。

后来，人们在燃放焰火的同时配上音乐，在焰火设计过程中，考虑到音乐的特点而将焰火编排得尽量与音乐意境相近，或者在选择音乐时，尽量选用与焰火较为适应的乐曲。但是，音乐和焰火在控制上都是独立的，两者并没有完全匹配，相互之间没有任何制约关系。这种焰火充其量只能称为配乐传统焰火，还不能称为音乐焰火。

随着人们对焰火艺术欣赏水平的提高，对焰火的燃放水平和表现形式也提出了更高的要求，传统焰火和简单的配乐传统焰火已经不能满足人们的欣赏要求。在焰火燃放中，电子点火方式的普遍采用使得电子点火器的研制技术突飞猛进，不少电子科技工作者纷纷加入电子点火器的研制中来，电子点火器的技术越来越先进。智能化程度高、控制精密度高的程控点火设备和计算机编排软件的问世激起了焰火工作者的创作欲望，他们尝试着将音乐的进程和焰火产品的释放进行点对点的编排，并将音乐的播放控制技术与焰火的点火控制技术结合到一起，两项技术相互关联，相互制约，从而使得焰火燃放和音乐进程达到完全同步。于是，一种新的艺术形式音乐焰火就此诞生了。所谓音乐焰火，就是利用计算机编程软件进行设计编排，将音乐播放技术和焰火燃放技术融合在一起，使音乐和焰火达到完全同步的一种大型焰火燃放方式。

相对于传统焰火燃放方式而言，音乐焰火是现代发展起来的一种焰火表演艺术，是在高技术燃放设备的支持下才可能完成的一种艺术形式。音乐焰火通常被称为"火之交响乐"。

2. 音乐焰火的特征

从音乐焰火的概念可以看出，音乐焰火与传统焰火是有较大区别的，音乐焰火最大的特征就是焰火和音乐的完美结合，焰火和音乐完全同步。用焰火多姿多彩的表现力来表达音乐旋律、意境和思想内涵，使音乐变得直观和有形。用音乐的加入来赋予焰火丰富的情感，使焰火的表现力更加丰富，让焰火变得有血有肉，活灵活现。

所以，音乐焰火的第一个特征是焰火和音乐的高度同步和完美结合；第二个特征是音乐焰火具有自己的表现主题和思想内涵。

音乐是一种听觉艺术，它是利用音高、旋律、节奏等方式来表达一定的内容。例如，音乐可以表现快乐、悲伤、感动、愤怒等各种情绪，可以营造一种意境或氛围，可以陈述一个特定的故事等。但是，音乐这种表现方式又是非常抽象的，对于不懂音乐的人，很难听出音乐所表达的上述内容，即使对于懂得欣赏音乐的人，也会因为个人的思维差异而造成对音乐的理解不同。然而，焰火是一种有形的艺术，焰火丰富的色彩，燃放时产生的外形，特别是焰火燃放时所造成的气势和氛围，都是观众能实实在在看到和感受到的。因此，在音乐焰火中，将焰火产品编排到每一段音乐进程中去，让焰火紧密地配合着音乐，利用焰火那些有形的特点来诠释音乐所要表达的抽象内容，不仅可让音乐变得更加直观和易于理解，还能进一步助长音乐的气势，使人们对音乐的感受更加强烈。

例如，用音乐来描写日出的场景，可以先从较为安静的弱声起，渐渐地将音乐增强和推高，最后达到一个由庞大乐队演奏的高潮。如果只是单纯播放这段音乐，不进行提示的话，可能很多人不知道是在描写日出。此时可以为这段音乐配上焰火，随着音乐的弱起，水面上出现闪闪的"银闪"，好似黑夜里的天边渐渐露出鱼肚白，大地也渐渐闪现出亮光；随着音乐的增强和推高，焰火也越来越多，红色的光芒也参与进来，而且越来越多，预示着太阳就要出来了；在音乐进入高潮的一刻，一轮由焰火组成的"红太阳"形象喷薄而出，随着音乐高潮的不断加强，由"烛光"组成的光束以"红太阳"为中心射向四周，形成壮观的"万丈光芒"；在音乐的最高潮，满天的红色礼花铺满天空。焰火的加入，让一段日出的音乐变得有形而真实，不用提示，观众也能清楚地体会到音乐所要表达的意境，而且会有一种身临其境的感觉。

焰火是一种瞬间的视觉艺术，虽然它具有各种色彩，有外形，有气势，但它并不具有叙事功能，不能表达出具体的事物和内容。而在音乐焰火中，将音乐作为焰火的背景，让音乐紧紧伴随着每一个焰火产品的燃放，让观众感觉到音乐和每一个焰火画面都是一个有机的整体，从而将音乐所具有的情感、意境、氛围、思想等特征都自然而然地赋予到焰火画面中去。这样，焰火也就变得有情感、有意境、有氛围、有思想，焰火产品的每一次释放就不只是简单的发射、爆炸、燃烧，而是像一位舞蹈演员一样，跟随着音乐翩翩起舞，用自己的肢体语言表达着自己想要表达的内容，宣泄出快乐、激动、喜爱、愤怒等各种心情，或是讲述出一个个动人的故事。

例如，"银色风铃"是一款很有特色的焰火产品，一串串银色的焰火就像一串串风铃一样高挂在天空，并缓缓地从高空向下垂落，闪闪烁烁，优美绵长。看到这样一段焰火，你的感受也许就是一串优雅的风铃而已。如果为这段焰火配上一段非常悠长、低沉、如泣如诉的音乐，那么，你的感觉将会立即发生改变。在这忧伤的音乐声中，你会感觉到那缓缓飘坠的"风铃"就像一串串伤心的泪水，就像一股股内心的滴血，在诉说着一种揪心的伤痛，在发泄着一种满腔的愤懑。由此可见，有了音乐的衬托，没有生命的焰火就会立即变得有血有肉。

正因为音乐焰火很好地将音乐和焰火两者紧密地结合了起来，从而使得焰火变得像音乐般优美和抒情，音乐变得像焰火般激情和震撼。有时还可以将激光和彩灯表演、喷泉表演、舞台表演等其他各种艺术元素融合到音乐焰火中来，使音乐焰火更加奇特，表现内容更加丰富，产生更加强烈的视觉冲击力。所以说，一场好的音乐焰火是一个具有极高价值的艺术作品，它是现代焰火最高级别的艺术形式。

近年来，世界各地经常举办的焰火赛事中，一般都是采用音乐焰火这种形式。其实，音乐焰火可以用于各种场合，例如，可以用于舞台焰火或景观焰火，还可用于庆典焰火或商业焰火等。但不管用于何种场合，它们都应该具有上述基本特征。

4.3.2　音乐焰火的产品选择

1. 焰火产品的音乐性

焰火产品本身就具有一种音乐性，它的色彩、它的声响、它的动感、它的运动形态等就与音乐的各种元素相类似，一次焰火产品的释放过程就是一段音乐的进程。作为音乐焰火设计者，应该努力去体会、发现和挖掘焰火产品的这种音乐性。

①哨声火箭：发出的哨声就像清脆的笛音，组合起来很好听。

②爆裂子：发出的噼啪响声能组合成打击乐效果。

③闪点：在黑夜中闪动，好像是梦幻、神秘的音乐。

④Z形盆花：动感、婀娜多姿的身形就像是一段优美的旋律。

⑤钛雷：像振奋人心的大鼓。

⑥跑动的烛光：像密集、流畅的滚鼓。

⑦喷薄的花束：像低沉宽广的大型管乐。

⑧拉丝的大丽亮珠：像弦乐奏出的细长旋律。

⑨从天而降的锦冠、高空瀑布：像大型管乐队奏出的宏大旋律。

⑩缓缓飘坠的风铃：像一段缓慢、深情的旋律。

⑪五颜六色的落叶：像一组组优美的和弦。

⑫星星点点的闪点：像一段晶莹剔透的旋律。

⑬奋力绽放的牡丹：能奏出时代的最强音。

以上列举的是部分焰火产品所具有的音乐特性，而产品更多的其他音乐特性需要在实践中去挖掘和发现。

2. 不同音乐对焰火产品的要求

不同的音乐，其表现形式和抒发的情感是不一样的。一个焰火产品，其具有的音乐特性也是不同的。不同的音乐需要用与之相匹配的焰火产品才能准确地表达出它的内涵。

①清新、安静的音乐：宜使用闪点、闪类、柳、冠、瀑布、字幕等平缓且安静的焰火产品。

②优美抒情的音乐：宜使用闪类、落叶、大丽、游星、银闪瀑布、点灭柳等时效悠长且姿态优雅的焰火产品。

③细长清亮的音乐：宜使用大丽、拉手、柳、哨声火箭、喷泉等细长且干净的焰火产品。

④粗犷宏大的音乐：宜使用亮珠球、椰子、时雨大柳、虎尾烛光等比较粗壮且饱满、大气的焰火产品。

⑤快速动感的音乐：宜使用跑动的烛光、Z形盆花、爆裂类、闪片类、穿梭机、旋花等节奏感强且具有动感效果的焰火产品。

⑥缓慢悠闲的音乐：宜使用落叶、风铃、高空瀑布、冠类、飘雪、吊挂类

等节奏缓慢且时效很长的焰火产品。

⑦紧张激烈的音乐：宜使用雷、闪点、霞草类、闪片类、哨声类、冷色亮珠球等时效短促、突然且颜色单一的焰火产品。

⑧感动忧伤的音乐：宜使用风铃、单色的落叶、闪类瀑布、瀑布、高空瀑布等缓慢、长时、颜色相对单一且非常安静的焰火产品。

⑨欢快热烈的音乐：宜使用彩色球、变色球、花束、扇形盆花、Z 形盆花、旋花等色彩鲜艳亮丽且节奏感强的焰火产品。

⑩气势恢宏的音乐：宜采用高、中、低空产品搭配，宽广饱满的产品与绽放强烈的产品搭配，时效悠长的产品与声响产品搭配。

3. 音乐焰火产品选择应注意的事项

焰火产品种类繁多，五花八门。要在焰火产品的海洋里准确地寻找出适合音乐表现的产品，需要采用一定的方式方法，只有这样才能做到事半功倍。当然，选择产品的最好方法是对所有的产品都非常熟悉，对每种产品的燃放效果要在脑海里留下记忆，对每种产品的基本技术参数要记得，包括效果的大致时间、大致的燃放高度、产生烟量的多少、哪些企业能生产这些产品等。如果设计者对这些都非常熟悉，那么在设计和编排焰火的时候，当其脑海里一想到一个焰火画面，就能很快决定用什么样的焰火产品。

但是，实际中设计者很难对所有焰火产品都了解和熟知，这就要求设计者平常多去关注产品信息，多到工厂去学习和了解各种产品知识，以增加对焰火产品的熟悉程度。

除了熟悉产品外，在焰火产品的选择过程中更需要注意产品的质量问题，毋庸置疑，对于任何焰火晚会，都必须选用质量好的焰火产品，这不仅关系到晚会的效果，更关系到燃放的安全。音乐焰火对产品的质量要求更高，主要体现在以下几个质量细节要求上。

（1）点火时间要准确

音乐焰火要求焰火产品与音乐完全同步，特别是与音乐节奏的同步，所以对产品的点火时间要求比较严格（所谓点火时间，就是从发布点火命令到引燃焰火主效果的时间）。例如，对于花束、罗马烛光、组合烟花等产品，一般是要求点火命令一发出便立即被点燃，如果被点燃的时间滞后，就达不到与音乐同步的要求。礼花弹自点燃发射药发射到空中爆炸，会有一定的滞后时间，通常称为定时引延滞时间。不同厂家生产的礼花弹的定时引延滞时间可能会有区别，但同一厂家生产的同类礼花弹的定时引延滞时间必须是一致的，如果差别太大，那么礼花弹就无法与音乐保持同步。

（2）产品的效果时间要统一

每种焰火产品的燃放效果都会在空中显示一定时间，不同品种的显示时间不同，而且差别很大。但是，同一种产品效果在空中的显示时间应该相对一致，不能相差太大。例如，一排同品种的组合烟花，如果出现效果显示时间不一致，则会出现开始时整整齐齐、过一段时间后就稀稀拉拉的现象。

（3）产品燃放的高度要统一

音乐焰火的画面感非常重要，如果同类焰火产品的燃放高度达不到一致，那么所产生的画面就会达不到设计的效果。

（4）内置引火线的速度要均匀

组合烟花一般都会有内置引火线，这个内置引火线的燃烧速度一定要均匀，否则燃放时会出现画面不能同步的现象。例如，Z形动感组合烟花摆动的速度是靠内置引火线的速度来控制的，在同时燃放一排Z形动感组合烟花时，如果引火线速度不均匀，则焰火摆动的画面就会很不协调，有种"群魔乱舞"的感觉。

4.3.3　音乐焰火的设计与编排

1. 音乐焰火技术设计中的特殊要求

音乐焰火不同于一般的传统焰火，燃放方式独特，所以音乐焰火的技术设计必须考虑到这些特殊性，要对产品编排方式、点火方式、布阵方法、指挥通信方案等方面进行特殊安排。

（1）产品编排方式

由于音乐焰火的燃放要求与音乐达到完全同步，采用传统焰火的产品编排方式肯定达不到这个要求，在产品编排过程中必须以音乐作为编排的参照，将焰火产品按照类似于和声对位法的方式编排在音乐的每个节点下面。要完成这些工作必须使用计算机编排软件，所以音乐焰火的产品编排只能借助专用的音乐焰火编排软件在计算机上完成。

（2）点火方式

音乐焰火的点火方式只能采用电子点火方式，电子点火控制设备必须是计算机程控点火设备，控制精度要高。一般情况下，音乐焰火的音乐都是由播放设备播放的，焰火点火信号与音乐输出信号是从同一个系统发出的，这样才能做到焰火和音乐的高度同步。如果音乐是采用现场人工演奏，那么同步的难度就非常大了，一是要求点火控制设备误差要非常小，二是要求音乐的指挥对音乐的速度控制得非常精确，否则，几分钟之后焰火和音乐就合不上节拍了。

（3）布阵方法

音乐焰火的焰火场地布置要比传统焰火的场地布置复杂，因为音乐焰火一般都要用到大量的特效表演，还要频繁地营造一些特殊的设计画面。所以，音乐焰火场地比传统焰火场地要相对宽广些，特别是中低空的焰火场地，需要给动感焰火的运动留足施展的空间。音乐焰火的设计者在设计和编排之前，要对焰火场地的大小、结构有所了解，设计过程中只能根据现有场地的实际情况进行设计，而且设计编排完成后要画出焰火布阵图，施工人员应严格按照布阵图进行施工。如果某一个场地的位置出现了错误，那么就会打乱整场焰火的阵脚。

（4）指挥通信方案

音乐焰火的指挥通信方案除了要达到传统焰火的要求之外，还应该考虑到两点特殊的要求：一是很多音乐焰火的点火控制设备是采用无线发射信号的，需要一些特殊的通信要求，这时应该按照点火设备提供的要求制定通信方案；二是为了确保音乐焰火的成功，在焰火燃放的实施过程中，主控制台、音乐播放人员、场地上的分机控制人员之间必须设置有畅通、灵便、有效的通信系统，一旦出现音乐和焰火不能同步启动的意外，则需要通过这些通信系统进行人工启动。

2. 音乐焰火的产品编排方法

音乐焰火的产品编排是一个细致而复杂的过程，既要考虑整体效果的统一，又要考虑每个细节的刻画，每个编排节点是以秒计算甚至是以毫秒计算的。如果按照一道点火命令就是一个编排节点来计算，一场 20 min 的音乐焰火的编排少则上千个节点，多则上万个节点。进行如此复杂和细致的编排，除了借助计算机软件的帮助外，提高熟练程度和掌握有效方法也是非常重要的。

（1）剧本分析法

在着手进行产品编排之前，设计编排者必须认真研究和分析音乐焰火剧本，不仅要熟悉剧本的具体内容，更要掌握和理解剧本的中心思想和晚会的整体格调。

第一步，通过阅读剧本把握中心思想和晚会的整体内容，在脑海中形成对晚会的整体概念，从而确立焰火产品的大致选择范围。

第二步，仔细分析剧本各章节的内容，在分析过程中对焰火画面进行初步的设想和构图。

第三步，尽量查找一些与剧本内容有关系的参考资料，特别是与剧本有关的艺术作品、视频等，通过阅览这些参考资料，帮助自己进一步完善对焰火画面的设计构想。

（2）音乐刺激法

反复聆听编辑好的焰火音乐，同时想象焰火画面，这些焰火画面应该是由音乐刺激大脑而产生的，它们与音乐融为一体，音乐在进行，焰火画面就在脑海里展现，好像是音乐在讲述着这些焰火画面的故事。往往要经过十多遍甚至是数十遍地反复倾听，焰火晚会的整体创意画面才会渐渐在脑海里形成。这一步是体现设计者创意水平的最关键一步，如果没有艺术素养，又不懂得音乐，那就无法通过倾听音乐在脑海里形成好的焰火创意画面。

（3）讨论研究法

如果焰火创意团队里有多个创意人员，最好是召集他们参与对焰火设计的讨论，或者与业内朋友们，甚至是与业外的其他艺术家一起讨论，集思广益。在召集讨论的时候，召集者必须将其脑海里的已有设想放置在一边，不能让已有想法去妨碍讨论者的思维。特别要注意的是在讨论中应该认真倾听每一条建议和意见，不要对别人的意见轻易下结论，更不能用条条框框去套别人的意见，认为这也不行那也不行。总之，先尽量多地听取各种不同的设想，然后再排除一些不能采纳的设想，保留一些有可能实行的设想，最后再慢慢将这些设想细化、具体化。这样可以集大家之智慧，弥补个人思路的不足。

（4）范例改进法

音乐焰火设计者应该注意收集一些优秀的焰火燃放范例，这些范例是他人智慧的结晶。通过研究这些范例，可以发现更多值得借鉴的思路和艺术手法。研究范例并不是要去模仿和照抄别人的东西，而是要在研究和分析的基础上，吸收别人的创意思路和艺术表现手法，再沿着这些思路去发挥，创造出新的作品。或者将范例中的艺术表现手法加以改进，使之符合个人的设计要求，变成个人的作品。

（5）效果模拟法

在对某段音乐进行焰火画面创意的时候，可以采用效果模拟法帮助完成或确认画面设想。效果模拟是进行产品编排过程中最为直接的一种创意方法，包括两种方式。

一种方式是利用焰火模拟软件在计算机里做出与该段音乐匹配的焰火画面，再通过播放模拟，反复仔细观看和聆听，查看音乐和焰火是否和谐，要表达的意境是否到位，以验证设计是否可行，同时指引设计者做进一步的修改和完善。这种方式可以直接将设计者的设计变成计算机中的画面，使焰火的设计变得非常精确，而且对设计的修改和调整更为方便有效。但这种方式耗费的时间和成本比较高，而且还需要能熟练地使用计算机模拟软件，只有具备相应条件的设计者才能使用。

另一种方式是选择一些已有的焰火燃放视频，或者选择一些备选焰火产品的燃放视频，再将要设计的那段音乐调入音乐播放器中准备好；然后，将所选的焰火燃放视频和准备好的音乐在计算机上同时播放。这样就将备选的燃放画面和音乐在计算机上进行了叠加，相当于一个简单的模拟视频。通过反复观看和聆听这段"模拟"，可以帮助设计者确定自己的设计想法。这种方式操作简便易行，所有设计者都能做到，但是模拟的程度受到较大的局限。

（6）他山借鉴法

"他山之石，可以攻玉"，这里所说的"他山之石"是指其他艺术门类。学习和借鉴其他艺术的创意、表现手段、艺术内涵等，不仅有利于提高焰火设计者的艺术水平，更可大幅拓宽音乐焰火的创作思路，使音乐焰火的创作达到意想不到的效果。生活中我们会接触到各种各样的艺术，如电影、电视、舞蹈、戏曲、摄影、绘画等艺术都是应该去学习和借鉴的，甚至广告艺术都能给焰火设计提供很多创意思路。

（7）胡思乱想法

很多时候，创意来自那些不着边际的胡思乱想。所谓胡思乱想法，就是在进行焰火创意的时候，先不要给自己设定一个框框，完全跳出所设计的焰火内容，把先前脑海里的一些思路搁置在一边。然后，让思绪漫天飞舞起来，无拘无束地去想象着各种场景，哪怕是非常离奇非常荒诞，只要能想到就大胆地去设想。为了帮助自己拓宽思路，可以借助周边的各种物体、各种环境、各种事件来刺激思绪，再想象着：如果把所看到的一切转化成焰火将会怎样。例如，在眼前的茶几上放着一盒抽纸，看着这盒抽纸，可以想象着设计这样一个焰火场景：一组组焰火不是从地面射上天空的，而是从一个盒子里一簇簇地抽出来的，那肯定是一种不一样的感觉；再例如，前面墙角放置着一个大金鱼缸，里面有珊瑚、丝草、荷花等装饰品，红色的小鱼在其中游来游去，看着这个鱼缸，可以想象着在天空中用焰火构造出一个大鱼缸，各种花草婀娜多姿，很多焰火做成的小鱼儿漂浮其中，感觉是在其中游来游去。这个场景是不是会很美？

总之，音乐焰火的设计编排过程是一个非常复杂而细致的过程，有时一场20 min 的音乐焰火晚会，可能需要几个月的时间来设计和编排。只有平常多练习、多学习，熟练使用各种设计方法，在脑海里多积累一些创作素材，做到熟能生巧，才能提高设计编排的效率。

3. 音乐焰火的表达技巧

音乐具有叙事、抒情和表达思想的功能，如何通过焰火产品的合理编排来达到切合音乐的叙事、抒情和表达思想的功能，这就需要设计者熟练掌握各种产品的表达技巧，而且要逐步去发现和找出其中可循的规律。如何让焰火产品具有表现力，以下提出一些参考技巧。

（1）让色彩说话

颜色是焰火的灵魂，五彩斑斓的颜色是焰火产品最具魅力的部分，所以焰火的色彩是最好的表达工具。红色可用来表达热烈、欢快、激动、紧张等情绪，用来描绘热闹、忙碌、夏天、火光、战争等场景；绿色可用来表达舒畅、清新等情绪，用来描绘春天、生机勃勃、和谐、江河、森林等场景；黄色可用来表达高贵、满足、欲望等情绪，用来描绘秋天、丰收、富贵、庄严等场景；蓝色可用来表达深情、爱恋、记忆、忧郁等情绪，用来描绘安静、优美、天空、深邃、神秘等场景；白色可用来表达忠诚、敬仰、纯洁等情绪，用来描绘冬天、白雪、开阔、阳光等场景。

（2）让画面说话

有人说，焰火燃放就是以焰火为颜料在夜空中作画，画布之大，颜料之多，任你驰骋。焰火画面是一种最好的表现形式，也是最直接的一种表现形式，因为画面能直观地让人看到和感受到。焰火画面有小画面和大画面之分，小画面就是用少量的产品在空中形成一些较小的或局部的造型，可以用来模仿一些具体的物体或表达一种比较细微的心理活动；大画面就是用大量的产品在高、中、低空中形成立体的图形，可以用来制造一种宏大的场面或渲染一种强烈的情感。用架子烟花所创造的画面则是最直观最写实的画面了。

（3）让节奏说话

节奏是非常神奇的东西，人类最早的乐器应该是打击乐，而打击乐的作用就是打击节奏，可见，人类的祖先早就发现节奏非凡的表现力。懂得怎样在焰火燃放中应用节奏的变换，就等于掌握了很好的焰火表演方法。如果想表达一种欢乐的心情，那么就用频率较快的节奏；如果想描绘一种优美的场景，那就用比较舒缓的节奏；如果想描写一种翩翩起舞的场面，那就用切分音节奏；如果想把观众的情绪带向高潮，那就将节奏由慢速逐渐推向快速，要是从头到尾都是采用一种均匀而无变化的速度燃放，那就无法制造出高潮来。

（4）让声响说话

声响是焰火的一个组成部分，焰火的声响主要有雷弹发出的巨大爆炸声、小响子发出的磨啪声、笛音管发出的尖哨声等，这些声响运用得好同样具有很强的表现力。例如，雷弹的爆炸声就像滚滚的春雷，又像催人奋进的战鼓；此起彼伏的磨啪声可以组合成像海浪拍岸一样的声音；当万箭齐发的笛音产品带着哨声涌向天空的时候，就会联想到百鸟朝凤、万马奔腾的景象。

（5）让时间说话

焰火的魅力在于它们的转瞬即逝，虽然它们在天空停留的时间短暂，但不同焰火品种燃烧的时间还是有区别的。以礼花弹在天空产生的焰火效果为例，有的只有零点几秒，有的可以达到十多秒，利用这种时间的差别就可以表达出不同的情感和场面。欢快的场面，应该使用时间短暂的产品，就像在舞厅蹦迪，跳得起劲的时候，舞厅的闪光灯会迅速地闪动；优美抒情的场面，就应该使用时间较长的产品，让观众感觉回味无穷；如果要表达内心深处的一种强烈感情（如深深的眷恋，或是刺心的伤痛），那就需要使用更长时间的产品，那种缠绵，那种悠长，那种深切，简直是无法言表，只有缓缓飘落的焰火才能把它表现得淋漓尽致。

4.3.4　音乐焰火燃放对设备的要求

1. 音乐焰火燃放的特点

音乐焰火燃放中的最大特点就是准确的点火控制，这种准确性需要达到毫秒级。另一个重要特点就是自始至终必须与音乐的播放保持高度的同步性，因此音乐焰火燃放的特点，对燃放设备有着非常高的要求。

2. 音乐焰火燃放对设备的要求

目前，音乐焰火燃放设备种类比较多，可供选择的范围比较广，不仅有不少国外品牌，国内燃放设备的技术水平也已经跻身世界一流行列。

4.3.5　音乐焰火作品赏析

故事题材的音乐焰火经典：《海的女儿》。

2007 年 10 月，在第八届中国（浏阳）国际花炮节期间举办的第二届国际音乐焰火比赛中，代表法国参赛的 JCO 焰火公司燃放了一场题为《海的女儿》的音乐焰火，整场表演震惊了中国焰火界，整场表演也获得了当届比赛的冠军。下面让从焰火的选材、音乐、设计编排等方面对该场焰火进行赏析。

①选材方面：设计者选用安徒生的童话故事《海的女儿》为题材，这是一个家喻户晓的故事，不需要太多的解释观众都能明白剧中所演绎的故事，这样很容易让观众理解焰火所要表达的内容。而且这是一个非常美丽的爱情故事，人们都非常喜爱这个童话，这样容易引起观众的共鸣。

②章节安排：《海的女儿》没有刻意去安排大的章节，而是按照故事发展的顺序，把故事分成大约十个小段落，每个小段落只表现一个情节，把这些情节串联起来就组成了一个完整的故事。这样安排非常有利于焰火的编排，因为

每个段落只要表现一个单纯的情节，避免了用抽象的焰火去表述复杂的故事情节，焰火讲述的故事也就变得清晰易懂了。

③音乐特色：音乐虽然不是原创的，但显然经过了精心的选择和加工，整场音乐的基本格调非常和谐、统一，柔美略带伤感的情调符合故事的主体情感。每一小段的音乐又是独立的，音乐的意境随着每段故事情节的变化而变化，很好地体现了每段情节的感情色彩和特殊意境。

④画外音设计：为了帮助观众更好地理解剧情，每个小段里都设计了一些简短的画外音，利用柔美深情的女声向观众简要地讲述着每个故事情节。画外音都是安排在故事的转折点，而且此时的焰火极少，仅仅是用一些小小的彩珠筒进行组合，随着不同的故事情节变换着造型和色彩而已，画面很小，几乎听不到焰火的声响。这样有利于观众听清楚画外音所讲述的故事，并随着朗诵者深情的声音进入故事的角色。

⑤设计编排：在焰火的设计编排上，《海的女儿》充分体现了法国人的艺术素养和浪漫精神。礼花弹场地分五个点，由于很少使用组合烟花，绝大部分是使用的罗马烛光和花束之类，所以中低空的焰火场地没有很明显的分块，而是比较密集地一字排开。这样能使焰火的画面铺得很开，而且铺得很均匀，不仅整体看上去舒服，还不浪费焰火产品。初看焰火燃放场面，也许会觉得整个画面有点乱，产品的搭配也显得有点杂，但如果反复多看几次，并仔细去体会，就会发现，其实每个画面都是经过精心设计，每个产品的发射位置、发射时机、每组产品品种的选择和搭配都是认真设计好的，并不是随意编排和发射的。所以，从整体去感受每个焰火画面，根本不会感觉到凌乱，只会感觉恰到好处。这一点充分体现了设计者深厚的焰火编排功底。

⑥创意画面：整场焰火有很多精彩的创意画面，给中国观众耳目一新的感觉。例如，在描写小美人鱼和姐妹们游玩在大海中的情景时，用大量的金柳尾烛光直射，组合成美丽的鱼的尾巴。又例如，在描写小美人鱼为救王子与海浪搏斗的场面时，带蓝色花束的银色拉手烛光从两边向中间一波一波地推射，组成一排又一排的巨大海浪，不停地拍打着，冲击着，这一画面后来一直被国内的焰火设计者模仿和变换，成为音乐焰火的一个经典画面。

⑦氛围营造：《海的女儿》做得最好的方面应该是它的情节氛围营造。设计者利用音乐所形成的意境，再选用恰到好处的焰火产品，通过巧妙精心组合，演绎着一个个故事情节，让观众有种身临其境的感觉。例如，描写暴风雨来临，王子的船被海浪倾翻的情境，配合着隆隆的雷声，一排蓝色彩珠筒倾斜发射组成密集的海浪，水中一簇簇银闪地毯好似闪电的反光，不时冲起的白色闪片花束好像被狂风掀起的排排巨浪，好一幅危险来临的惊恐气氛。又例如，

描写小美人鱼为了变成人类，在巫师的城堡喝下魔药的时候，大量笛音银龙呼啸着冲向天空，而且越来越激烈，形象地描写出小美人鱼体内忍受着的那种五脏六腑上下翻腾、撕心裂肺的痛苦感受。再例如，当小美人鱼得知王子要娶的是别的姑娘而不是她时，伤心的音乐，呼号似的人声伴唱，加上一大片缓缓飘坠的银色风铃，描绘出了小姑娘内心难以言表的痛苦。

《海的女儿》是一部非常完美的经典音乐焰火剧，它不仅给中国观众带来了美的享受，更给中国音乐焰火的发展带来了极大的促进作用。

参 考 文 献

[1] 农业部人事劳动司. 烟花爆竹制作工 [M]. 北京：中国农业出版社，2004.

[2] 翟琨. 烟花爆竹安全 [M]. 哈尔滨：哈尔滨地图出版社，2007.

[3] 刘晋英. 烟花爆竹基础知识 [M]. 北京：兵器工业出版社，2007.

[4] 常双君. 烟火技术及应用 [M]. 北京：北京理工大学出版社，2019.

[5] 公安部治安管理局. 大型焰火燃放技术与安全 [M]. 北京：北京理工大学出版社，2014.

[6] 于跃，韩志跃，邓利，等. 烟花爆竹燃放污染与防治研究进展 [J]. 安全与环境学报，2021，21（6）：2804 – 2812.

[7] 赵怡，孙坦. 焰火迈向艺术殿堂史·艺·情 [M]. 北京：中国轻工业出版社，2011.

[8] YU Y, HAN Z Y, DENG L, et al. New Green Bio – based Binder to Reduce the Poisonous and Harmful Gases Generated from the Combustion of Pyrotechnics [J]. ACS Sustainable Chem. Eng. , 2022, 10：4289 – 4299.

[9] HAN Z Y, JIANG Q, DU Z M, et al. A Novel Environmental – friendly and Safe Unpacking Powder Without Magnesium, Aluminum and Sulphur for Fireworks [J]. Journal of Hazardous Materials, 2019, 373：835 – 843.

[10] SUN Y, HAN Z Y, DU Z M, et al. Preparation and Performance of Environmental Friendly Sulphur – free Propellant for Fireworks [J]. Applied Thermal Engineering, 2017, 126：987 – 996.

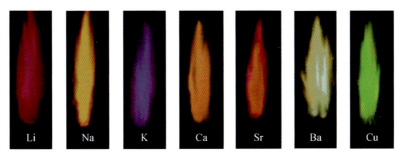

图 2.2　焰色反应效果图

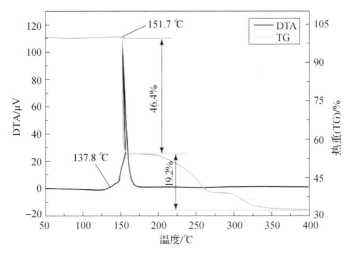

图 2.3　$S-KClO_3$ 差热分析热谱图

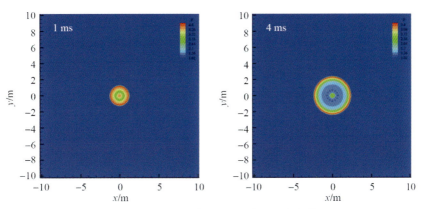

图 2.20　开爆 1 ms 与 4 ms 后的压力变化情况

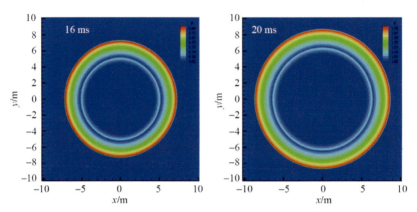

图 2.22 开爆 16 ms 与 20 ms 后的压力变化情况

图 4.6 迪拜棕榈岛亚特兰蒂斯大酒店开幕式焰火控制系统场地示意图